普通高等学校“十三五”应用型规划教材

线 性 代 数

主　　编： 倪　岚

副 主 编： 曹国凤　陈　辉　杨　磊

参编人员： 彭立红　贾瑞显　王文铎　李成荣
费红敏　朱秀英　金焕良　杨乙明
吴桂芝　徐国春　周洪涛　冯建华
李丽杰　蒋维东　贺　生　吕相成

西南交通大学出版社
·成　都·

图书在版编目（CIP）数据

线性代数 / 倪岚主编. —成都：西南交通大学出版社，2016.8（2025.1 重印）
普通高等学校“十三五”应用型规划教材
ISBN 978-7-5643-4941-7

Ⅰ. ①线… Ⅱ. ①倪… Ⅲ. ①线性代数－高等学校－教材 Ⅳ. ①0151.2

中国版本图书馆 CIP 数据核字（2016）第 197093 号

普通高等学校“十三五”应用型规划教材

线性代数

主编　倪　岚

责任编辑	王　旻
特邀编辑	王玉珂
封面设计	何东琳设计工作室
出版发行	西南交通大学出版社 （四川省成都市金牛区二环路北一段 111 号 西南交通大学创新大厦 21 楼）
营销部电话	028-87600564　028-87600533
邮政编码	610031
网　　址	http://www.xnjdcbs.com
印　　刷	成都中永印务有限责任公司
成品尺寸	185 mm × 260 mm
印　　张	9.25
字　　数	231 千
版　　次	2016 年 8 月第 1 版
印　　次	2025 年 1 月第 8 次
书　　号	ISBN 978-7-5643-4941-7
定　　价	28.80 元

课件咨询电话：028-81435775
图书如有印装质量问题　本社负责退换

前 言

线性代数是普通高等院校理工类和经管类相关专业的一门重要基础课程，是学习后续课程的重要工具，也是研究生入学考试的必考内容。它对培养大学生的计算和抽象思维能力十分重要。近些年来，随着科学技术突飞猛进的发展，线性代数已经渗透到经济、金融、信息、社会等各个领域，人们以越来越深刻地感到线性代数教材应该在充分考虑大学生的特点，帮助大学生掌握相关的代数知识的同时，提高其用代数的方法思考、解决实际问题的能力。

工科及理科非数学专业的学生学习本课程的目的，主要在于加强基础及实际应用。通过线性代数的学习，一方面可以进一步培养抽象思维能力和严密的逻辑推理能力，为进一步学习和研究打下坚实的理论基础，另一方面为立志报考研究生的同学提供必要的线性代数理论知识、解题技巧和方法。为此，结合教育部教学指导委员会所制订的新的基本要求，在编写教材时，我们注重讲清基本概念、原理和计算方法，避免繁琐的理论推导和证明，力求简明、准确；在内容的安排上注重系统性、逻辑性，由浅入深、循序渐进。注意理论联系实际，加强概念与理论的背景和应用介绍，利用对实际问题的讨论，帮助学生理解抽象的代数概念。通过配以较多的例子，开阔学生的思路，理解所学概念。每章还配有大量习题和自测题（附有答案或提示）以测试学生对重点内容、基本方法的掌握程度。另外，书后还配有四套模拟考试卷用于帮助学生应试使用。

本书第一章、第五章由黑龙江科技大学倪岚编写，第二章、第三章、第四章由黑龙江工商学院曹国凤编写，第六章由黑龙江科技大学陈辉编写。全书由倪岚担任主编，由曹国凤、陈辉、杨磊担任副主编。在本书编写过程中，杨磊组织了编者间协调和校对工作，彭立红、贾瑞显、王文铎、李成荣 、费红敏、朱秀英、金焕良、杨乙明、吴桂芝、徐国春、周洪涛、冯建华、李丽杰、蒋维东、贺生、吕相成在编写中做了大量协助工作，在此谨向他们致以由衷的谢意。

限于编者水平，疏漏再所难免，敬请读者多提意见，不吝赐教，以便改正！

编 者

2016 年 6 月

目　录

第一章　行列式 ………… 1

第一节　n 阶行列式 ………… 1

第二节　行列式的性质 ………… 8

第三节　行列式按一行（列）展开 ………… 12

第四节　克拉默（Cramer）法则 ………… 18

习题一 ………… 21

第二章　矩　阵 ………… 25

第一节　矩　阵 ………… 25

第二节　矩阵的运算 ………… 28

第三节　可逆矩阵 ………… 33

第四节　分块矩阵 ………… 39

习题二 ………… 42

第三章　矩阵的初等变换与线性方程组 ………… 46

第一节　矩阵的初等变换 ………… 46

第二节　矩阵的秩 ………… 52

第三节　线性方程组的解 ………… 56

习题三 ………… 65

第四章　向量组的线性相关性 ………… 68

第一节　向量组及其线性组合 ………… 68

第二节　向量组的线性相关性 ………… 70

第三节　向量组的秩 ………… 75

第四节　线性方程组的解的结构 ………… 78

第五节　向量空间 ………… 84

习题四 ………… 88

第五章　相似矩阵与二次型 ………… 90

第一节　向量的内积 ………… 90

第二节　方阵的特征值与特征向量 ………… 93

第三节　相似矩阵与矩阵的对角化 ………… 97

第四节　二次型及其标准型 ………… 105

第五节　正定二次型 …………………………………………………………111
习题五 ……………………………………………………………………113

第六章*　线性空间与线性变换 ……………………………………………116

第一节　线性空间的定义与性质 ……………………………………………116
第二节　维数、基与坐标 ……………………………………………………119
第三节　基变换与坐标变换 …………………………………………………121
第四节　线性变换 ……………………………………………………………124
第五节　线性变换的矩阵 ……………………………………………………127
习题六 ……………………………………………………………………129

习题答案 …………………………………………………………………131

第一章　行列式

行列式是线性代数中的一个基本概念，其理论起源于线性方程组的求解，它在自然科学的许多领域中都有广泛的应用. 本章主要介绍 n 阶行列式的定义、性质及其计算方法. 此外还要介绍运用行列式求解 n 元线性方程组的克拉默（Cramer）法则.

第一节　n 阶行列式

一、二、三阶行列式

解方程是代数中一个基本的问题，特别是在中学所学的代数中，解方程占有非常重要的地位. 线性方程组的理论在数学中是最基本的也是最重要的内容.

下面考察二元一次方程组

$$\begin{cases} a_{11}x_1 + a_{12}x_2 = b_1 \\ a_{21}x_1 + a_{22}x_2 = b_2 \end{cases} \tag{1.1}$$

当 $a_{11}a_{22} - a_{12}a_{21} \neq 0$ 时，由消元法知此方程组有唯一解，即

$$x_1 = \frac{b_1a_{22} - a_{12}b_2}{a_{11}a_{22} - a_{12}a_{21}}, \qquad x_2 = \frac{a_{11}b_2 - a_{21}b_1}{a_{11}a_{22} - a_{12}a_{21}} \tag{1.2}$$

它由方程组的四个系数确定.

为了便于记忆，引入记号

$$D = \begin{vmatrix} a_{11} & a_{12} \\ a_{21} & a_{22} \end{vmatrix} = a_{11}a_{22} - a_{12}a_{21} \tag{1.3}$$

（1.3）式称为**二阶行列式**（determinant）.

数 a_{ij}（$i=1,2;\ j=1,2$）称为行列式的元素.元素 a_{ij} 的第一个下标 i 称为行标，表明该元素位于第 i 行；第二个下标 j 称为列标，表明该元素位于第 j 列. 由上述定义可知，二阶行列式是由 4 个数按一定的规律运算所得的代数和. 这个规律性表现在行列式的记号中就是“**对角线法则**”：如图 1.1 所示，把 a_{11} 到 a_{22} 的实连线称为行列式的**主对角线**，把 a_{12} 到 a_{21} 的虚连线称为行列式的**副对角线**。于是，二阶行列式等于主对角线上两元素之积减去副对角线上两元素之积.

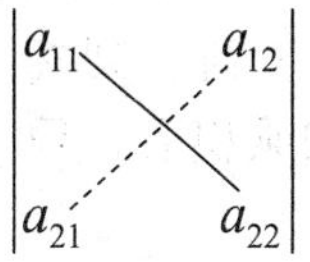

图 1.1　二阶行列式

由此法则，令

$$D=\begin{vmatrix}a_{11} & a_{12}\\ a_{21} & a_{22}\end{vmatrix},\quad D_1=\begin{vmatrix}b_1 & a_{12}\\ b_2 & a_{22}\end{vmatrix},\quad D_2=\begin{vmatrix}a_{11} & b_1\\ a_{21} & b_2\end{vmatrix}$$

则当 $D\neq 0$ 时，二元一次方程组（1.1）的唯一解（1.2）可表示为

$$x_1=\frac{D_1}{D},\quad x_2=\frac{D_2}{D}$$

例 1.1 求解二元线性方程组：

$$\begin{cases}3x_1+7x_2=10\\ 2x_1+5x_2=4\end{cases}$$

解 先计算二阶行列式

$$D=\begin{vmatrix}3 & 7\\ 2 & 5\end{vmatrix}=3\times5-2\times7=1\neq 0$$

$$D_1=\begin{vmatrix}10 & 7\\ 4 & 5\end{vmatrix}=10\times5-4\times7=22$$

$$D_2=\begin{vmatrix}3 & 10\\ 2 & 4\end{vmatrix}=3\times4-2\times10=-8$$

所以线性方程组的唯一解是

$$x_1=\frac{D_1}{D}=22,\quad x_2=\frac{D_2}{D}=-8$$

相应地，对于三元一次线性方程组

$$\begin{cases}a_{11}x_1+a_{12}x_2+a_{13}x_3=b_1\\ a_{21}x_1+a_{22}x_2+a_{23}x_3=b_2\\ a_{31}x_1+a_{32}x_2+a_{33}x_3=b_3\end{cases} \tag{1.4}$$

也有类似的结论. 为此，我们记

$$D=\begin{vmatrix}a_{11} & a_{12} & a_{13}\\ a_{21} & a_{22} & a_{23}\\ a_{31} & a_{32} & a_{33}\end{vmatrix}=a_{11}a_{22}a_{33}+a_{12}a_{23}a_{31}+a_{13}a_{21}a_{32}-$$

$$a_{11}a_{23}a_{32}-a_{12}a_{21}a_{33}-a_{13}a_{22}a_{31} \tag{1.5}$$

式（1.5）中的记号 D 称为三阶行列式，它是由 3 行 3 列共 9 个元素并由式（1.5）计算得到的右端 6 项的代数和.

三阶行列式所表示的代数和可利用图 1.2 所示的**对角线法则**来记忆，图中实线上三个元素的乘积取正号，虚线上三个元素的乘积取负号.

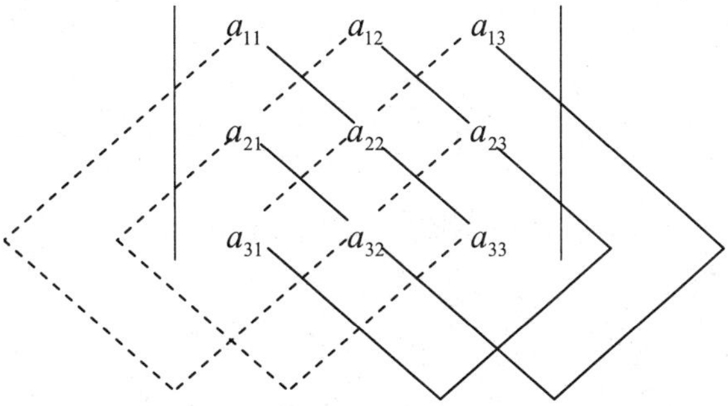

图 1.2　三阶行列式

引入三阶行列式之后，我们称

$$D=\begin{vmatrix}a_{11} & a_{12} & a_{13}\\ a_{21} & a_{22} & a_{23}\\ a_{31} & a_{32} & a_{33}\end{vmatrix}$$

为方程组（1.4）的**系数行列式**. 当系数行列式 $D\neq 0$ 时，方程组（1.4）有唯一解

$$x_1=\frac{D_1}{D},\quad x_2=\frac{D_2}{D},\quad x_3=\frac{D_3}{D}$$

其中

$$D_1=\begin{vmatrix}b_1 & a_{12} & a_{13}\\ b_2 & a_{22} & a_{23}\\ b_3 & a_{32} & a_{33}\end{vmatrix},\quad D_2=\begin{vmatrix}a_{11} & b_1 & a_{13}\\ a_{21} & b_2 & a_{23}\\ a_{31} & b_3 & a_{33}\end{vmatrix},\quad D_3=\begin{vmatrix}a_{11} & a_{12} & b_1\\ a_{21} & a_{22} & b_2\\ a_{31} & a_{32} & b_3\end{vmatrix}$$

例 1.2　求解三元线性方程组:

$$\begin{cases}3x_1+5x_2+x_3=-2\\ x_1-x_2-x_3=4\\ -x_1+2x_2+6x_3=1\end{cases}$$

解　先计算三阶行列式

$$D=\begin{vmatrix}3 & 5 & 1\\ 1 & -1 & -1\\ -1 & 2 & 6\end{vmatrix}=3\times(-1)\times 6+1\times 2\times 1+5\times(-1)\times(-1)-$$

$$1\times(-1)\times(-1)-5\times 1\times 6-3\times 2\times(-1)=-36\neq 0$$

$$D_1=\begin{vmatrix}-2 & 5 & 1\\ 4 & -1 & -1\\ 1 & 2 & 6\end{vmatrix}=-108,\quad D_2=\begin{vmatrix}3 & -2 & 1\\ 1 & 4 & -1\\ -1 & 1 & 6\end{vmatrix}=90,\quad D_3=\begin{vmatrix}3 & 5 & -2\\ 1 & -1 & 4\\ -1 & 2 & 1\end{vmatrix}=-54$$

所以方程组有唯一解，且解为

$$x_1=\frac{D_1}{D}=3,\quad x_2=\frac{D_2}{D}=-\frac{5}{2},\quad x_3=\frac{D_3}{D}=\frac{3}{2}$$

例 1.3 求解方程

$$\begin{vmatrix} 2 & -1 & 0 \\ 1 & x & -2 \\ 3 & -1 & 2 \end{vmatrix} = 0$$

解 先计算三阶行列式

$$D = \begin{vmatrix} 2 & -1 & 0 \\ 1 & x & -2 \\ 3 & -1 & 2 \end{vmatrix} = 4x + 0 + 6 - 0 - (-2) - 4 = 4x + 4$$

所以

$$4x + 4 = 0$$

解得 $x = -1$.

从上述讨论可以看出，引入二、三阶行列式的概念之后，二元和三元线性方程组的解可以公式化. 为了把这一思想推广到 n 元线性方程组，下面先引入 n 阶行列式的概念.

二、排列与逆序数

在 n 阶行列式的定义中，要用到 n 级排列的一些性质.

定义 1.1 由 n 个数 $1,2,\cdots,n$ 组成的一个有序数组 $i_1,i_2,\cdots,i_n$ 称为一个 n **级排列**，其中 i_k 为 $1,2,\cdots,n$ 中的某个数，k 表示这个数在 n 级排列中的位置，$k=1,2,\cdots,n$.

n 个不同元素共有 $n!$ 个不同的 n 级排列.

显然 $12\cdots n$ 也是一个 n 级排列. 通常规定这种从小到大的排列为一个标准次序，其他的排列都或多或少地破坏自然顺序.

定义 1.2 在一个 n 级排列 $(i_1i_2\cdots i_t\cdots i_s\cdots i_n)$ 中，如果一对数的前后位置与大小顺序相反，即 $i_t > i_s$，则称这两个数有一个**逆序**. 一个排列中逆序的总数称为这个排列的**逆序数**. 排列 $i_1,i_2,\cdots,i_n$ 的逆序数记为

$$\tau(i_1,i_2,\cdots,i_n)$$

定义 1.3 逆序数为偶数的排列称为偶排列；逆序数为奇数的排列称为奇排列.

下面给出计算逆序数的方法

方法一 分别计算出排列中每个元素前面比它大的数码个数之和，即算出排列中每个元素的逆序数，这每个元素的逆序数之总和即为所求排列的逆序数.

方法二 分别计算出排在 $1,2,\cdots,n$ 前面比它大的数码之和，即分别算出 $1,2,\cdots,n$ 这 n 个元素的逆序数，这每个元素的逆序数的总和即为所求排列的逆序数.

例 1.4 求下列排列的逆序数.

（1）32514； （2）462351；

（3）$12\cdots(n-1)n$ （4）$n(n-1)\cdots 21$.

解 （1）$\tau(32514) = 0+1+0+3+1 = 5$；

（2）$\tau(462351) = 5+2+2+0+1+0 = 10$；

（3）$\tau(12\cdots(n-1)n)=0$；

（4）$\tau(n(n-1)\cdots21)=(n-1)+(n-2)+\cdots+2+1+0=\dfrac{n(n-1)}{2}$.

可以看出排列（1）是奇排列，排列（2）（3）是偶排列. 而排列（4）的奇偶性与n的取值有关，即当$n=4k,4k+1$（k为非负整数）时为偶排列，否则为奇排列.

在一个排列中将某两个数的位置互换，而其余的数不动，就得到另一个排列. 这样一个变换称为一个**对换**.

定理 1.1　对换改变排列的奇偶性.

这就是说，经过一次对换，奇排列变成偶排列，偶排列变成奇排列.

推论　在全部n级排列中，奇、偶排列的个数相等，各有$\dfrac{n!}{2}$个.

定理 1.2　任意一个n级排列与排列$12\cdots n$都可以经过一系列对换互变，并且所作对换的个数与这个排列有相同的奇偶性.

三、*n* 阶行列式

在给出n阶行列式的定义之前，先来看一下二阶和三阶行列式的定义.

$$D=\begin{vmatrix}a_{11} & a_{12}\\ a_{21} & a_{22}\end{vmatrix}=a_{11}a_{22}-a_{12}a_{21}$$

$$D=\begin{vmatrix}a_{11} & a_{12} & a_{13}\\ a_{21} & a_{22} & a_{23}\\ a_{31} & a_{32} & a_{33}\end{vmatrix}=a_{11}a_{22}a_{33}+a_{12}a_{23}a_{31}+a_{13}a_{21}a_{32}-$$

$$a_{11}a_{23}a_{32}-a_{12}a_{21}a_{33}-a_{13}a_{22}a_{31}$$

它们具有以下特点:

（1）它们都是一些乘积的代数和，而每一乘积项都是由行列式中位于不同行和不同列的元素构成，并且展开式恰恰就是由所有这种可能的乘积组成.

（2）在三阶行列式中，每项的一般形式可以写成$a_{1j_1}a_{2j_2}a_{3j_3}$，其中$j_1j_2j_3$是$1,2,3$的一个排列. 容易看出，当$j_1j_2j_3$是偶排列时，对应的项在式（1.5）中带有正号；当$j_1j_2j_3$是奇排列时对应的项带有负号. 因此三阶行列式可以写成

$$D=\begin{vmatrix}a_{11} & a_{12} & a_{13}\\ a_{21} & a_{22} & a_{23}\\ a_{31} & a_{32} & a_{33}\end{vmatrix}=\sum_{j_1j_2j_3}(-1)^{\tau(j_1j_2j_3)}a_{1j_1}a_{2j_2}a_{3j_3}$$

其中$\sum\limits_{j_1j_2j_3}$表示对所有3级排列$j_1j_2j_3$求和.

定义 1.4　n^2个数$a_{ij}(i,j=1,2,\cdots,n)$排成n行n列，记为

$$D=\begin{vmatrix}a_{11} & a_{12} & \cdots & a_{1n}\\ a_{21} & a_{22} & \cdots & a_{2n}\\ \vdots & \vdots & & \vdots\\ a_{n1} & a_{n2} & \cdots & a_{nn}\end{vmatrix}\tag{1.6}$$

称为n阶行列式，它等于所有取自不同行不同列的n个元素的乘积

$$a_{1j_1}a_{2j_2}\cdots a_{nj_n} \tag{1.7}$$

的代数和，其中$j_1j_2\cdots j_n$是$1,2,\cdots,n$的一个排列. 当$j_1j_2\cdots j_n$是偶排列时，(1.7) 式带有正号；当$j_1j_2\cdots j_n$是奇排列时，(1.7) 式带有负号，也就是可写成

$$\begin{vmatrix} a_{11} & a_{12} & \cdots & a_{1n} \\ a_{21} & a_{22} & \cdots & a_{2n} \\ \vdots & \vdots & & \vdots \\ a_{n1} & a_{n2} & \cdots & a_{nn} \end{vmatrix} = \sum_{j_1j_2\cdots j_n} (-1)^{\tau(j_1j_2\cdots j_n)} a_{1j_1}a_{2j_2}\cdots a_{nj_n} \tag{1.8}$$

这里$\sum\limits_{j_1j_2\cdots j_n}$表示对所有$n$级排列求和. 行列式$D$通常可简记为$\det(a_{ij})$或$\left|a_{ij}\right|_n$.

注：(1) 行列式是一种特定的算式，最终的结果是一个数.

(2) n阶行列式是$n!$项的代数和.

(3) n阶行列式的每个乘积项都是位于不同行、不同列的n个元素的乘积.

(4) 每一项$a_{1j_1}a_{2j_2}\cdots a_{nj_n}$的符号为$\tau(j_1j_2\cdots j_n)$.

(5) 一阶行列式$\left|a_{11}\right| = a_{11}$，不要与绝对值的概念相混淆.

例 1.5 证明:

(1) 上三角形行列式:

$$D = \begin{vmatrix} a_{11} & a_{12} & \cdots & a_{1n} \\ 0 & a_{22} & \cdots & a_{2n} \\ \vdots & \vdots & & \vdots \\ 0 & 0 & \cdots & a_{nn} \end{vmatrix} = a_{11}a_{22}\cdots a_{nn}$$

(2) $D = \begin{vmatrix} 0 & \cdots & 0 & a_{1n} \\ 0 & \cdots & a_{2,n-1} & a_{2n} \\ \vdots & & \vdots & \vdots \\ a_{n1} & \cdots & a_{n,n-1} & a_{nn} \end{vmatrix} = (-1)^{\frac{n(n-1)}{2}} a_{1n}a_{2,n-1}\cdots a_{n1}$.

证明 (1) 由行列式的定义知

$$D = \sum_{j_1j_2\cdots j_n} (-1)^{\tau(j_1j_2\cdots j_n)} a_{1j_1}a_{2j_2}\cdots a_{nj_n}$$

所以只需找出一切可能的非零项$a_{1j_1}a_{2j_2}\cdots a_{nj_n}$即可.

第n行除a_{nn}外其余元素全为0，所以$j_n = n$；

第$n-1$行除$a_{n-1,n-1}, a_{n-1,n}$外其余元素全为0，又$j_n = n$，所以$j_{n-1} = n-1$；

以此类推：$j_{n-2} = n-2, \cdots, j_1 = 1$，

因此D中仅有一项$a_{11}a_{22}\cdots a_{nn}$可能非零，故

$$D = (-1)^{\tau(12\cdots n)} a_{11}a_{22}\cdots a_{nn} = a_{11}a_{22}\cdots a_{nn}$$

(2) 类似于 (1) 的推理，

$$D=(-1)^{\tau(n(n-1)\cdots 21)}a_{1n}a_{2,n-1}\cdots a_{n1}=(-1)^{\frac{n(n-1)}{2}}a_{1n}a_{2,n-1}\cdots a_{n1}$$

注：由上例可知

（1）下三角形行列式：

$$D=\begin{vmatrix} a_{11} & 0 & \cdots & 0 \\ a_{21} & a_{22} & \cdots & 0 \\ \vdots & \vdots & & \vdots \\ a_{n1} & a_{n2} & \cdots & a_{nn} \end{vmatrix}=a_{11}a_{22}\cdots a_{nn}$$

（2）$D=\begin{vmatrix} a_{11} & \cdots & a_{1,n-1} & a_{1n} \\ a_{21} & \cdots & a_{2,n-1} & 0 \\ \vdots & & \vdots & \vdots \\ a_{n1} & \cdots & 0 & 0 \end{vmatrix}=(-1)^{\frac{n(n-1)}{2}}a_{1n}a_{2,n-1}\cdots a_{n1}$.

（3）对角行列式：

$$D=\begin{vmatrix} \lambda_1 & 0 & \cdots & 0 \\ 0 & \lambda_2 & \cdots & 0 \\ \vdots & \vdots & & \vdots \\ 0 & 0 & \cdots & \lambda_n \end{vmatrix}=\lambda_1\lambda_2\cdots\lambda_n$$

（4）$D=\begin{vmatrix} 0 & \cdots & 0 & \lambda_1 \\ 0 & \cdots & \lambda_2 & 0 \\ \vdots & & \vdots & \vdots \\ \lambda_n & \cdots & 0 & 0 \end{vmatrix}=(-1)^{\frac{n(n-1)}{2}}\lambda_1\lambda_2\cdots\lambda_n$.

在行列式的定义中，为了确定每一项的正负号，我们把每个乘积项元素按行指标排起来. 事实上，数的乘法是可交换的，因而这个元素的次序是可以任意写的. 一般地，n 阶行列式中的乘积项可以写成

$$a_{p_1q_1}a_{p_2q_2}\cdots a_{p_nq_n}$$

其中 $p_1p_2\cdots p_n, q_1q_2\cdots q_n$ 是两个 n 级排列. 由于每交换两个元素对应的行标列标都做了一次对换，因此由定理 1.1 知：它们的逆序数之和的奇偶性不变. 因此有

$$(-1)^{\tau(p_1p_2\cdots p_n)+\tau(q_1q_2\cdots q_n)}=(-1)^{\tau(j_1j_2\cdots j_n)}a_{1j_1}a_{2j_2}\cdots a_{nj_n}$$

由此可见，行指标与列指标的地位是对称的. 因此为了确定每一项的符号，同样可以把每一项按列指标排起来，于是定义又可以写成

$$\begin{vmatrix} a_{11} & a_{12} & \cdots & a_{1n} \\ a_{21} & a_{22} & \cdots & a_{2n} \\ \vdots & \vdots & & \vdots \\ a_{n1} & a_{n2} & \cdots & a_{nn} \end{vmatrix}=\sum_{i_1i_2\cdots i_n}(-1)^{\tau(i_1i_2\cdots i_n)}a_{i_11}a_{i_22}\cdots a_{i_nn}$$

$$= \sum_{j_1 j_2 \cdots j_n} (-1)^{\tau(j_1 j_2 \cdots j_n)} a_{1 j_1} a_{2 j_2} \cdots a_{n j_n}$$
$$= \sum (-1)^{\tau(i_1 i_2 \cdots i_n)+\tau(j_1 j_2 \cdots j_n)} a_{i_1 j_1} a_{i_2 j_2} \cdots a_{i_n j_n}$$

第二节 行列式的性质

行列式的计算是行列式的重点，对于低阶或者零元素很多的行列式可以用定义计算，但对于 $n(n \geqslant 4)$ 阶行列式来说用定义计算将非常繁琐或几乎不可能，因此我们有必要探究行列式的一些性质，以简化其运算，并且这些性质对行列式的理论研究也有重要意义.

一、行列式的性质

把行列式

$$D = \begin{vmatrix} a_{11} & a_{12} & \cdots & a_{1n} \\ a_{21} & a_{22} & \cdots & a_{2n} \\ \vdots & \vdots & & \vdots \\ a_{n1} & a_{n2} & \cdots & a_{nn} \end{vmatrix}$$

的行变为相应的列所得到的新行列式

$$D^{\mathrm{T}} = \begin{vmatrix} a_{11} & a_{21} & \cdots & a_{n1} \\ a_{12} & a_{22} & \cdots & a_{n2} \\ \vdots & \vdots & & \vdots \\ a_{1n} & a_{2n} & \cdots & a_{nn} \end{vmatrix}$$

称为行列式 D 的**转置行列式**，记为 D^{T} 或 D'.

性质 1.1 行列式与它的转置行列式相等，即 $D = D^{\mathrm{T}}$.

证明 因为 D 中元素 a_{ij} 位于 D^{T} 的第 j 行第 i 列，所以

$$D = \sum_{j_1 j_2 \cdots j_n} (-1)^{\tau(j_1 j_2 \cdots j_n)} a_{1 j_1} a_{2 j_2} \cdots a_{n j_n} = \sum_{j_1 j_2 \cdots j_n} (-1)^{\tau(j_1 j_2 \cdots j_n)} a_{j_1 1} a_{j_2 2} \cdots a_{j_n n} = D^{\mathrm{T}}$$

性质 1.1 表明，在行列式中行与列的地位是对称的，因此凡是有关行的性质，对列也同样成立.

性质 1.2 互换行列式中两行（列）元素的位置，行列式变号.

证明 设

$$D_1 = \begin{vmatrix} a_{11} & a_{12} & \cdots & a_{1n} \\ \vdots & \vdots & & \vdots \\ a_{k1} & a_{k2} & \cdots & a_{kn} \\ \vdots & \vdots & & \vdots \\ a_{l1} & a_{l2} & \cdots & a_{ln} \\ \vdots & \vdots & & \vdots \\ a_{n1} & a_{n2} & \cdots & a_{nn} \end{vmatrix}, \quad D_2 = \begin{vmatrix} a_{11} & a_{12} & \cdots & a_{1n} \\ \vdots & \vdots & & \vdots \\ a_{l1} & a_{l2} & \cdots & a_{ln} \\ \vdots & \vdots & & \vdots \\ a_{k1} & a_{k2} & \cdots & a_{kn} \\ \vdots & \vdots & & \vdots \\ a_{n1} & a_{n2} & \cdots & a_{nn} \end{vmatrix}$$

$$\begin{aligned}D_1&=\sum_{j_1j_2\cdots j_n}(-1)^{\tau(j_1\cdots j_k\cdots j_l\cdots j_n)}a_{1j_1}\cdots a_{kj_k}\cdots a_{lj_l}\cdots a_{nj_n}\\&=\sum_{j_1j_2\cdots j_n}(-1)^{\tau(j_1\cdots j_l\cdots j_k\cdots j_n)}a_{1j_1}\cdots a_{lj_l}\cdots a_{kj_k}\cdots a_{nj_n}\\&=-\sum_{j_1j_2\cdots j_n}(-1)^{\tau(j_1\cdots j_k\cdots j_l\cdots j_n)}a_{1j_1}\cdots a_{kj_k}\cdots a_{lj_l}\cdots a_{nj_n}=-D_2\end{aligned}$$

推论 如果行列式中有两行（列）元素相同，那么行列式为零.

证明 交换元素相同的两行（列），由性质 1.2 知 $D=-D$，即 $D=0$.

性质 1.3 行列式某行（列）元素的公因子可以提到行列式符号的外面，或者说以一数乘行列式的某行（列）的所有元素等于用这个数乘此行列式. 即

$$\begin{vmatrix}a_{11}&a_{12}&\cdots&a_{1n}\\\vdots&\vdots&&\vdots\\ka_{i1}&ka_{i2}&\cdots&ka_{in}\\\vdots&\vdots&&\vdots\\a_{n1}&a_{n2}&\cdots&a_{nn}\end{vmatrix}=k\begin{vmatrix}a_{11}&a_{12}&\cdots&a_{1n}\\\vdots&\vdots&&\vdots\\a_{i1}&a_{i2}&\cdots&a_{in}\\\vdots&\vdots&&\vdots\\a_{n1}&a_{n2}&\cdots&a_{nn}\end{vmatrix}\tag{1.9}$$

证明 容易得出

$$\sum_{j_1j_2\cdots j_n}(-1)^{\tau(j_1\cdots j_i\cdots j_n)}a_{1j_1}\cdots(ka_{ij_i})\cdots a_{nj_n}=k\sum_{j_1j_2\cdots j_n}(-1)^{\tau(j_1\cdots j_i\cdots j_n)}a_{1j_1}\cdots a_{ij_i}\cdots a_{nj_n}$$

即（1.9）式成立.

推论 1 如果行列式中某行（列）元素全为零，那么行列式为零.

推论 2 如果行列式中两行（列）元素成比例，那么行列式为零.

例如，行列式 $D=\begin{vmatrix}2&-4&1\\3&-6&3\\-5&10&4\end{vmatrix}$，因为第一列与第二列对应元素成比例，根据推论 2，可直接得到 $D=0$.

性质 1.4 如果某一行（列）的元素是两组数之和，那么这个行列式就等于两个行列式之和，而这两个行列式除这一行元素外全与原来行列式对应行的元素一样. 即

$$\begin{vmatrix}a_{11}&a_{12}&\cdots&a_{1n}\\\vdots&\vdots&&\vdots\\b_1+c_1&b_2+c_2&\cdots&b_n+c_n\\\vdots&\vdots&&\vdots\\a_{n1}&a_{n2}&&a_{mm}\end{vmatrix}=\begin{vmatrix}a_{11}&a_{12}&\cdots&a_{1n}\\\vdots&\vdots&&\vdots\\b_1&b_2&\cdots&b_n\\\vdots&\vdots&&\vdots\\a_{n1}&a_{n2}&\cdots&a_{nn}\end{vmatrix}+\begin{vmatrix}a_{11}&a_{12}&\cdots&a_{1n}\\\vdots&\vdots&&\vdots\\c_1&c_2&\cdots&c_n\\\vdots&\vdots&&\vdots\\a_{n1}&a_{n2}&\cdots&a_{nn}\end{vmatrix}$$

证明 左端 $=\sum\limits_{j_1j_2\cdots j_n}(-1)^{\tau(j_1\cdots j_i\cdots j_n)}a_{1j_1}\cdots(b_i+c_i)_{j_i}\cdots a_{nj_n}$

$$=\sum_{j_1j_2\cdots j_n}(-1)^{\tau(j_1\cdots j_i\cdots j_n)}a_{1j_1}\cdots b_{ij_i}\cdots a_{nj_n}+\sum_{j_1j_2\cdots j_n}(-1)^{\tau(j_1\cdots j_i\cdots j_n)}a_{1j_1}\cdots c_{ij_i}\cdots a_{nj_n}=\text{右端}$$

性质 1.5 把行列式某一行（列）元素的 k 倍加到另一行（列）的对应元素上，行列式的值不变. 即

$$\begin{vmatrix} a_{11} & a_{12} & \cdots & a_{1n} \\ \vdots & \vdots & & \vdots \\ a_{i1} & a_{i2} & \cdots & a_{in} \\ \vdots & \vdots & & \vdots \\ a_{j1} & a_{j2} & \cdots & a_{jn} \\ \vdots & \vdots & & \vdots \\ a_{n1} & a_{n2} & \cdots & a_{nn} \end{vmatrix} \xlongequal{r_j + kr_i} \begin{vmatrix} a_{11} & a_{12} & \cdots & a_{1n} \\ \vdots & \vdots & & \vdots \\ a_{i1} & a_{i2} & \cdots & a_{in} \\ \vdots & \vdots & & \vdots \\ a_{j1}+ka_{i1} & a_{j2}+ka_{i2} & \cdots & a_{jn}+ka_{in} \\ \vdots & \vdots & & \vdots \\ a_{n1} & a_{n2} & \cdots & a_{nn} \end{vmatrix}$$

证明　由性质 1.4 及推论 2 即可得.

为使行列式 D 的计算过程清晰醒目，特约定以下记号：

(1) $r_i \leftrightarrow r_j$（$c_i \leftrightarrow c_j$）表示交换 D 的第 i 行（列）与第 j 行（列）.

(2) $kr_i(c_i)$ 表示用数 k 乘 D 的第 i 行（列）所有元素.

(3) $r_j + kr_i$（$c_j + kc_i$）表示把 D 的第 i 行（列）元素的 k 倍加到第 j 行（列）的对应元素上.

二、行列式的计算

计算行列式时，常用行列式的性质把它化为上（下）三角形行列式来计算.

例 1.6　计算行列式

$$D = \begin{vmatrix} 3 & 1 & -1 & 2 \\ -5 & 1 & 3 & -4 \\ 2 & 0 & 1 & -1 \\ 1 & -5 & 3 & -3 \end{vmatrix}$$

解

$$D = \begin{vmatrix} 3 & 1 & -1 & 2 \\ -5 & 1 & 3 & -4 \\ 2 & 0 & 1 & -1 \\ 1 & -5 & 3 & -3 \end{vmatrix} \xlongequal{c_1 \leftrightarrow c_2} -\begin{vmatrix} 1 & 3 & -1 & 2 \\ 1 & -5 & 3 & -4 \\ 0 & 2 & 1 & -1 \\ -5 & 1 & 3 & -3 \end{vmatrix}$$

$$\xlongequal{r_2 - r_1, r_4 + 5r_1} -\begin{vmatrix} 1 & 3 & -1 & 2 \\ 0 & -8 & 4 & -6 \\ 0 & 2 & 1 & -1 \\ 0 & 16 & -2 & 7 \end{vmatrix} \xlongequal{r_2 \leftrightarrow r_3} \begin{vmatrix} 1 & 3 & -1 & 2 \\ 0 & 2 & 1 & -1 \\ 0 & -8 & 4 & -6 \\ 0 & 16 & -2 & 7 \end{vmatrix}$$

$$\xlongequal{r_3 + 4r_2, r_4 - 8r_2} \begin{vmatrix} 1 & 3 & -1 & 2 \\ 0 & 2 & 1 & -1 \\ 0 & 0 & 8 & -10 \\ 0 & 0 & -10 & 15 \end{vmatrix} \xlongequal{r_4 + (5/4)r_3} \begin{vmatrix} 1 & 3 & -1 & 2 \\ 0 & 2 & 1 & -1 \\ 0 & 0 & 8 & -10 \\ 0 & 0 & 0 & \frac{5}{2} \end{vmatrix} = 40$$

当今大部分用于计算一般行列式的计算机都是按上述方法设计的. 可以证明，利用行变换计算行列式需要进行大约 $2n^3/3$ 次算数运算. 任何一台现代微型计算机都可以在几分之一秒内计算出 50 阶行列式的值，运算量大约为 83 300 次.

计算行列式时要根据行列式的特点，灵活应用行列式的性质.

例 1.7　计算行列式

$$D=\begin{vmatrix}3&1&1&1\\1&3&1&1\\1&1&3&1\\1&1&1&3\end{vmatrix}$$

解　注意到行列式中各行（列）4 个数之和都为 6，故可把第二、三，四行同时加到第一行，提出公因子6，然后各行减去第一行，化为上三角行列式来计算.

$$D=\begin{vmatrix}3&1&1&1\\1&3&1&1\\1&1&3&1\\1&1&1&3\end{vmatrix}\xlongequal{r_1+r_2+r_3+r_4}\begin{vmatrix}6&6&6&6\\1&3&1&1\\1&1&3&1\\1&1&1&3\end{vmatrix}$$

$$\xlongequal{r_2-r_1,r_3-r_1,r_4-r_1}6\begin{vmatrix}1&1&1&1\\0&2&0&0\\0&0&2&0\\0&0&0&2\end{vmatrix}=48$$

例 1.8　计算行列式

$$D=\begin{vmatrix}a_1&-a_1&0&0\\0&a_2&-a_2&0\\0&0&a_3&-a_3\\1&1&1&1\end{vmatrix}$$

解　根据行列式的特点，可将第一列加至第二列，然后将第二列加至第三列，再将第三列加至第四列，目的是使 D 中的零元素增多.

$$D=\begin{vmatrix}a_1&-a_1&0&0\\0&a_2&-a_2&0\\0&0&a_3&-a_3\\1&1&1&1\end{vmatrix}\xlongequal{c_2+c_1}\begin{vmatrix}a_1&0&0&0\\0&a_2&-a_2&0\\0&0&a_3&-a_3\\1&2&1&1\end{vmatrix}$$

$$\xlongequal{c_3+c_2}\begin{vmatrix}a_1&0&0&0\\0&a_2&0&0\\0&&a_3&-a_3\\1&2&3&1\end{vmatrix}\xlongequal{c_4+c_3}\begin{vmatrix}a_1&0&0&0\\0&a_2&0&0\\0&0&a_3&0\\1&2&3&4\end{vmatrix}=4a_1a_2a_3$$

例 1.9　设

$$D=\begin{vmatrix}a_{11}&\cdots&a_{1k}&&&\\\vdots&&\vdots&&O&\\a_{k1}&\cdots&a_{kk}&&&\\c_{11}&\cdots&c_{1k}&b_{11}&\cdots&b_{1n}\\\vdots&&\vdots&\vdots&&\vdots\\c_{n1}&\cdots&c_{nk}&b_{n1}&\cdots&b_{nn}\end{vmatrix}$$

$$D_1=\det(a_{ij})=\begin{vmatrix}a_{11}&\cdots&a_{1k}\\ \vdots&&\vdots\\ a_{k1}&\cdots&a_{kk}\end{vmatrix},\quad D_2=\det(b_{ij})=\begin{vmatrix}b_{11}&\cdots&b_{1n}\\ \vdots&&\vdots\\ b_{n1}&\cdots&b_{nn}\end{vmatrix}$$

证明：$D=D_1D_2$.

证明 对D_1作运算r_i+kr_j，把D_1化为下三角行列式，设为

$$D_1=\begin{vmatrix}p_{11}&&O\\ \vdots&\ddots&\\ p_{k1}&\cdots&p_{kk}\end{vmatrix}=p_{11}\cdots p_{kk}$$

对D_2作运算$c_i+\lambda c_j$，把D_2化为下三角行列式，设为

$$D_2=\begin{vmatrix}q_{11}&&O\\ \vdots&\ddots&\\ q_{n1}&\cdots&q_{nn}\end{vmatrix}=q_{11}\cdots q_{nn}$$

对D的前k行作运算r_i+kr_j，再对后n列作运算$c_i+\lambda c_j$，把D化为下三角行列式，故

$$D=p_{11}\cdots p_{kk}\cdot q_{11}\cdots q_{nn}=D_1D_2$$

第三节 行列式按一行（列）展开

可以验证，三阶行列式可以通过二阶行列式表示：

$$\begin{vmatrix}a_{11}&a_{12}&a_{13}\\ a_{21}&a_{22}&a_{23}\\ a_{31}&a_{32}&a_{33}\end{vmatrix}=a_{11}\begin{vmatrix}a_{22}&a_{23}\\ a_{32}&a_{33}\end{vmatrix}-a_{12}\begin{vmatrix}a_{21}&a_{23}\\ a_{31}&a_{33}\end{vmatrix}+a_{13}\begin{vmatrix}a_{21}&a_{22}\\ a_{31}&a_{33}\end{vmatrix}\tag{1.10}$$

那么高阶行列式是否都可用较低阶的行列式表示呢？为了回答这个问题，先介绍余子式和代数余子式的概念.

定义 1.5 在行列式

$$\begin{vmatrix}a_{11}&\cdots&a_{1j}&\cdots&a_{1n}\\ \vdots&&\vdots&&\vdots\\ a_{i1}&\cdots&a_{ij}&\cdots&a_{in}\\ \vdots&&\vdots&&\vdots\\ a_{n1}&\cdots&a_{nj}&\cdots&a_{nn}\end{vmatrix}$$

中划去元素a_{ij}所在的第i行与第j列，剩下的$(n-1)^2$个元素按原来的排法构成一个$n-1$阶行列式

$$M_{ij}=\begin{vmatrix} a_{11} & \cdots & a_{1,j-1} & a_{1,j+1} & \cdots & a_{1n} \\ \vdots & & \vdots & \vdots & & \vdots \\ a_{i-1,1} & \cdots & a_{i-1,j-1} & a_{i-1,j+1} & \cdots & a_{i-1,n} \\ a_{i+1,1} & \cdots & a_{i+1,j-1} & a_{i+1,j+1} & \cdots & a_{i+1,n} \\ \vdots & & \vdots & \vdots & & \vdots \\ a_{n1} & \cdots & a_{n,j-1} & a_{n,j+1} & \cdots & a_{nn} \end{vmatrix}$$

称为元素 a_{ij} 的**余子式**（cofactor）．而

$$A_{ij}=(-1)^{i+j}M_{ij}$$

称为元素 a_{ij} 的**代数余子式**（algebraic cofactor）．

例如，四阶行列式

$$D=\begin{vmatrix} a_{11} & a_{12} & a_{13} & a_{14} \\ a_{21} & a_{22} & a_{23} & a_{24} \\ a_{31} & a_{32} & a_{33} & a_{34} \\ a_{41} & a_{42} & a_{43} & a_{44} \end{vmatrix}$$

中元素 a_{12} 的余子式和代数余子式分别为

$$M_{12}=\begin{vmatrix} a_{21} & a_{23} & a_{24} \\ a_{31} & a_{33} & a_{34} \\ a_{41} & a_{43} & a_{44} \end{vmatrix}$$

$$A_{12}=(-1)^{1+2}M_{12}=-M_{12}$$

行列式的每个元素 a_{ij} 分别对应着一个余子式和代数余子式. 显然元素 a_{ij} 的余子式和代数余子式只与元素 a_{ij} 的位置有关，而与元素 a_{ij} 本身无关，并且有关系

$$A_{ij}=\begin{cases} M_{ij}, & \text{当}i+j\text{为偶数时} \\ -M_{ij}, & \text{当}i+j\text{为奇数时} \end{cases}$$

于是，本节开头的三阶行列式可用代数余子式表示为

$$\begin{vmatrix} a_{11} & a_{12} & a_{13} \\ a_{21} & a_{22} & a_{23} \\ a_{31} & a_{32} & a_{33} \end{vmatrix}=a_{11}A_{11}+a_{12}A_{12}+a_{13}A_{13}$$

为了把这个结果推广到 n 阶行列式，我们先证明一个引理.

引理　若 n 阶行列式 D 中第 i 行的所有元素除 a_{ij} 外都为零，那么这个行列式等于 a_{ij} 与它的代数余子式的乘积，即 $D=a_{ij}A_{ij}$.

证明　当 a_{ij} 位于 D 的第一行第一列时，即

$$D=\begin{vmatrix} a_{11} & 0 & \cdots & 0 \\ a_{21} & a_{22} & \cdots & a_{2n} \\ \vdots & \vdots & & \vdots \\ a_{n1} & a_{n2} & \cdots & a_{nn} \end{vmatrix}$$

由上节例 1.9 的结果可知

$$D=a_{11}M_{11}=a_{11}(-1)^{1+1}M_{11}=a_{11}A_{11}$$

下面证明一般情形. 设

$$D=\begin{vmatrix} a_{11} & \cdots & a_{1j} & \cdots & a_{1n} \\ \vdots & & \vdots & & \vdots \\ 0 & \cdots & a_{ij} & \cdots & 0 \\ \vdots & & \vdots & & \vdots \\ a_{n1} & \cdots & a_{nj} & \cdots & a_{nn} \end{vmatrix}$$

把 D 的第 i 行依次与第 $i-1,\cdots,2,1$ 行交换后换到第一行，再把 D 的第 j 列依次与第 $j-1,\cdots,2,1$ 列交换后换到第一列，得

$$D_1=\begin{vmatrix} a_{ij} & \cdots & 0 & \cdots & 0 \\ \vdots & & \vdots & & \vdots \\ a_{i-1,j} & \cdots & a_{i-1,j-1} & \cdots & a_{i-1,n} \\ \vdots & & \vdots & & \vdots \\ a_{nj} & \cdots & a_{n,j-1} & \cdots & a_{nn} \end{vmatrix}=(-1)^{i-1}\cdot(-1)^{j-1}D=(-1)^{i+j}D$$

而元素 a_{ij} 在 D_1 中的余子式就是 a_{ij} 在 D 中的余子式 M_{ij}，利用前面的结果有

$$D_1=a_{ij}M_{ij}$$

于是

$$D=(-1)^{i+j}D_1=(-1)^{i+j}a_{ij}M_{ij}=a_{ij}A_{ij}$$

定理 1.3　n 阶行列式 D 等于它的任一行（列）的所有元素与其对应的代数余子式的乘积之和，即

$$D=a_{i1}A_{i1}+a_{i2}A_{i2}+\cdots+a_{in}A_{in},\quad (i=1,2,\cdots,n)$$

或　　(1.11)

$$D=a_{1j}A_{1j}+a_{2j}A_{2j}+\cdots+a_{nj}A_{nj},\quad (j=1,2,\cdots,n)$$

证明

$$D=\begin{vmatrix} a_{11} & a_{12} & \cdots & a_{1n} \\ \vdots & \vdots & & \vdots \\ a_{i1}+0+\cdots+0 & 0+a_{i2}+\cdots+0 & \cdots & 0+\cdots+0+a_{in} \\ \vdots & \vdots & & \vdots \\ a_{n1} & a_{n2} & \cdots & a_{nn} \end{vmatrix}$$

$$= \begin{vmatrix} a_{11} & a_{12} & \cdots & a_{1n} \\ \vdots & \vdots & & \vdots \\ a_{i1} & 0 & \cdots & 0 \\ \vdots & \vdots & & \vdots \\ a_{n1} & a_{n2} & \cdots & a_{nn} \end{vmatrix} + \begin{vmatrix} a_{11} & a_{12} & \cdots & a_{1n} \\ \vdots & \vdots & & \vdots \\ 0 & a_{i2} & \cdots & 0 \\ \vdots & \vdots & & \vdots \\ a_{n1} & a_{n2} & \cdots & a_{nn} \end{vmatrix} + \cdots + \begin{vmatrix} a_{11} & a_{12} & \cdots & a_{1n} \\ \vdots & \vdots & & \vdots \\ 0 & 0 & \cdots & a_{in} \\ \vdots & \vdots & & \vdots \\ a_{n1} & a_{n2} & \cdots & a_{nn} \end{vmatrix}$$
$$= a_{i1}A_{i1} + a_{i2}A_{i2} + \cdots + a_{in}A_{in}$$

这就是行列式按第 i 行展开的公式.

类似的可证行列式按第 j 列展开的公式，即

$$D = a_{1j}A_{1j} + a_{2j}A_{2j} + \cdots + a_{nj}A_{nj} \quad (j = 1, 2, \cdots, n)$$

此定理就是行列式理论中著名的行列式按一行（列）展开的法则.

定理 1.4 行列式

$$D = \begin{vmatrix} a_{11} & a_{12} & \cdots & a_{1n} \\ \vdots & \vdots & & \vdots \\ a_{i1} & a_{i2} & \cdots & a_{in} \\ \vdots & \vdots & & \vdots \\ a_{j1} & a_{j2} & \cdots & a_{jn} \\ \vdots & \vdots & & \vdots \\ a_{n1} & a_{n2} & \cdots & a_{nn} \end{vmatrix} \begin{matrix} \\ \\ i\text{行} \\ \\ j\text{行} \\ \\ \\ \end{matrix}$$

的第 i 行（列）元素与第 j 行（列）的对应元素的代数余子式的乘积之和等于零（$i \neq j$），即

$$a_{i1}A_{j1} + a_{i2}A_{j2} + \cdots + a_{in}A_{jn} = 0 \quad (i \neq j)$$

或

$$a_{1i}A_{1j} + a_{2i}A_{2j} + \cdots + a_{ni}A_{nj} = 0 \quad (i \neq j)$$

证明 构造行列式

$$D_1 = \begin{vmatrix} a_{11} & a_{12} & \cdots & a_{1n} \\ \vdots & \vdots & & \vdots \\ a_{i1} & a_{i2} & \cdots & a_{in} \\ \vdots & \vdots & & \vdots \\ a_{i1} & a_{i2} & \cdots & a_{in} \\ \vdots & \vdots & & \vdots \\ a_{n1} & a_{n2} & \cdots & a_{nn} \end{vmatrix} \begin{matrix} \\ \\ i\text{行} \\ \\ j\text{行} \\ \\ \\ \end{matrix}$$

其中第 i 行与第 j 行的对应元素相同，可知 $D_1 = 0$。而 D_1 与 D 仅第 j 行元素不同，从而可知，D_1 的第 j 行元素的代数余子式与 D 的第 j 行对应元素的代数余子式相同，即将 D_1 按 j 行展开

$$D_1 = a_{i1}A_{j1} + a_{i2}A_{j2} + \cdots + a_{in}A_{jn} = 0$$

类似地，有

$$a_{1i}A_{1j}+a_{2i}A_{2j}+\cdots+a_{ni}A_{nj}=0$$

在行列式的计算中，还应将行列式的性质与行列式按行（列）展开的方法结合起来使用。一般可先用行列式的性质将行列式中某一行（列）化为仅含有一个非零元素，再将行列式按此行（列）展开，化为低一阶的行列式，如此继续下去，直到化为二阶行列式为止.

按行（列）展开计算行列式的方法称为**降阶法**.

综合上述两个定理，对 n 阶行列式 D 有下列公式成立：

$$a_{i1}A_{j1}+a_{i2}A_{j2}+\cdots+a_{in}A_{jn}=\sum_{k=1}^{n}a_{ik}A_{jk}=\begin{cases}D, & 当 i=j\\ 0, & 当 i\neq j\end{cases}$$

$$a_{1i}A_{1j}+a_{2i}A_{2j}+\cdots+a_{ni}A_{nj}=\sum_{k=1}^{n}a_{ki}A_{kj}=\begin{cases}D, & 当 i=j\\ 0, & 当 i\neq j\end{cases}$$

例 1.10 计算行列式

$$D=\begin{vmatrix}5 & 1 & -1 & 1\\ -11 & 1 & 3 & -1\\ 0 & 0 & 2 & 0\\ -5 & -5 & 3 & 0\end{vmatrix}$$

解

$$D=(-1)^{3+3}\times 2\times\begin{vmatrix}5 & 1 & 1\\ -11 & 1 & -1\\ -5 & -5 & 0\end{vmatrix}\xlongequal{r_2+r_1}2\begin{vmatrix}5 & 1 & 1\\ -6 & 2 & 0\\ -5 & -5 & 0\end{vmatrix}$$

$$=(-1)^{1+3}\times 2\times\begin{vmatrix}-6 & 2\\ -5 & -5\end{vmatrix}=2\begin{vmatrix}-8 & 2\\ 0 & -5\end{vmatrix}=80$$

例 1.11 计算行列式

$$D=\begin{vmatrix}1 & 1 & 1\\ x_1 & x_2 & x_3\\ x_1^2 & x_2^2 & x_3^2\end{vmatrix}$$

解 首先，根据行列式的性质，分别将第一行的 $-x_1$，$-x_1^2$ 倍分别加到第二行和第三行，从而将第一列的元素除 $a_{11}=1$ 以外，都变为 0，即

$$D=\begin{vmatrix}1 & 1 & 1\\ 0 & x_2-x_1 & x_3-x_1\\ 0 & x_2^2-x_1^2 & x_3^2-x_1^2\end{vmatrix}$$

按第一列展开，有

$$D=1\times(-1)^{1+1}\begin{vmatrix}x_2-x_1 & x_3-x_1\\ x_2^2-x_1^2 & x_3^2-x_1^2\end{vmatrix}=(x_3-x_1)(x_2-x_1)(x_3-x_2)$$

用数学归纳法，我们可以证明 $n(n\geqslant 2)$ 阶范德蒙德（Vandermonde）行列式：

$$D_n=\begin{vmatrix}1&1&\cdots&1\\x_1&x_2&\cdots&x_n\\x_1^2&x_2^2&\cdots&x_n^2\\\vdots&\vdots&&\vdots\\x_1^{n-1}&x_2^{n-1}&\cdots&x_n^{n-1}\end{vmatrix}=\prod_{n\geqslant i>j\geqslant 1}(x_i-x_j)$$

其中记号“$\prod$”表示全体同类因子的乘积. 即 n 阶范德蒙德行列式等于 $x_1,x_2,\cdots,x_n$ 这 n 个数的所有可能的差 $x_i-x_j(1\leqslant j<i\leqslant n)$ 的乘积.

易见，范德蒙德行列式为零的充要条件是 $x_1,x_2,\cdots,x_n$ 这 n 个数中至少有两个相等.

例 1.12 计算行列式

$$D=\begin{vmatrix}1&2&3&-1\\1&-1&0&2\\0&1&0&1\\3&-4&-1&-2\end{vmatrix}$$

解

$$D=\begin{vmatrix}1&2&3&-1\\1&-1&0&2\\0&1&0&1\\3&-4&-1&-2\end{vmatrix}\xlongequal{c_4+(-1)c_2}\begin{vmatrix}1&2&3&-3\\1&-1&0&3\\0&1&0&0\\3&-4&-1&2\end{vmatrix}$$

按第三行展开，有

$$D=1\times(-1)^{3+2}\begin{vmatrix}1&3&-3\\1&0&3\\3&-1&2\end{vmatrix}\xlongequal{r_1+3r_3}-\begin{vmatrix}10&0&3\\1&0&3\\3&-1&2\end{vmatrix}=(-1)(-1)(-1)^{3+2}\begin{vmatrix}10&3\\1&3\end{vmatrix}=-27$$

n 阶行列式 D 按第 i 行展开的展开式

$$D=a_{i1}A_{i1}+a_{i2}A_{i2}+\cdots+a_{in}A_{in}$$

中，用 $b_1,b_2,\cdots,b_n$ 依次代替 $a_{i1},a_{i2},\cdots,a_{in}$，可得

$$D_1=\begin{vmatrix}a_{11}&\cdots&a_{1n}\\\vdots&&\vdots\\a_{i-1,1}&\cdots&a_{i-1,n}\\b_1&\cdots&b_n\\a_{i+1,1}&\cdots&a_{i+1,n}\\\vdots&&\vdots\\a_{n1}&\cdots&a_{nn}\end{vmatrix}=b_1A_{i1}+b_2A_{i2}+\cdots+b_nA_{in} \tag{1.12}$$

其实，在（1.12）式中把 D_1 按第 i 行展开，注意到它的第 i 行第 j 列元素的代数余子式恰好等于 D 中第 i 行第 j 列元素的代数余子式，也可知（1.12）式成立。

类似地，用 $b_1,b_2,\cdots,b_n$ 依次代替 D 中第 j 列，可得

$$\begin{vmatrix} a_{11} & \cdots & a_{1,j-1} & b_1 & a_{1,j+1} & \cdots & a_{1n} \\ \vdots & & \vdots & \vdots & \vdots & & \vdots \\ a_{n1} & \cdots & a_{n,j-1} & b_n & a_{n,j+1} & \cdots & a_{nn} \end{vmatrix} = b_1A_{1j} + b_2A_{2j} + \cdots + b_nA_{nj} \tag{1.13}$$

例 1.13　设

$$D = \begin{vmatrix} 3 & -5 & 2 & 1 \\ 1 & 1 & 0 & -5 \\ -1 & 3 & 1 & 3 \\ 2 & -4 & -1 & -3 \end{vmatrix}$$

D 中元素 a_{ij} 的余子式和代数余子式依次记为 M_{ij} 和 A_{ij}，求 $A_{11}+A_{12}+A_{13}+A_{14}$ 及 $M_{11}+M_{12}+M_{13}+M_{14}$.

解　按（1.12）式可知 $A_{11}+A_{12}+A_{13}+A_{14}$ 等于用 $1,1,1,1$ 代替 D 的第一行所得的行列式，即

$$A_{11}+A_{12}+A_{13}+A_{14} = \begin{vmatrix} 1 & 1 & 1 & 1 \\ 1 & 1 & 0 & -5 \\ -1 & 3 & 1 & 3 \\ 2 & -4 & -1 & -3 \end{vmatrix} \xlongequal{r_4+r_3,\, r_3-r_1} \begin{vmatrix} 1 & 1 & 1 & 1 \\ 1 & 1 & 0 & -5 \\ -2 & 2 & 0 & 2 \\ 1 & -1 & 0 & 0 \end{vmatrix}$$

$$= \begin{vmatrix} 1 & 1 & -5 \\ -2 & 2 & 2 \\ 1 & -1 & 0 \end{vmatrix} \xlongequal{c_2+c_1} \begin{vmatrix} 1 & 2 & -5 \\ -2 & 0 & 2 \\ 1 & 0 & 0 \end{vmatrix} = 1\times(-1)^{3+1}\begin{vmatrix} 2 & -5 \\ 0 & 2 \end{vmatrix} = 4$$

按（1.13）式可知

$$M_{11}+M_{12}+M_{13}+M_{14} = A_{11}-A_{21}+A_{31}-A_{41}$$

$$= \begin{vmatrix} 1 & -5 & 2 & 1 \\ -1 & 1 & 0 & -5 \\ 1 & 3 & 1 & 3 \\ -1 & -4 & -1 & -3 \end{vmatrix} \xlongequal{r_4+r_3} \begin{vmatrix} 1 & -5 & 2 & 1 \\ -1 & 1 & 0 & -5 \\ 1 & 3 & 1 & 3 \\ 0 & -1 & 0 & 0 \end{vmatrix}$$

$$= (-1)(-1)^{4+2}\begin{vmatrix} 1 & 2 & 1 \\ -1 & 0 & -5 \\ 1 & 1 & 3 \end{vmatrix} \xlongequal{r_1+(-2)r_3} -\begin{vmatrix} -1 & 0 & -5 \\ -1 & 0 & -5 \\ 1 & 1 & 3 \end{vmatrix} = 0$$

第四节　克拉默（Cramer）法则

现在用行列式解决线性方程组的问题，这里只考虑方程个数与未知量个数相等的情形.

一、克拉默法则

定理 1.5　如果线性方程组

$$\begin{cases} a_{11}x_1+a_{12}x_2+\cdots+a_{1n}x_n=b_1 \\ a_{21}x_1+a_{22}x_2+\cdots+a_{2n}x_n=b_2 \\ \cdots\cdots\cdots\cdots \\ a_{n1}x_1+a_{n2}x_2+\cdots+a_{nn}x_n=b_n \end{cases} \tag{1.14}$$

的系数矩阵

$$\boldsymbol{A}=\begin{pmatrix} a_{11} & a_{12} & \cdots & a_{1n} \\ a_{21} & a_{22} & \cdots & a_{2n} \\ \vdots & \vdots & & \vdots \\ a_{n1} & a_{n2} & \cdots & a_{nn} \end{pmatrix}$$

的行列式

$$D=|\boldsymbol{A}|\neq 0$$

那么线性方程组（1.14）有解，并且解是唯一的. 其解可以通过系数表示为

$$x_1=\frac{D_1}{D},\quad x_2=\frac{D_2}{D},\quad \cdots,\quad x_n=\frac{D_n}{D} \tag{1.15}$$

其中 D_j 是把矩阵 $\boldsymbol{A}$ 中第 j 列换成常数项 $b_1,b_2,\cdots,b_n$ 所成的矩阵的行列式，即

$$D_j=\begin{vmatrix} a_{11} & \cdots & a_{1,j-1} & b_1 & a_{1,j+1} & \cdots & a_{1n} \\ a_{21} & \cdots & a_{2,j-1} & b_2 & a_{2,j+1} & \cdots & a_{2n} \\ \vdots & & \vdots & \vdots & \vdots & & \vdots \\ a_{n1} & \cdots & a_{n,j-1} & b_n & a_{n,j+1} & \cdots & a_{nn} \end{vmatrix}\quad (j=1,2,\cdots,n)$$

定理 1.5 中包含着三个结论：

（1）方程组有解；

（2）解是唯一的；

（3）解由公式（1.15）给出.

定理 1.5 通常称为**克拉默法则**.

二、重要定理

抛开求解公式（1.15），克拉默法则可叙述为下面的定理：

定理 1.6　如果线性方程组（1.14）的系数行列式 $D\neq 0$，则方程组（1.14）一定有解，且解是唯一的 .

定理 1.7　如果线性方程组（1.14）无解或有两个不同的解，则它的系数行列式必为零.

定理 1.8　如果齐次线性方程组

$$\begin{cases} a_{11}x_1 + a_{12}x_2 + \cdots + a_{1n}x_n = 0 \\ a_{21}x_1 + a_{22}x_2 + \cdots + a_{2n}x_n = 0 \\ \cdots\cdots\cdots\cdots \\ a_{n1}x_1 + a_{n2}x_2 + \cdots + a_{nn}x_n = 0 \end{cases} \tag{1.16}$$

的系数矩阵的行列式$|\boldsymbol{A}|\neq 0$，那么它只有零解. 换句话说，如果方程组（1.16）有非零解，那么必有$|\boldsymbol{A}|=0$.

例 1.14 解方程组

$$\begin{cases} 2x_1 + x_2 - 5x_3 + x_4 = 8 \\ x_1 - 3x_2 - 6x_4 = 9 \\ 2x_2 - x_3 + 2x_4 = -5 \\ x_1 + 4x_2 - 7x_3 + 6x_4 = 0 \end{cases}$$

解 因为

$$D = \begin{vmatrix} 2 & 1 & -5 & 1 \\ 1 & -3 & 0 & -6 \\ 0 & 2 & -1 & 2 \\ 1 & 4 & -7 & 6 \end{vmatrix} \overset{r_1 - 2r_2, r_4 - r_2}{=\!=\!=\!=} \begin{vmatrix} 0 & 7 & -5 & 13 \\ 1 & -3 & 0 & -6 \\ 0 & 2 & -1 & 2 \\ 0 & 7 & -7 & 12 \end{vmatrix} = 27$$

$$D_1 = \begin{vmatrix} 8 & 1 & -5 & 1 \\ 9 & -3 & 0 & -6 \\ -5 & 2 & -1 & 2 \\ 0 & 4 & -7 & 6 \end{vmatrix} = 81, \quad D_2 = \begin{vmatrix} 2 & 8 & -5 & 1 \\ 1 & 9 & 0 & -6 \\ 0 & -5 & -1 & 2 \\ 1 & 0 & -7 & 6 \end{vmatrix} = -108$$

$$D_3 = \begin{vmatrix} 2 & 1 & 8 & 1 \\ 1 & -3 & 9 & -6 \\ 0 & 2 & -5 & 2 \\ 1 & 4 & 0 & 6 \end{vmatrix} = -27, \quad D_4 = \begin{vmatrix} 2 & 1 & -5 & 8 \\ 1 & -3 & 0 & 9 \\ 0 & 2 & -1 & -5 \\ 1 & 4 & -7 & 0 \end{vmatrix} = 27$$

所以

$$x_1 = \frac{D_1}{D} = \frac{81}{27} = 3, \quad x_2 = \frac{D_2}{D} = \frac{-108}{27} = -4, \quad x_3 = \frac{D_3}{D} = \frac{-27}{27} = -1, \quad x_4 = \frac{D_4}{D} = \frac{27}{27} = 1$$

例 1.15 问λ取何值时，齐次方程组

$$\begin{cases} (1-\lambda)x_1 - 2x_2 + 4x_3 = 0 \\ 2x_1 + (3-\lambda)x_2 + x_3 = 0 \\ x_1 + x_2 + (1-\lambda)x_3 = 0 \end{cases}$$

有非零解?

解 设

$$D = \begin{vmatrix} 1-\lambda & -2 & 4 \\ 2 & 3-\lambda & 1 \\ 1 & 1 & 1-\lambda \end{vmatrix} = \begin{vmatrix} 1-\lambda & -3+\lambda & 4 \\ 2 & 1-\lambda & 1 \\ 1 & 0 & 1-\lambda \end{vmatrix}$$

$$
\begin{aligned}
&=(1-\lambda)^3+(\lambda-3)-4(1-\lambda)-2(1-\lambda)(-3+\lambda)\\
&=(1-\lambda)^3+2(1-\lambda)^2+\lambda-3\\
&=\lambda(2-\lambda)(\lambda-3)
\end{aligned}
$$

因为齐次方程组有非零解，则

$$D=0$$

所以，当 $\lambda=0,\lambda=2$ 或 $\lambda=3$ 时齐次方程组有非零解.

习题一

1. 利用对角线法则计算下列行列式.

（1）$\begin{vmatrix} 2 & 0 & 1 \\ 1 & -4 & 1 \\ -1 & 8 & 3 \end{vmatrix}$；　　（2）$\begin{vmatrix} a & b & c \\ b & c & a \\ c & a & b \end{vmatrix}$；

（3）$\begin{vmatrix} x & y & x+y \\ y & x+y & x \\ x+y & x & y \end{vmatrix}$.

2. 求以下排列的逆序数，并确定它们的奇偶性

（1）4637251；　　（2）314782695；

（3）$1\ 3\cdots(2n-1)\ 2\ 4\cdots(2n)$；　　（4）$(2k)1(2k-1)2(2k-2)3(2k-3)\cdots(k+1)k$.

3. 在 6 阶行列式中，$a_{23}a_{31}a_{42}a_{56}a_{14}a_{65}$，$a_{32}a_{43}a_{14}a_{51}a_{66}a_{25}$ 这两项应带什么符号?

4. 由

$$\begin{vmatrix} 1 & 1 & \cdots & 1 \\ 1 & 1 & \cdots & 1 \\ \vdots & \vdots & & \vdots \\ 1 & 1 & \cdots & 1 \end{vmatrix}=0$$

证明奇偶排列各占一半.

5. 用行列式的定义计算

（1）$D_n=\begin{vmatrix} & & & 1 \\ & & 2 & \\ & \iddots & & \\ n-1 & & & \\ n & & & \end{vmatrix}$；　　（2）$D_n=\begin{vmatrix} 0 & 1 & & & \\ & 0 & 2 & & \\ & & \ddots & \ddots & \\ & & & 0 & n-1 \\ n & & & & 0 \end{vmatrix}$；

（3）$D_n=\begin{vmatrix} & & & 1 & 0 \\ & & 2 & 0 & \\ & \iddots & & & \\ n-1 & 0 & & & \\ 0 & & & & n \end{vmatrix}$；　　（4）$D=\begin{vmatrix} a_1 & a_2 & a_3 & a_4 & a_5 \\ b_1 & b_2 & b_3 & b_4 & b_5 \\ c_1 & c_2 & 0 & 0 & 0 \\ d_1 & d_2 & 0 & 0 & 0 \\ e_1 & e_2 & 0 & 0 & 0 \end{vmatrix}$.

6. 由行列式定义计算

$$f(x)=\begin{vmatrix}2x & x & 1 & 2\\ 1 & x & 1 & -1\\ 3 & 2 & x & 1\\ 1 & 1 & 1 & x\end{vmatrix}$$

中 x^4 与 x^3 的系数，并说明理由.

7. 求解下列方程：

（1） $\begin{vmatrix}1 & 1 & 1 & 1\\ a & b & c & x\\ a^2 & b^2 & c^2 & x^2\\ a^3 & b^3 & c^3 & x^3\end{vmatrix}=0$ (其中 a,b,c 是互不相同的数)；

（2） $\begin{vmatrix}1 & 1 & 1 & 1\\ 1 & 1-x & 1 & 1\\ 1 & 1 & 2-x & 1\\ 1 & 1 & 1 & 3-x\end{vmatrix}=0$

8. 计算下面的行列式.

（1） $D=\begin{vmatrix}1 & 2 & 3 & 4\\ 2 & 3 & 4 & 1\\ 3 & 4 & 1 & 2\\ 4 & 1 & 2 & 3\end{vmatrix}$；

（2） $\begin{vmatrix}0 & 1 & 2 & -1 & 4\\ 2 & 0 & 1 & 2 & 1\\ -1 & 3 & 5 & 1 & 2\\ 3 & 3 & 1 & 2 & 1\\ 2 & 1 & 0 & 3 & 5\end{vmatrix}$；

（3） $D=\begin{vmatrix}1+x & 1 & 1 & 1\\ 1 & 1-x & 1 & 1\\ 1 & 1 & 1+y & 1\\ 1 & 1 & 1 & 1-y\end{vmatrix}$；

（4） $D=\begin{vmatrix}a^2 & (a+1)^2 & (a+2)^2 & (a+3)^2\\ b^2 & (b+1)^2 & (b+2)^2 & (b+3)^2\\ c^2 & (c+1)^2 & (c+2)^2 & (c+3)^2\\ d^2 & (d+1)^2 & (d+2)^2 & (d+3)^2\end{vmatrix}$；

（5） $D=\begin{vmatrix}x & y & & & \\ & x & y & & \\ & & x & \ddots & \\ & & & \ddots & y\\ y & & & & x\end{vmatrix}$；

（6） $D=\begin{vmatrix}a_1-b_1 & a_1-b_2 & \cdots & a_1-b_n\\ a_2-b_1 & a_2-b_2 & \cdots & a_2-b_n\\ \vdots & \vdots & & \vdots\\ a_n-b_1 & a_n-b_2 & \cdots & a_n-b_n\end{vmatrix}$；

（7） $D=\begin{vmatrix}2 & 1 & 0 & 0 & 0\\ 1 & 2 & 1 & 0 & 0\\ 0 & 1 & 2 & 1 & 0\\ 0 & 0 & 1 & 2 & 1\\ 0 & 0 & 0 & 1 & 2\end{vmatrix}$；

（8） $D_4=\begin{vmatrix}a & b & c & d\\ a & a+b & a+b+c & a+b+c+d\\ a & 2a+b & 3a+2b+c & 4a+3b+2c+d\\ a & 3a+b & 6a+3b+c & 10a+6b+3c+d\end{vmatrix}$；

（9） $D_n=\begin{vmatrix}1 & 2 & 2 & \cdots & 2\\ 2 & 2 & 2 & \cdots & 2\\ 2 & 2 & 3 & \cdots & 2\\ \vdots & \vdots & \vdots & & \vdots\\ 2 & 2 & 2 & \cdots & n\end{vmatrix}$.

9. 计算下列行列式：

（1）$D_{n+1}=\begin{vmatrix} a_0 & 1 & 1 & \cdots & 1 \\ 1 & a_1 & & & \\ 1 & & a_2 & & \\ \vdots & & & \ddots & \\ 1 & & & & a_n \end{vmatrix}$；

（2）$D_n=\begin{vmatrix} x & & & & & a_0 \\ -1 & x & & & & a_1 \\ & -1 & x & & & a_2 \\ & & -1 & \ddots & & \vdots \\ & & & \ddots & x & a_{n-2} \\ & & & & -1 & x+a_{n-1} \end{vmatrix}$；

（3）$D_n=\begin{vmatrix} a+b & ab & & & \\ 1 & a+b & ab & & \\ & 1 & a+b & \ddots & \\ & & \ddots & & ab \\ & & & 1 & a+b \end{vmatrix}$；

（4）$D_n=\begin{vmatrix} \cos\alpha & 1 & & & \\ 1 & 2\cos\alpha & 1 & & \\ & 1 & 2\cos\alpha & \ddots & \\ & & \ddots & \cdots & 1 \\ & & & 1 & 2\cos\alpha \end{vmatrix}$；

（5）$D_n=\begin{vmatrix} 1+a_1 & 1 & 1 & \cdots & 1 \\ 1 & 1+a_2 & 1 & \cdots & 1 \\ 1 & 1 & 1+a_3 & \cdots & 1 \\ \vdots & \vdots & \vdots & & \vdots \\ 1 & 1 & 1 & \cdots & 1+a_n \end{vmatrix}$.

10. 设 x_1,x_2,x_3 是方程 $x^3+px+q=0$ 的三个根，求行列式 $D=\begin{vmatrix} x_1 & x_2 & x_3 \\ x_3 & x_1 & x_2 \\ x_2 & x_3 & x_1 \end{vmatrix}$.

11. 设 4 阶行列式

$$D=\begin{vmatrix} 1 & 0 & -3 & 7 \\ 0 & 1 & 2 & 1 \\ -3 & 4 & 0 & 3 \\ 1 & -2 & 2 & -1 \end{vmatrix}$$

求：（1）D 的代数余子式 A_{14}；

（2）$A_{11}-2A_{12}+2A_{13}-A_{14}$；

（3）$A_{11}+A_{21}+2A_{31}+2A_{41}$.

12. 设

$$D_4=\begin{vmatrix} a_1 & a_2 & a_3 & x \\ b_1 & b_2 & b_3 & x \\ c_1 & c_2 & c_3 & x \\ d_1 & d_2 & d_3 & x \end{vmatrix}$$

求第一列各元素的代数余子式之和.

13. 线性方程组

$$\begin{cases} \lambda x_1 + x_2 + x_3 = 0 \\ x_1 + \lambda x_2 + x_3 = 0 \\ x_1 + x_2 + \lambda x_3 = 0 \end{cases}$$

有非零解，问 λ 为何值?

14. 用 Cramer 法则解线性方程组

$$\begin{cases} x_1 - 2x_2 + x_3 = 1 \\ 2x_1 + x_2 - x_3 = 1 \\ x_1 - 3x_2 - 4x_3 = -10 \end{cases}$$

15. 问 λ 取何值时，齐次线性方程组

$$\begin{cases} (1-\lambda)x_1 - 2x_2 + 4x_3 = 0 \\ 2x_1 + (3-\lambda)x_2 + x_3 = 0 \\ x_1 + x_2 + (1-\lambda)x_3 = 0 \end{cases}$$

有非零解.

第二章　矩　阵

第一节　矩　阵

一、矩阵的定义

定义 2.1　由 $m\times n$ 个数 a_{ij} $(i=1,2,\cdots m; j=1,2,\cdots,n)$ 排成的 m 行 n 列数表

$$\begin{pmatrix} a_{11} & a_{12} & \cdots & a_{1n} \\ a_{21} & a_{22} & \cdots & a_{2n} \\ \vdots & \vdots & & \vdots \\ a_{m1} & a_{m2} & \cdots & a_{mn} \end{pmatrix} \tag{2.1}$$

称为一个 m 行 n 列矩阵，简称 $m\times n$ **矩阵**。这 $m\times n$ 个数称为矩阵的元素，其中 a_{ij} 称为矩阵的第 i 行第 j 列元素.（2.1）式也简记为 $\boldsymbol{A}=(a_{ij})_{m\times n}$ 或 $\boldsymbol{A}=(a_{ij})$. 有时 $m\times n$ 矩阵 $\boldsymbol{A}$ 也记作 $\boldsymbol{A}_{m\times n}$.

元素是复数的矩阵称为复矩阵，元素是实数的矩阵称为实矩阵，本书中的矩阵除特别说明外，都指实矩阵.

两个矩阵的行数、列数均相等时，就称它们是**同型矩阵**.

如果 $\boldsymbol{A}=(a_{ij})$ 与 $\boldsymbol{B}=(b_{ij})$ 是同型矩阵，并且它们的对应元素相等，即

$$a_{ij}=b_{ij} \quad (i=1,2,\cdots; j=1,2,\cdots)$$

则称矩阵 $\boldsymbol{A}$ 与矩阵 $\boldsymbol{B}$ **相等**，记作

$$\boldsymbol{A}=\boldsymbol{B}$$

所有元素都为零的矩阵称为**零矩阵**，记为 $\boldsymbol{O}$. 值得注意的是：不同型的零矩阵是不相等的.

例 2.1　设 $\boldsymbol{A}=\begin{pmatrix} 1 & 2-x & 3 \\ 2 & 6 & 5z \end{pmatrix}$，$\boldsymbol{B}=\begin{pmatrix} 1 & x & 3 \\ y & 6 & z-8 \end{pmatrix}$，已知 $\boldsymbol{A}=\boldsymbol{B}$，求 x,y,z.

解　因为 $2-x=x$，$2=y$，$5z=z-8$，所以

$$x=1, \quad y=2, \quad z=-2$$

二、几种特殊矩阵

（1）$m\times n$ 矩阵 $\boldsymbol{A}=(a_{ij})_{m\times n}$，当 $m=n$ 时，即

$$A=\begin{pmatrix} a_{11} & a_{12} & \cdots & a_{1n} \\ a_{21} & a_{22} & \cdots & a_{2n} \\ \vdots & \vdots & & \vdots \\ a_{n1} & a_{n2} & \cdots & a_{nn} \end{pmatrix}$$

称为 **n 阶方阵**，记为 A_n. 特别地，一阶方阵 $(a)=a$.

方阵中从左上角元素 a_{11} 到右下角元素 a_{nn} 的这条对角线称为方阵的**主对角线**，从右上角元素 a_{1n} 到左下角元素 a_{n1} 的这条对角线称为方阵的**副对角线**。

（2）形如

$$A=\begin{pmatrix} a_{11} & a_{12} & \cdots & a_{1n} \\ 0 & a_{22} & \cdots & a_{2n} \\ \vdots & \vdots & & \vdots \\ 0 & 0 & \cdots & a_{nn} \end{pmatrix}$$

的 n 阶方阵称为**上三角矩阵**.

（3）形如

$$A=\begin{pmatrix} a_{11} & 0 & \cdots & 0 \\ a_{21} & a_{22} & \cdots & 0 \\ \vdots & \vdots & & \vdots \\ a_{n1} & a_{n2} & \cdots & a_{nn} \end{pmatrix}$$

的 n 阶方阵称为**下三角矩阵**.

（4）形如

$$\Lambda=\begin{pmatrix} \lambda_1 & 0 & \cdots & 0 \\ 0 & \lambda_2 & \cdots & 0 \\ \vdots & \vdots & & \vdots \\ 0 & 0 & \cdots & \lambda_n \end{pmatrix}$$

的 n 阶方阵称为 n 阶**对角矩阵**，记为 $\Lambda=\operatorname{diag}(\lambda_1,\lambda_2,\cdots,\lambda_n)$.

（5）形如

$$A=\begin{pmatrix} \lambda & 0 & \cdots & 0 \\ 0 & \lambda & \cdots & 0 \\ \vdots & \vdots & & \vdots \\ 0 & 0 & \cdots & \lambda \end{pmatrix}$$

的 n 阶方阵称为 n 阶**数量矩阵**。

特别地，当 $\lambda=1$时，即矩阵

$$\begin{pmatrix} 1 & 0 & \cdots & 0 \\ 0 & 1 & \cdots & 0 \\ \vdots & \vdots & & \vdots \\ 0 & 0 & \cdots & 1 \end{pmatrix}$$

称为 n 阶**单位矩阵**，记为 $\boldsymbol{E}_n$.

应该注意到，单位矩阵是数量矩阵，数量矩阵是对角矩阵，而反之则未必成立. 当然零矩阵也是数量矩阵.

（6）只有一行的矩阵

$$\boldsymbol{A}_{1\times n}=(a_1 \quad a_2 \quad \cdots \quad a_n)$$

称为**行矩阵**，又称**行向量**. 为避免元素间的混淆，行矩阵也记作

$$\boldsymbol{A}=(a_1,a_2,\cdots,a_n)$$

（7）只有一列的矩阵

$$\boldsymbol{B}_{n\times 1}=\begin{pmatrix} b_1 \\ b_2 \\ \vdots \\ b_n \end{pmatrix}$$

称为**列矩阵**，又称**列向量**.

就向量而言，称其元素为分量，分量的个数称为向量的维数. 例如，$\boldsymbol{\alpha}=(2,-1,2,5)$ 是 4 维行向量，$\boldsymbol{\beta}=\begin{pmatrix} 1 \\ -2 \\ 4 \end{pmatrix}$ 是 3 维列向量.

矩阵

$$\boldsymbol{A}=\begin{pmatrix} a_{11} & a_{12} & \cdots & a_{1n} \\ a_{21} & a_{22} & \cdots & a_{2n} \\ \vdots & \vdots & & \vdots \\ a_{m1} & a_{m2} & \cdots & a_{mn} \end{pmatrix}$$

的每一行

$$(a_{i1} \quad a_{i2} \quad \cdots \quad a_{in}) \quad (i=1,2,\cdots,m)$$

都是 n 维行向量；$\boldsymbol{A}$ 的每一列

$$\begin{pmatrix} a_{1j} \\ a_{2j} \\ \vdots \\ a_{mj} \end{pmatrix} \quad (j=1,2,\cdots,n)$$

都是 m 维列向量.

（8）分量都是 0 的向量称为**零向量**，记为

$$\boldsymbol{0}=(0,0,\cdots,0)^{\mathrm{T}}$$

第二节　矩阵的运算

一、矩阵的加法

定义 2.2　设有两个 $m\times n$ 矩阵 $\boldsymbol{A}=(a_{ij})$ 和 $\boldsymbol{B}=(b_{ij})$，矩阵 $\boldsymbol{A}$ 与 $\boldsymbol{B}$ 的和记为 $\boldsymbol{A}+\boldsymbol{B}$，规定

$$\boldsymbol{A}+\boldsymbol{B}=(a_{ij}+b_{ij})=\begin{pmatrix} a_{11}+b_{11} & a_{12}+b_{12} & \cdots & a_{1n}+b_{1n} \\ a_{21}+b_{21} & a_{22}+b_{22} & \cdots & a_{2n}+b_{2n} \\ \vdots & \vdots & & \vdots \\ a_{m1}+b_{m1} & a_{m2}+b_{m2} & \cdots & a_{mn}+b_{mn} \end{pmatrix}$$

两个同型矩阵的和即为两个矩阵对应位置元素相加得到的矩阵. 值得注意的是：只有两个矩阵是同型矩阵时，才能进行矩阵的加法运算.

矩阵加法满足下列运算规律（设 $\boldsymbol{A},\boldsymbol{B},\boldsymbol{C}$ 都是 $m\times n$ 矩阵）：

（1）$\boldsymbol{A}+\boldsymbol{B}=\boldsymbol{B}+\boldsymbol{A}$.

（2）$(\boldsymbol{A}+\boldsymbol{B})+\boldsymbol{C}=\boldsymbol{A}+(\boldsymbol{B}+\boldsymbol{C})$.

（3）$\boldsymbol{A}+\boldsymbol{O}=\boldsymbol{O}+\boldsymbol{A}=\boldsymbol{A}$.

设 $\boldsymbol{A}=(a_{ij})$，记

$$-\boldsymbol{A}=(-a_{ij})$$

$-\boldsymbol{A}$ 称为矩阵 $\boldsymbol{A}$ 的**负矩阵**. 显然有

$$\boldsymbol{A}+(-\boldsymbol{A})=\boldsymbol{O}$$

由此规定矩阵的减法为

$$\boldsymbol{A}-\boldsymbol{B}=\boldsymbol{A}+(-\boldsymbol{B})$$

即两个同型矩阵的减法为对应位置元素相减.

二、矩阵的数乘

定义 2.3　设有 $m\times n$ 矩阵 $\boldsymbol{A}=(a_{ij})$，k 为任意常数，数 k 与矩阵 $\boldsymbol{A}$ 的乘积称为矩阵的数乘，记作 $k\boldsymbol{A}$ 或 $\boldsymbol{A}k$，规定为

$$k\boldsymbol{A}=\boldsymbol{A}k=\begin{pmatrix} ka_{11} & ka_{12} & \cdots & ka_{1n} \\ ka_{21} & ka_{22} & \cdots & ka_{2n} \\ \vdots & \vdots & & \vdots \\ ka_{m1} & ka_{m2} & \cdots & ka_{mn} \end{pmatrix}$$

即矩阵的数乘就是用这个数乘矩阵的所有元素.

数与矩阵的乘法满足以下运算规律（设 $\boldsymbol{A},\boldsymbol{B}$ 是 $m\times n$ 矩阵，k,l 为数）：

（1）$(k+l)\boldsymbol{A}=k\boldsymbol{A}+l\boldsymbol{A}$.

（2）$k(\boldsymbol{A}+\boldsymbol{B})=k\boldsymbol{A}+k\boldsymbol{B}$.

（3） $(kl)\boldsymbol{A}=k(l\boldsymbol{A})=l(k\boldsymbol{A})$.

（4） $1\boldsymbol{A}=\boldsymbol{A}$，$(-1)\boldsymbol{A}=-\boldsymbol{A}$.

（5）若 $k\boldsymbol{A}=\boldsymbol{O}$，则 $k=0$ 或 $\boldsymbol{A}=\boldsymbol{O}$.

矩阵相加与矩阵数乘结合起来，统称为矩阵的线性运算.

例 2.2 已知

$$\boldsymbol{A}=\begin{pmatrix}-1&2&3&1\\0&3&-2&1\\4&0&3&2\end{pmatrix},\quad \boldsymbol{B}=\begin{pmatrix}4&3&2&-1\\5&-3&0&1\\1&2&-5&0\end{pmatrix}$$

求 $3\boldsymbol{A}-2\boldsymbol{B}$.

解

$$3\boldsymbol{A}-2\boldsymbol{B}=3\begin{pmatrix}-1&2&3&1\\0&3&-2&1\\4&0&3&2\end{pmatrix}-2\begin{pmatrix}4&3&2&-1\\5&-3&0&1\\1&2&-5&0\end{pmatrix}$$

$$=\begin{pmatrix}-3-8&6-6&9-4&3+2\\0-10&9+6&-6-0&3-2\\12-2&0-4&9+10&6-0\end{pmatrix}=\begin{pmatrix}-11&0&5&5\\-10&15&-6&1\\10&-4&19&6\end{pmatrix}$$

例 2.3 已知

$$\boldsymbol{A}=\begin{pmatrix}3&-1&2&0\\1&5&7&9\\2&4&6&8\end{pmatrix},\quad \boldsymbol{B}=\begin{pmatrix}7&5&-2&4\\5&1&9&7\\3&2&-1&6\end{pmatrix}$$

求矩阵方程 $\boldsymbol{A}+2\boldsymbol{X}=\boldsymbol{B}$.

解

$$\boldsymbol{X}=\frac{1}{2}(\boldsymbol{B}-\boldsymbol{A})=\frac{1}{2}\begin{pmatrix}4&6&-4&4\\4&-4&2&-2\\1&-2&-7&-2\end{pmatrix}=\begin{pmatrix}2&3&-2&2\\2&-2&1&-1\\\frac{1}{2}&-1&-\frac{7}{2}&-1\end{pmatrix}$$

三、矩阵的乘法

定义 2.4 设 $\boldsymbol{A}=(a_{ij})$ 是 $m\times s$ 矩阵，$\boldsymbol{B}=(b_{ij})$ 是 $s\times n$ 矩阵，规定矩阵 $\boldsymbol{A}$ 与 $\boldsymbol{B}$ 的乘积是一个 $m\times n$ 矩阵 $\boldsymbol{C}=(c_{ij})$，其中

$$c_{ij}=a_{i1}b_{1j}+a_{i2}b_{2j}+\cdots+a_{is}b_{sj}=\sum_{k=1}^{s}a_{ik}b_{kj}\quad(i=1,2,\cdots m;\ j=1,2,\cdots,n)$$

即矩阵 $\boldsymbol{C}$ 的第 i 行第 j 列的元素 c_{ij} 是矩阵 $\boldsymbol{A}$ 的第 i 行与矩阵 $\boldsymbol{B}$ 的第 j 列对应元素相乘之和，记作

$$\boldsymbol{C}=\boldsymbol{AB}$$

必须注意，只有当左边矩阵 $\boldsymbol{A}$ 的列数等于右边矩阵 $\boldsymbol{B}$ 的行数时，矩阵 $\boldsymbol{A}$ 与 $\boldsymbol{B}$ 才能相乘；而且乘积矩阵 $\boldsymbol{C}$ 的行数等于矩阵 $\boldsymbol{A}$ 的行数，乘积矩阵 $\boldsymbol{C}$ 的列数等于矩阵 $\boldsymbol{B}$ 的列数.

例 2.4 设矩阵

$$\boldsymbol{A}=\begin{pmatrix}1&0&3\\-2&1&2\end{pmatrix},\quad \boldsymbol{B}=\begin{pmatrix}4&1&0\\-1&1&3\\2&3&4\end{pmatrix}$$

求 $\boldsymbol{AB}$ 及 $\boldsymbol{BA}$.

解 因为 $\boldsymbol{A}$ 是 2×3 矩阵，$\boldsymbol{B}$ 是 3×3 矩阵，$\boldsymbol{A}$ 的列数等于 $\boldsymbol{B}$ 的行数，所以矩阵 $\boldsymbol{A}$ 与 $\boldsymbol{B}$ 可以相乘. 其乘积 $\boldsymbol{AB}$ 是一个 2×3 矩阵：

$$\begin{aligned}\boldsymbol{AB}&=\begin{pmatrix}1&0&3\\-2&1&2\end{pmatrix}\begin{pmatrix}4&1&0\\-1&1&3\\2&3&4\end{pmatrix}\\&=\begin{pmatrix}1\times4+0\times(-1)+3\times2&1\times1+0\times1+3\times3&1\times0+0\times3+3\times4\\(-2)\times4+1\times(-1)+2\times2&(-2)\times1+1\times1+2\times3&(-2)\times0+1\times3+2\times4\end{pmatrix}\\&=\begin{pmatrix}10&10&12\\-5&5&11\end{pmatrix}\end{aligned}$$

由于 $\boldsymbol{B}$ 的列数不等于 $\boldsymbol{A}$ 的行数，因此 $\boldsymbol{BA}$ 没有意义.

例 2.5 求矩阵

$$\boldsymbol{A}=(a_1\quad a_2\quad\cdots\quad a_n),\quad \boldsymbol{B}=\begin{pmatrix}b_1\\b_2\\\vdots\\b_n\end{pmatrix}$$

的乘积 $\boldsymbol{AB}$ 及 $\boldsymbol{BA}$.

解

$$\boldsymbol{AB}=(a_1\quad a_2\quad\cdots\quad a_n)\begin{pmatrix}b_1\\b_2\\\vdots\\b_n\end{pmatrix}=(a_1b_1+a_2b_2+\cdots+a_nb_n)=\sum_{i=1}^{n}a_ib_i$$

$$\boldsymbol{BA}=\begin{pmatrix}b_1\\b_2\\\vdots\\b_n\end{pmatrix}(a_1\quad a_2\quad\cdots\quad a_n)=\begin{pmatrix}b_1a_1&b_1a_2&\cdots&b_1a_n\\b_2a_1&b_2a_2&\cdots&b_2a_n\\\vdots&\vdots&&\vdots\\b_na_1&b_na_2&\cdots&b_na_n\end{pmatrix}$$

矩阵的乘法满足下列运算规律（假设运算都是可行的）：

（1） $(\boldsymbol{AB})\boldsymbol{C}=\boldsymbol{A}(\boldsymbol{BC})$.

（2） $k(\boldsymbol{AB})=(k\boldsymbol{A})\boldsymbol{B}=\boldsymbol{A}(k\boldsymbol{B})$ (其中 k 为数).

（3） $\boldsymbol{A}(\boldsymbol{B}+\boldsymbol{C})=\boldsymbol{AB}+\boldsymbol{AC}$,

$$(\boldsymbol{B}+\boldsymbol{C})\boldsymbol{A}=\boldsymbol{BA}+\boldsymbol{CA}.$$

例 2.6 求矩阵

$$\boldsymbol{A}=\begin{pmatrix}6&3\\2&1\end{pmatrix},\quad \boldsymbol{B}=\begin{pmatrix}-2&6\\1&-3\end{pmatrix},\quad \boldsymbol{C}=\begin{pmatrix}-1&5\\-1&-1\end{pmatrix}$$

的乘积 $\boldsymbol{AB}$、$\boldsymbol{BA}$ 及 $\boldsymbol{AC}$.

解 $\boldsymbol{AB}=\begin{pmatrix}6&3\\2&1\end{pmatrix}\begin{pmatrix}-2&6\\1&-3\end{pmatrix}=\begin{pmatrix}-9&27\\-3&9\end{pmatrix}.$

$$\boldsymbol{BA}=\begin{pmatrix}-2&6\\1&-3\end{pmatrix}\begin{pmatrix}6&3\\2&1\end{pmatrix}=\begin{pmatrix}0&0\\0&0\end{pmatrix}.$$

$$\boldsymbol{AC}=\begin{pmatrix}6&3\\2&1\end{pmatrix}\begin{pmatrix}-1&5\\-1&-1\end{pmatrix}=\begin{pmatrix}-9&27\\-3&9\end{pmatrix}.$$

由以上的例子可知:

(1) 矩阵的乘法不满足交换律，即在一般情况下，$\boldsymbol{AB}\neq\boldsymbol{BA}$.

(2) 两个非零矩阵的乘积可能是零矩阵，即由 $\boldsymbol{AB}=\boldsymbol{O}$，一般不能得出 $\boldsymbol{A}=\boldsymbol{O}$ 或 $\boldsymbol{B}=\boldsymbol{O}$.

(3) 矩阵的乘法不满足消去律，即由 $\boldsymbol{AB}=\boldsymbol{AC}$，一般不能从等式两边消去 $\boldsymbol{A}$，得出 $\boldsymbol{B}=\boldsymbol{C}$.

若矩阵 $\boldsymbol{A}$ 与 $\boldsymbol{B}$ 满足 $\boldsymbol{AB}=\boldsymbol{BA}$，则称矩阵 $\boldsymbol{A}$ 与 $\boldsymbol{B}$ **可交换**.

单位矩阵在矩阵的乘法运算中占有特殊的地位. 任何矩阵与单位矩阵相乘（假设运算可以进行），都等于这个矩阵，即对任意的矩阵 $\boldsymbol{A}$，

$$\boldsymbol{AE}=\boldsymbol{A},\quad \boldsymbol{EA}=\boldsymbol{A}$$

单位矩阵的这条性质，使得单位矩阵在矩阵乘法运算中的地位类似于实数乘法中的数1. 不过应该注意，如果矩阵 $\boldsymbol{A}$ 不是方阵，上面两个式子中的单位矩阵的阶数是不同的.

四、矩阵的转置

定义 2.5 把矩阵 $\boldsymbol{A}$ 的行换成同序数的列得到的新矩阵，称为 $\boldsymbol{A}$ 的**转置矩阵**，记作 $\boldsymbol{A}^{\mathrm{T}}$.

例如，矩阵

$$\boldsymbol{A}=\begin{pmatrix}1&2&0\\3&-1&1\end{pmatrix}$$

的转置矩阵为

$$\boldsymbol{A}^{\mathrm{T}}=\begin{pmatrix}1&3\\2&-1\\0&1\end{pmatrix}$$

矩阵的转置也是一种运算，满足下述运算规律（假设运算都是可行的）:

(1) $(\boldsymbol{A}^{\mathrm{T}})^{\mathrm{T}}=\boldsymbol{A}$.

(2) $(\boldsymbol{A}+\boldsymbol{B})^{\mathrm{T}}=\boldsymbol{A}^{\mathrm{T}}+\boldsymbol{B}^{\mathrm{T}}$.

(3) $(k\boldsymbol{A})^{\mathrm{T}}=k\boldsymbol{A}^{\mathrm{T}}$（其中 k 为数）.

(4) $(\boldsymbol{AB})^{\mathrm{T}}=\boldsymbol{B}^{\mathrm{T}}\boldsymbol{A}^{\mathrm{T}}$.

例 2.7　已知

$$A=\begin{pmatrix}2 & 0 & -1\\1 & 3 & 2\end{pmatrix},\quad B=\begin{pmatrix}1 & 7 & -1\\4 & 2 & 3\\2 & 0 & 1\end{pmatrix}$$

求 $(AB)^{\mathrm{T}}$.

解　（解法一）　因为

$$AB=\begin{pmatrix}2 & 0 & -1\\1 & 3 & 2\end{pmatrix}\begin{pmatrix}1 & 7 & -1\\4 & 2 & 3\\2 & 0 & 1\end{pmatrix}=\begin{pmatrix}0 & 14 & -3\\17 & 13 & 10\end{pmatrix}$$

所以
$$(AB)^{\mathrm{T}}=\begin{pmatrix}0 & 17\\14 & 13\\-3 & 10\end{pmatrix}$$

（解法二）

$$(AB)^{\mathrm{T}}=B^{\mathrm{T}}A^{\mathrm{T}}=\begin{pmatrix}1 & 4 & 2\\7 & 2 & 0\\-1 & 3 & 1\end{pmatrix}\begin{pmatrix}2 & 1\\0 & 3\\-1 & 2\end{pmatrix}=\begin{pmatrix}0 & 17\\14 & 13\\-3 & 10\end{pmatrix}$$

定义 2.6　n 阶方阵 A 满足 $A^{\mathrm{T}}=A$，则称 A 为**对称矩阵**.

例如，

$$A=\begin{pmatrix}\frac{1}{2} & \frac{\sqrt{3}}{2}\\\frac{\sqrt{3}}{2} & \frac{1}{2}\end{pmatrix},\quad B=\begin{pmatrix}1 & -3 & 6\\-3 & 1 & 2\\6 & 2 & 1\end{pmatrix}$$

都是对称矩阵. 对称矩阵的特点是它的元素以主对角线为对称轴对应相等. 由定义可以直接得到：对称矩阵的和、数乘仍为对称矩阵.

五、方阵的行列式

定义 2.7　由 n 阶方阵 $A=(a_{ij})$ 的元素所构成的行列式（各元素位置不变），称为方阵 A 的行列式，记作 $|A|$ 或 $\det A$.

方阵与行列式是不同的概念，n 阶方阵是 n^2 个数按一定方式排成的数表，而 n 阶行列式则是这些数按一定的运算法则所确定的一个数值.

设 A,B 为 n 阶方阵，k 是任意常数，方阵的行列式满足如下的运算规律：

（1）$|A^{\mathrm{T}}|=|A|$.

（2）$|kA|=k^n|A|$.

（3）$|AB|=|A||B|$.

例 2.8 设

$$A=\begin{pmatrix}1&0&-1\\2&1&0\\3&2&-1\end{pmatrix},\quad B=\begin{pmatrix}-2&1&0\\0&3&1\\0&0&2\end{pmatrix}$$

求$|A||B|$.

解 （解法一） 因为

$$AB=\begin{pmatrix}-2&1&-2\\-4&5&1\\-6&9&0\end{pmatrix}$$

所以

$$|AB|=\begin{vmatrix}-2&1&-2\\-4&5&1\\-6&9&0\end{vmatrix}\overset{r_1+2r_2}{=\!=\!=}\begin{vmatrix}-10&11&0\\-4&5&1\\-6&9&0\end{vmatrix}=1\times(-1)^{2+3}\begin{vmatrix}-10&11\\-6&9\end{vmatrix}=24$$

由公式$|AB|=|A||B|$，则$|A||B|=24$.

（解法二） 因为

$$|A|=\begin{vmatrix}1&0&-1\\2&1&0\\3&2&-1\end{vmatrix}\overset{r_3+(-1)r_1}{=\!=\!=\!=}\begin{vmatrix}1&0&-1\\2&1&0\\2&2&0\end{vmatrix}=(-1)\times(-1)^{1+3}\begin{vmatrix}2&1\\2&2\end{vmatrix}=-2$$

$$|B|=\begin{vmatrix}-2&1&0\\0&3&1\\0&0&2\end{vmatrix}=-12$$

所以$|A||B|=24$.

第三节 可逆矩阵

下面先回顾一下实数的乘法逆元. 对于数$a\neq 0$，总存在唯一乘法逆元a^{-1}，使得

$$a\cdot a^{-1}=1 \quad 且 \quad a^{-1}\cdot a=1$$

由于矩阵乘法不满足交换律，因此将逆元概念推广到矩阵时，上式中的两个方程需同时满足. 此外，根据两矩阵乘积的定义，仅当我们所讨论的矩阵是方阵时，才有可能得到一个完全的推广.

定义 2.8 对于n阶矩阵A，如果存在一个n阶矩阵B，使得

$$AB=BA=E$$

则矩阵A称为**可逆矩阵**，而矩阵B称为A的**逆矩阵**.

如果矩阵 $\boldsymbol{A}$ 是可逆的，那么 $\boldsymbol{A}$ 的逆矩阵是唯一的. 这是因为：设 $\boldsymbol{B},\boldsymbol{C}$ 都是 $\boldsymbol{A}$ 的逆矩阵，则有

$$\boldsymbol{B}=\boldsymbol{BE}=\boldsymbol{B}(\boldsymbol{AC})=(\boldsymbol{BA})\boldsymbol{C}=\boldsymbol{EC}=\boldsymbol{C}$$

所以 $\boldsymbol{A}$ 的逆矩阵是唯一的.

$\boldsymbol{A}$ 的逆矩阵记作 $\boldsymbol{A}^{-1}$，即若 $\boldsymbol{AB}=\boldsymbol{BA}=\boldsymbol{E}$，则 $\boldsymbol{B}=\boldsymbol{A}^{-1}$.

例如，由于 $\boldsymbol{E}_n\boldsymbol{E}_n=\boldsymbol{E}_n$，所以 $\boldsymbol{E}_n$ 是可逆矩阵，且 $\boldsymbol{E}_n$ 的逆矩阵是 $\boldsymbol{E}_n$. 同样，当 $\lambda_1,\lambda_2,\lambda_3$ 都不为零时，由

$$\begin{pmatrix}\lambda_1&0&0\\0&\lambda_2&0\\0&0&\lambda_3\end{pmatrix}\begin{pmatrix}\lambda_1^{-1}&0&0\\0&\lambda_2^{-1}&0\\0&0&\lambda_3^{-1}\end{pmatrix}=\begin{pmatrix}\lambda_1^{-1}&0&0\\0&\lambda_2^{-1}&0\\0&0&\lambda_3^{-1}\end{pmatrix}\begin{pmatrix}\lambda_1&0&0\\0&\lambda_2&0\\0&0&\lambda_3\end{pmatrix}=\begin{pmatrix}1&0&0\\0&1&0\\0&0&1\end{pmatrix}$$

可知对角阵

$$\begin{pmatrix}\lambda_1&0&0\\0&\lambda_2&0\\0&0&\lambda_3\end{pmatrix}$$

是可逆矩阵，且

$$\begin{pmatrix}\lambda_1^{-1}&0&0\\0&\lambda_2^{-1}&0\\0&0&\lambda_3^{-1}\end{pmatrix}$$

是其逆矩阵.

一个矩阵在什么条件下是可逆的呢？下面的定理回答了这个问题，并以行列式为工具给出了逆矩阵的一种求法.

首先介绍伴随矩阵的概念：设

$$\boldsymbol{A}=\begin{pmatrix}a_{11}&a_{12}&\cdots&a_{1n}\\a_{21}&a_{22}&\cdots&a_{2n}\\\vdots&\vdots&&\vdots\\a_{n1}&a_{n2}&\cdots&a_{nn}\end{pmatrix}$$

则称 n 阶方阵

$$\boldsymbol{A}^*=\begin{pmatrix}A_{11}&A_{21}&\cdots&A_{n1}\\A_{12}&A_{22}&\cdots&A_{n2}\\\vdots&\vdots&&\vdots\\A_{1n}&A_{2n}&\cdots&A_{nn}\end{pmatrix}$$

为矩阵 $\boldsymbol{A}$ 的**伴随矩阵**，其中 A_{ij} 为元素 a_{ij} 的代数余子式.

例如，$\boldsymbol{A}=\begin{pmatrix}1&2\\3&4\end{pmatrix}$，则 $\boldsymbol{A}^*=\begin{pmatrix}4&-2\\-3&1\end{pmatrix}$.

由矩阵乘法易知

$$AA^* = A^*A = |A|E$$

定理 2.1 n阶方阵A可逆的充要条件是$|A|\neq 0$，且当$|A|\neq 0$时，$A^{-1}=\dfrac{1}{|A|}A^*$.

证明 必要性. 因为A可逆，即有A^{-1}，使得

$$AA^{-1} = E$$

故

$$|A||A^{-1}| = |E| = 1$$

所以

$$|A|\neq 0$$

充分性. 设$|A|\neq 0$，则由$AA^* = A^*A = |A|E$，得

$$A\left(\frac{1}{|A|}A^*\right)=\left(\frac{1}{|A|}A^*\right)A = E$$

由逆矩阵的定义及唯一性可知A可逆，且$A^{-1}=\dfrac{1}{|A|}A^*$.

当$|A|=0$，A称为**奇异矩阵**，否则称为**非奇异矩阵**. 由定理 2.1 可知可逆矩阵就是非奇异矩阵.

由定理 2.1 可得以下推论:

推论 1 若n阶方阵满足$AB=O$且$|A|\neq 0$，则$B=O$.

证明 因为$|A|\neq 0$，所以A可逆. 用A^{-1}左乘$AB=O$两边，得$B=O$.

推论 2 若n阶方阵满足$AB=AC$，且$|A|\neq 0$，则$B=C$.

证明 因为$|A|\neq 0$，所以A可逆，用A^{-1}左乘$AB=AC$两边，得$B=C$.

推论 3 设A为n阶方阵，若存在n阶方阵B，使得$AB=E$（或$BA=E$），则A可逆，且$B=A^{-1}$.

证明 由$|A||B|=|E|=1$，故$|A|\neq 0$，因而A^{-1}存在，于是

$$B = EB = (A^{-1}A)B = A^{-1}(AB) = A^{-1}E = A^{-1}$$

推论 3 使检验可逆矩阵的过程减少一半，即由$AB=E$或$BA=E$，就可确定B是A的逆矩阵，但前提是A,B必须是同阶矩阵.

方阵的逆矩阵满足下述运算规律:

（1）若矩阵A可逆，则A^{-1}亦可逆，且$(A^{-1})^{-1}=A$.

（2）若矩阵A可逆，数$k\neq 0$，则kA可逆，且$(kA)^{-1}=\dfrac{1}{k}A^{-1}$.

证明 因为

$$(kA)\left(\frac{1}{k}A^{-1}\right)=k\cdot\frac{1}{k}AA^{-1}=E$$

则由推论 3 可知

$$(kA)^{-1}=\frac{1}{k}A^{-1}$$

（3）若 A,B 为同阶矩阵且均可逆，则 AB 亦可逆，且

$$(AB)^{-1}=B^{-1}A^{-1}$$

证明　因为

$$(AB)(B^{-1}A^{-1})=A(BB^{-1})A^{-1}=AEA^{-1}=AA^{-1}=E$$

则由推论 3 可知

$$(AB)^{-1}=B^{-1}A^{-1}$$

（4）可逆矩阵 A 的转置 A^{T} 也可逆，且

$$(A^{\mathrm{T}})^{-1}=(A^{-1})^{\mathrm{T}}$$

证明　因为

$$A^{\mathrm{T}}(A^{-1})^{\mathrm{T}}=(A^{-1}A)^{\mathrm{T}}=E^{\mathrm{T}}=E$$

则由推论 3 可知

$$(A^{\mathrm{T}})^{-1}=(A^{-1})^{\mathrm{T}}$$

（5）若矩阵 A 可逆，则 $|A^{-1}|=|A|^{-1}$.

证明　因为 $AA^{-1}=E$，所以

$$|A||A^{-1}|=|E|=1$$

从而

$$|A^{-1}|=|A|^{-1}$$

例 2.9　求二阶矩阵 $A=\begin{pmatrix}a & b\\ c & d\end{pmatrix}$ $(ad-bc\neq 0)$ 的逆矩阵.

解　因为

$$|A|=ad-bc,\quad A^{*}=\begin{pmatrix}d & -b\\ -c & a\end{pmatrix}$$

所以

$$A^{-1}=\frac{1}{|A|}A^{*}=\frac{1}{ad-bc}\begin{pmatrix}d & -b\\ -c & a\end{pmatrix}$$

例 2.10　求矩阵

$$A=\begin{pmatrix}1 & 2 & 3\\ 2 & 2 & 1\\ 3 & 4 & 3\end{pmatrix}$$

的逆矩阵.

解 因为$|\boldsymbol{A}|=2\neq 0$，所以$\boldsymbol{A}^{-1}$存在. 下面再计算$|\boldsymbol{A}|$的代数余子式:

$$\begin{aligned}&A_{11}=2, \quad A_{12}=-3, \quad A_{13}=2\\&A_{21}=6, \quad A_{22}=-6, \quad A_{23}=2\\&A_{31}=-4, \quad A_{32}=5, \quad A_{33}=-2\end{aligned}$$

则

$$\boldsymbol{A}^{*}=\begin{pmatrix}2 & 6 & -4\\-3 & -6 & 5\\2 & 2 & -2\end{pmatrix}$$

所以

$$\boldsymbol{A}^{-1}=\frac{1}{|\boldsymbol{A}|}\boldsymbol{A}^{*}=\begin{pmatrix}1 & 3 & -2\\-\dfrac{3}{2} & -3 & \dfrac{5}{2}\\1 & 1 & -1\end{pmatrix}$$

例 2.11 设方阵$\boldsymbol{A}$满足方程$a\boldsymbol{A}^2+b\boldsymbol{A}+c\boldsymbol{E}=\boldsymbol{O}$，证明$\boldsymbol{A}$为可逆矩阵，并求$\boldsymbol{A}^{-1}$（$a,b,c$为常数，$c\neq 0$）.

证明 由$a\boldsymbol{A}^2+b\boldsymbol{A}+c\boldsymbol{E}=\boldsymbol{O}$，得

$$a\boldsymbol{A}^2+b\boldsymbol{A}=-c\boldsymbol{E}$$

因$c\neq 0$，故

$$\left(-\frac{a}{c}\boldsymbol{A}-\frac{b}{c}\boldsymbol{E}\right)\boldsymbol{A}=\boldsymbol{E}$$

则由推论 3 可知$\boldsymbol{A}$可逆，且

$$\boldsymbol{A}^{-1}=-\frac{a}{c}\boldsymbol{A}-\frac{b}{c}\boldsymbol{E}$$

对矩阵方程

$$\boldsymbol{AX}=\boldsymbol{B}, \quad \boldsymbol{XA}=\boldsymbol{B}, \quad \boldsymbol{AXB}=\boldsymbol{C}$$

利用矩阵乘法的运算规律和逆矩阵的运算性质，通过在方程两边左乘或右乘相应矩阵的逆矩阵，可求出其解，它们分别为:

$$\boldsymbol{X}=\boldsymbol{A}^{-1}\boldsymbol{B}, \quad \boldsymbol{X}=\boldsymbol{B}\boldsymbol{A}^{-1}, \quad \boldsymbol{X}=\boldsymbol{A}^{-1}\boldsymbol{C}\boldsymbol{B}^{-1}$$

对于其他形式的矩阵方程，可通过矩阵的有关运算性质转化为标准矩阵方程后进行求解.

例 2.12 设

$$\boldsymbol{A}=\begin{pmatrix}1 & 2 & 3\\2 & 2 & 1\\3 & 4 & 3\end{pmatrix}, \quad \boldsymbol{B}=\begin{pmatrix}2 & 1\\5 & 3\end{pmatrix}, \quad \boldsymbol{C}=\begin{pmatrix}1 & 3\\2 & 0\\3 & 1\end{pmatrix}$$

求矩阵$\boldsymbol{X}$，使满足$\boldsymbol{AXB}=\boldsymbol{C}$.

解 因为$|\boldsymbol{A}|=2\neq 0$，$|\boldsymbol{B}|=1\neq 0$，所以$\boldsymbol{A}^{-1},\boldsymbol{B}^{-1}$都存在，且

$$A^{-1}=\begin{pmatrix}1 & 3 & -2\\ -\frac{3}{2} & -3 & \frac{5}{2}\\ 1 & 1 & -1\end{pmatrix},\quad B^{-1}=\begin{pmatrix}3 & -1\\ -5 & 2\end{pmatrix}$$

又由 $AXB=C$，得到

$$X=A^{-1}CB^{-1}=\begin{pmatrix}1 & 3 & -2\\ -\frac{3}{2} & -3 & \frac{5}{2}\\ 1 & 1 & -1\end{pmatrix}\begin{pmatrix}1 & 3\\ 2 & 0\\ 3 & 1\end{pmatrix}\begin{pmatrix}3 & -1\\ -5 & 2\end{pmatrix}=\begin{pmatrix}-2 & 1\\ 10 & -4\\ -10 & 4\end{pmatrix}$$

有了矩阵的乘法和逆矩阵的概念，就可以定义**方阵的幂**. 设 A 为 n 阶方阵，规定

$$A^0=E,\quad A^1=A,\quad A^2=AA,\quad \cdots,\quad A^{k+1}=A^kA,\quad \cdots$$

其中 k 是正整数，即 A^k 就是 k 个 A 连乘.

显然 A^kA 有意义的充要条件是 A 为方阵，故只有方阵才有幂.

设 A 为 n 阶可逆方阵，规定

$$A^{-k}=(A^{-1})^k$$

其中 k 是正整数.

由于矩阵的乘法适合结合律，因此当 $|A|\neq 0$，对于整数 k,l，有

$$A^kA^l=A^{k+l},\quad (A^k)^l=A^{kl}$$

又因矩阵乘法一般不满足交换律，所以对两个 n 阶矩阵 A 与 B，一般来说有 $(AB)^k\neq A^kB^k$.

例 2.13　设 $P=\begin{pmatrix}1 & 2\\ 1 & 4\end{pmatrix}$，$\Lambda=\begin{pmatrix}1 & 0\\ 0 & 2\end{pmatrix}$，且 $AP=P\Lambda$，求 A^n.

解　因为

$$|P|=2,\quad P^{-1}=\frac{1}{2}\begin{pmatrix}4 & -2\\ -1 & 1\end{pmatrix},\quad AP=P\Lambda$$

所以

$$A=P\Lambda P^{-1},\quad A^2=P\Lambda P^{-1}P\Lambda P^{-1}=P\Lambda^2P^{-1},\quad \cdots,\quad A^n=P\Lambda^nP^{-1}$$

而

$$\Lambda=\begin{pmatrix}1 & 0\\ 0 & 2\end{pmatrix},\quad \Lambda^2=\begin{pmatrix}1 & 0\\ 0 & 2\end{pmatrix}\begin{pmatrix}1 & 0\\ 0 & 2\end{pmatrix}=\begin{pmatrix}1 & 0\\ 0 & 2^2\end{pmatrix},\quad \cdots,\quad \Lambda^n=\begin{pmatrix}1 & 0\\ 0 & 2^n\end{pmatrix}$$

故

$$A^n=\begin{pmatrix}1 & 2\\ 1 & 4\end{pmatrix}\begin{pmatrix}1 & 0\\ 0 & 2^n\end{pmatrix}\frac{1}{2}\begin{pmatrix}4 & -2\\ -1 & 1\end{pmatrix}=\frac{1}{2}\begin{pmatrix}1 & 2^{n+1}\\ 1 & 2^{n+2}\end{pmatrix}\begin{pmatrix}4 & -2\\ -1 & 1\end{pmatrix}$$

$$=\frac{1}{2}\begin{pmatrix}4-2^{n+1} & 2^{n+1}-2\\ 4-2^{n+2} & 2^{n+2}-2\end{pmatrix}=\begin{pmatrix}2-2^n & 2^n-1\\ 2-2^{n+1} & 2^{n+1}-1\end{pmatrix}$$

第四节　分块矩阵

为了研究行数、列数较高的矩阵，对矩阵常常采用分块的方法. 类似于集合的划分，对矩阵进行分块是把矩阵完全地分成一些互不相交的子矩阵，使得原矩阵的每一个元落到一个分快的子矩阵中. 以这些子块为元素的矩阵就称为分块矩阵. 线性代数以其独特的理论体系和解题技巧而引人入胜. 在线性代数中，分块矩阵是一个十分重要的概念，它可以使矩阵的表示简单明了，使矩阵的运算得以简化，而且还可以利用分块矩阵解决某些行列式的计算问题. 而事实上，利用分块矩阵计算行列式，时常会使行列式的计算变得简单，并能收到意想不到的效果. 而且利用分块矩阵还可以求出某些矩阵的逆矩阵，证明矩阵的秩等.

一、矩阵的分块

将矩阵 $\boldsymbol{A}$ 用若干条纵线和横线分成许多小矩阵，每一个小矩阵称为矩阵 $\boldsymbol{A}$ 的子块，以子块为元素的形式上的矩阵称为**分块矩阵**. 分成子块的方法很多，矩阵分块的原则：在同一行中，其各个块矩阵的行数一致，在同一列中，其块矩阵的列数一致.

例如

$$\boldsymbol{A}=\left(\begin{array}{cccc} a & 1 & 0 & 0 \\ \hline 0 & a & 0 & 0 \\ 1 & 0 & b & 1 \\ \hline 0 & 1 & 1 & b \end{array}\right)=\begin{pmatrix} \boldsymbol{A}_1 \\ \boldsymbol{A}_2 \\ \boldsymbol{A}_3 \end{pmatrix}$$

常用的几种分块方法：

(1) 列向量分法，即 $\boldsymbol{A}=(\boldsymbol{\alpha}_1,\boldsymbol{\alpha}_2,\cdots,\boldsymbol{\alpha}_n)$，其中 $\boldsymbol{\alpha}_i$ 为 $\boldsymbol{A}$ 的列向量.

(2) 行向量分法，即 $\boldsymbol{A}=\begin{pmatrix} \boldsymbol{\beta}_1 \\ \vdots \\ \boldsymbol{\beta}_m \end{pmatrix}$，其中 $\boldsymbol{\beta}_i$ 为 $\boldsymbol{A}$ 的行向量.

(3) 分两块，即 $\boldsymbol{A}=(\boldsymbol{A}_1,\boldsymbol{A}_2)$ 或 $\boldsymbol{B}=\begin{pmatrix} \boldsymbol{B}_1 \\ \boldsymbol{B}_2 \end{pmatrix}$.

(4) 分四块，即 $\boldsymbol{A}=\begin{pmatrix} \boldsymbol{A}_1 & \boldsymbol{A}_2 \\ \boldsymbol{A}_3 & \boldsymbol{A}_4 \end{pmatrix}$.

二、分块矩阵的运算

1. 加　法

设 $\boldsymbol{A}=(a_{ij})_{m\times n}$、$\boldsymbol{B}=(b_{ij})_{m\times n}$ 为同型矩阵，若采用相同的分块法，即

$$\boldsymbol{A}=\begin{pmatrix} \boldsymbol{A}_{11} & \boldsymbol{A}_{12} & \cdots & \boldsymbol{A}_{1s} \\ \boldsymbol{A}_{21} & \boldsymbol{A}_{22} & \cdots & \boldsymbol{A}_{2s} \\ \vdots & \vdots & & \vdots \\ \boldsymbol{A}_{r1} & \boldsymbol{A}_{r2} & \cdots & \boldsymbol{A}_{rs} \end{pmatrix}, \quad \boldsymbol{B}=\begin{pmatrix} \boldsymbol{B}_{11} & \boldsymbol{B}_{12} & \cdots & \boldsymbol{B}_{1s} \\ \boldsymbol{B}_{21} & \boldsymbol{B}_{22} & \cdots & \boldsymbol{B}_{2s} \\ \vdots & \vdots & & \vdots \\ \boldsymbol{B}_{r1} & \boldsymbol{B}_{r2} & \cdots & \boldsymbol{B}_{rs} \end{pmatrix}$$

则

$$A \pm B = \begin{pmatrix} \boldsymbol{A}_{11} \pm \boldsymbol{B}_{11} & \boldsymbol{A}_{12} \pm \boldsymbol{B}_{12} & \cdots & \boldsymbol{A}_{1s} \pm \boldsymbol{B}_{1s} \\ \boldsymbol{A}_{21} \pm \boldsymbol{B}_{21} & \boldsymbol{A}_{22} \pm \boldsymbol{B}_{22} & \cdots & \boldsymbol{A}_{2s} \pm \boldsymbol{B}_{2s} \\ \vdots & \vdots & & \vdots \\ \boldsymbol{A}_{r1} \pm \boldsymbol{B}_{r1} & \boldsymbol{A}_{r2} \pm \boldsymbol{B}_{r2} & \cdots & \boldsymbol{A}_{rs} \pm \boldsymbol{B}_{rs} \end{pmatrix}$$

2. 数　乘

$$\lambda \boldsymbol{A} = \lambda \begin{pmatrix} \boldsymbol{A}_{11} & \boldsymbol{A}_{12} & \cdots & \boldsymbol{A}_{1s} \\ \boldsymbol{A}_{21} & \boldsymbol{A}_{22} & \cdots & \boldsymbol{A}_{2s} \\ \vdots & \vdots & & \vdots \\ \boldsymbol{A}_{r1} & \boldsymbol{A}_{r2} & \cdots & \boldsymbol{A}_{rs} \end{pmatrix} = \begin{pmatrix} \lambda\boldsymbol{A}_{11} & \lambda\boldsymbol{A}_{12} & \cdots & \lambda\boldsymbol{A}_{1s} \\ \lambda\boldsymbol{A}_{21} & \lambda\boldsymbol{A}_{22} & \cdots & \lambda\boldsymbol{A}_{2s} \\ \vdots & \vdots & & \vdots \\ \lambda\boldsymbol{A}_{r1} & \lambda\boldsymbol{A}_{r2} & \cdots & \lambda\boldsymbol{A}_{rs} \end{pmatrix}$$

3. 乘　法

一般地，若 $\boldsymbol{A}$ 和 $\boldsymbol{B}$ 可乘，将 $\boldsymbol{A},\boldsymbol{B}$ 分别表示成分块矩阵作乘法时，要求 $\boldsymbol{A}$ 的列的分法与 $\boldsymbol{B}$ 的行的分法必须一致，以保证除了分块矩阵可乘，而且各子块间的运算也可行，而对 $\boldsymbol{A}$ 的行的分法及 $\boldsymbol{A}$ 的列的分法没有限制. 当矩阵中出现单位矩阵子块或零矩阵子块时，矩阵的分块乘法更加简便.

设 $\boldsymbol{A}$ 是 $m\times l$ 矩阵，$\boldsymbol{B}$ 为 $l\times n$ 矩阵，分块时应分为

$$\boldsymbol{A} = \begin{pmatrix} \boldsymbol{A}_{11} & \boldsymbol{A}_{12} & \cdots & \boldsymbol{A}_{1t} \\ \boldsymbol{A}_{21} & \boldsymbol{A}_{22} & \cdots & \boldsymbol{A}_{2t} \\ \vdots & \vdots & & \vdots \\ \boldsymbol{A}_{s1} & \boldsymbol{A}_{s2} & \cdots & \boldsymbol{A}_{st} \end{pmatrix}, \quad \boldsymbol{B} = \begin{pmatrix} \boldsymbol{B}_{11} & \boldsymbol{B}_{12} & \cdots & \boldsymbol{B}_{1r} \\ \boldsymbol{B}_{21} & \boldsymbol{B}_{22} & \cdots & \boldsymbol{B}_{2r} \\ \vdots & \vdots & & \vdots \\ \boldsymbol{B}_{t1} & \boldsymbol{B}_{t2} & \cdots & \boldsymbol{B}_{tr} \end{pmatrix}$$

其中 $\boldsymbol{A}_{i1},\boldsymbol{A}_{i2},\cdots,\boldsymbol{A}_{it}$ 的列数分别等于 $\boldsymbol{B}_{1j},\boldsymbol{B}_{2j},\cdots,\boldsymbol{B}_{tj}$ 的行数，那么

$$\boldsymbol{AB} = \boldsymbol{C} = \begin{pmatrix} \boldsymbol{C}_{11} & \boldsymbol{C}_{12} & \cdots & \boldsymbol{C}_{1r} \\ \boldsymbol{C}_{21} & \boldsymbol{C}_{22} & \cdots & \boldsymbol{C}_{2r} \\ \vdots & \vdots & & \vdots \\ \boldsymbol{C}_{s1} & \boldsymbol{C}_{s2} & \cdots & \boldsymbol{C}_{sr} \end{pmatrix}$$

其中 $\boldsymbol{C}_{ij} = \sum_{k=1}^{t} \boldsymbol{A}_{ik}\boldsymbol{B}_{kj}\ (i=1,\cdots,s;\ j=1,\cdots,r)$.

例 2.14　设

$$\boldsymbol{A} = \begin{pmatrix} 1 & 0 & 0 & 0 \\ 0 & 1 & 0 & 0 \\ -1 & 2 & 1 & 0 \\ 1 & 1 & 0 & 1 \end{pmatrix}, \quad \boldsymbol{B} = \begin{pmatrix} 1 & 0 & 1 & 0 \\ -1 & 2 & 0 & 1 \\ 1 & 0 & 4 & 1 \\ -1 & -1 & 2 & 0 \end{pmatrix}$$

求 $\boldsymbol{AB}$.

解 令

$$A=\left(\begin{array}{cc:cc}1&0&0&0\\0&1&0&0\\ \hdashline -1&2&1&0\\1&1&0&1\end{array}\right)=\begin{pmatrix}E&O\\A_1&E\end{pmatrix},\quad B=\left(\begin{array}{cc:cc}1&0&1&0\\-1&2&0&1\\ \hdashline 1&0&4&1\\-1&-1&2&0\end{array}\right)=\begin{pmatrix}B_{11}&E\\B_{21}&B_{22}\end{pmatrix}$$

则

$$AB=\begin{pmatrix}E&O\\A_1&E\end{pmatrix}\begin{pmatrix}B_{11}&E\\B_{21}&B_{22}\end{pmatrix}=\begin{pmatrix}B_{11}&E\\A_1B_{11}+B_{21}&A_1+B_{22}\end{pmatrix}$$

其中

$$A_1B_{11}+B_{21}=\begin{pmatrix}-1&2\\1&1\end{pmatrix}\begin{pmatrix}1&0\\-1&2\end{pmatrix}+\begin{pmatrix}1&0\\-1&-1\end{pmatrix}=\begin{pmatrix}-2&4\\-1&1\end{pmatrix}$$

$$A_1+B_{22}=\begin{pmatrix}-1&2\\1&1\end{pmatrix}+\begin{pmatrix}4&1\\2&0\end{pmatrix}=\begin{pmatrix}3&3\\3&1\end{pmatrix}$$

因此

$$AB=\left(\begin{array}{cc:cc}1&0&1&0\\-1&2&0&1\\ \hdashline -2&4&3&3\\-1&1&3&1\end{array}\right)$$

4. 分块矩阵的简单基本性质

形如

$$A=\begin{pmatrix}A_1&&&\\&A_2&&\\&&\ddots&\\&&&A_S\end{pmatrix}$$

的矩阵称为**准对角矩阵**.

(1) 对于两个同类型的 n 阶准对角矩阵（其中 A_i,B_i 同为 n_i 阶方阵），

$$A=\begin{pmatrix}A_1&&&\\&A_2&&\\&&\ddots&\\&&&A_s\end{pmatrix},\quad B=\begin{pmatrix}B_1&&&\\&B_2&&\\&&\ddots&\\&&&B_s\end{pmatrix}$$

有

$$AB=\begin{pmatrix}A_1B_1&&&\\&A_2B_2&&\\&&\ddots&\\&&&A_sB_s\end{pmatrix}$$

（2）$\boldsymbol{A}$ 可逆等价于 $\boldsymbol{A}_i(i=1,2,\cdots,n)$ 可逆，且

$$\boldsymbol{A}^{-1}=\begin{pmatrix}\boldsymbol{A}_1^{-1} & & & \\ & \boldsymbol{A}_2^{-1} & & \\ & & \ddots & \\ & & & \boldsymbol{A}_r^{-1}\end{pmatrix}$$

习题二

1. 计算下列矩阵的乘积.

（1）$(2,3,1)\begin{pmatrix}-1\\1\\1\end{pmatrix}$；（2）$\begin{pmatrix}1\\-1\\-1\end{pmatrix}(2\quad 3\quad 1)$；

（3）$\begin{pmatrix}2 & 1 & 4 & 0\\1 & -1 & 3 & 4\end{pmatrix}\begin{pmatrix}1 & 3 & 1\\0 & -1 & 3\\1 & -3 & 1\\4 & 0 & -2\end{pmatrix}$；（4）$(x_1\quad x_2\quad x_3)\begin{pmatrix}a_{11} & a_{12} & a_{13}\\a_{12} & a_{22} & a_{23}\\a_{13} & a_{23} & a_{33}\end{pmatrix}\begin{pmatrix}x_1\\x_2\\x_3\end{pmatrix}$；

（5）$\boldsymbol{A}=\begin{pmatrix}1 & 1\\0 & 1\end{pmatrix}$，求 $\boldsymbol{A}^n$.

2. 设

$$\boldsymbol{A}=\begin{pmatrix}4 & 3 & 2 & 1\\0 & -1 & 5 & 2\\2 & 3 & 1 & 0\end{pmatrix},\quad \boldsymbol{B}=\begin{pmatrix}8 & 7 & 6 & 5\\4 & 1 & 2 & 0\\0 & -3 & 2 & 5\end{pmatrix},$$

求 $\boldsymbol{A}+\boldsymbol{B},2\boldsymbol{A}+3\boldsymbol{B}$.

3. 已知两个线性变换:

$$\begin{cases}x_1=2y_1+y_3\\x_2=-2y_1+3y_2+2y_3;\\x_3=4y_1+y_2+5y_3\end{cases}\quad \begin{cases}y_1=-3z_1+z_2\\y_2=2z_1+z_3\\y_3=-2z_2+3z_3\end{cases}$$

求从 z_1,z_2,z_3 到 x_1,x_2,x_3 的线性变换.

4. 设 $\boldsymbol{A}=\begin{pmatrix}1 & 2\\1 & 3\end{pmatrix}$，$\boldsymbol{B}=\begin{pmatrix}1 & 0\\1 & 2\end{pmatrix}$，问:

（1）$\boldsymbol{AB}=\boldsymbol{BA}$ 吗?

（2）$(\boldsymbol{A}+\boldsymbol{B})^2=\boldsymbol{A}^2+2\boldsymbol{AB}+\boldsymbol{B}^2$ 吗?

（3）$(\boldsymbol{A}+\boldsymbol{B})(\boldsymbol{A}-\boldsymbol{B})=\boldsymbol{A}^2-\boldsymbol{B}^2$ 吗?

5. 举反列说明下列命题是错误的:

（1）若 $\boldsymbol{A}^2=\boldsymbol{O}$，则 $\boldsymbol{A}=\boldsymbol{O}$；

(2) 若 $\boldsymbol{A}^2=\boldsymbol{A}$，则 $\boldsymbol{A}=\boldsymbol{O}$ 或 $\boldsymbol{A}=\boldsymbol{E}$；

(3) 若 $\boldsymbol{AX}=\boldsymbol{AY}$，且 $\boldsymbol{A}\neq\boldsymbol{O}$，则 $\boldsymbol{X}=\boldsymbol{Y}$.

6. 计算：

(1) $\boldsymbol{A}=\begin{pmatrix}\lambda & 1 & 0\\ 0 & \lambda & 1\\ 0 & 0 & \lambda\end{pmatrix}$，求 $\boldsymbol{A}^n$.

(2) $\boldsymbol{A}=\begin{pmatrix}1 & -1 & -1 & -1\\ -1 & 1 & -1 & -1\\ -1 & -1 & 1 & -1\\ -1 & -1 & -1 & 1\end{pmatrix}$，求 $\boldsymbol{A}^n$.

7. 设 $\boldsymbol{A},\boldsymbol{B}$ 为 n 阶矩阵，且 $\boldsymbol{A}$ 为对称矩阵，证明 $\boldsymbol{B}^{\mathrm{T}}\boldsymbol{AB}$ 也是对称矩阵.

8. 设 $\boldsymbol{A},\boldsymbol{B}$ 都是 n 阶对称矩阵，证明 $\boldsymbol{AB}$ 是对称矩阵的充要条件是 $\boldsymbol{AB}=\boldsymbol{BA}$.

9. 设 $\boldsymbol{A}=\begin{pmatrix}0 & 1 & 0\\ 0 & 0 & 1\\ 0 & 0 & 0\end{pmatrix}$，求所有与 $\boldsymbol{A}$ 可交换的矩阵.

10. 设 $\boldsymbol{A}=\begin{pmatrix}1 & 0 & 1\\ 0 & 2 & 0\\ 1 & 0 & 1\end{pmatrix}$，$n$ 为大于 1 的正整数，求 $\boldsymbol{A}^n-\boldsymbol{A}^{n-1}$.

11. 设 $\boldsymbol{A}$ 是 n 阶矩阵，若 $\boldsymbol{A}^{\mathrm{T}}=-\boldsymbol{A}$，矩阵 $\boldsymbol{A}$ 称为反对称矩阵. 证明任一 n 阶矩阵可表示为一对称矩阵与一反对称矩阵之和，且表示式唯一.

12. 设 $\boldsymbol{A}$ 为 n 阶实方阵，且 $\boldsymbol{AA}^{\mathrm{T}}=\boldsymbol{E}$，证明 $|\boldsymbol{A}|=\pm1$.

13. 求下列矩阵的逆矩阵

(1) $\begin{pmatrix}1 & -3\\ 4 & 2\end{pmatrix}$；　　(2) $\begin{pmatrix}\cos\theta & -\sin\theta\\ \sin\theta & \cos\theta\end{pmatrix}$；

(3) $\begin{pmatrix}1 & -1 & 0\\ 2 & -1 & -1\\ -1 & -1 & 3\end{pmatrix}$；　　(4) $\begin{pmatrix}1 & 0 & 1\\ 0 & 1 & 1\\ 0 & 0 & 1\end{pmatrix}$.

14. 求 $\begin{pmatrix} & & & \lambda_1\\ & & \lambda_2 & \\ & \iddots & & \\ \lambda_n & & & \end{pmatrix}$（$\lambda_1,\lambda_2,\cdots,\lambda_n$ 都不为 0）的逆矩阵.

15. 求解下列矩阵方程.

(1) $\begin{pmatrix}2 & 5\\ 1 & 3\end{pmatrix}\boldsymbol{X}=\begin{pmatrix}4 & -6\\ 2 & 1\end{pmatrix}$；

(2) $\begin{pmatrix}1 & 1 & 3\\ -1 & 1 & 2\\ 1 & 0 & 1\end{pmatrix}\boldsymbol{X}=\begin{pmatrix}4 & 0 & 2\\ 2 & -1 & 1\\ 3 & 5 & 1\end{pmatrix}$；

（3） $\begin{pmatrix}1 & 4\\ -1 & 2\end{pmatrix}\boldsymbol{X}\begin{pmatrix}2 & 0\\ -1 & 1\end{pmatrix}=\begin{pmatrix}3 & 1\\ 0 & -1\end{pmatrix}$；

（4） $\begin{pmatrix}0 & 1 & 0\\ 1 & 0 & 0\\ 0 & 0 & 1\end{pmatrix}\boldsymbol{X}\begin{pmatrix}1 & 0 & 0\\ 0 & 0 & 1\\ 0 & 1 & 0\end{pmatrix}=\begin{pmatrix}1 & -4 & 3\\ 2 & 0 & -1\\ 1 & -2 & 0\end{pmatrix}$；

16. 设

$$\boldsymbol{A}=\begin{pmatrix}1 & 0 & 0 & 0\\ -2 & 3 & 0 & 0\\ 0 & -4 & 5 & 0\\ 0 & 0 & -6 & 7\end{pmatrix},\quad \boldsymbol{B}=(\boldsymbol{E}+\boldsymbol{A})^{-1}(\boldsymbol{E}-\boldsymbol{A})$$

求 $(\boldsymbol{E}+\boldsymbol{B})^{-1}$.

17. 利用逆矩阵解下列线性方程组:

（1） $\begin{cases}x_1+2x_2+3x_3=1\\ 2x_1+2x_2+5x_3=2\\ 3x_1+5x_2+x_3=3\end{cases}$；　（2） $\begin{cases}x_1-x_2-x_3=2\\ 2x_1-x_2-3x_3=1\\ 3x_1+2x_2-5x_3=0\end{cases}$.

18. 已知 n 阶矩阵 $\boldsymbol{A}$ 满足 $\boldsymbol{A}^2+2\boldsymbol{A}-3\boldsymbol{E}=\boldsymbol{O}$，

（1） 求 $(\boldsymbol{A}+2\boldsymbol{E})^{-1},(\boldsymbol{A}+4\boldsymbol{E})^{-1}$；

（2） $\boldsymbol{A}+n\boldsymbol{E}$ （n 是整数）是否可逆？若可逆，求其逆.

19. 设

$$A=\begin{pmatrix}5 & 2 & 0 & 0\\ 2 & 1 & 0 & 0\\ 0 & 0 & 1 & -2\\ 0 & 0 & 1 & 1\end{pmatrix}$$

求 $\boldsymbol{A}^{-1}$.

20. 设

$$\boldsymbol{A}=\begin{pmatrix}2 & 0 & 0\\ 0 & 1 & 3\\ 0 & 2 & 5\end{pmatrix},\quad \boldsymbol{B}=\begin{pmatrix}1 & 1\\ 2 & 0\\ 0 & 0\end{pmatrix}$$

且 $\boldsymbol{A}^*\boldsymbol{X}=\boldsymbol{B}$，求 $\boldsymbol{X}$.

21. 设 $\boldsymbol{A}$ 为 n 阶方阵，如果存在正整数 k，使得 $\boldsymbol{A}^k=\boldsymbol{O}$，证明 $\boldsymbol{E}-\boldsymbol{A}$ 可逆，并求逆.

22. 设 $\boldsymbol{A}$ 为三阶矩阵，$|\boldsymbol{A}|=\frac{1}{2}$，求 $\left|(2\boldsymbol{A})^{-1}-5\boldsymbol{A}^*\right|$.

23. 设

$$\boldsymbol{A}=\begin{pmatrix}3 & 4 & 0 & 0\\ 4 & -3 & 0 & 0\\ 0 & 0 & 2 & 0\\ 0 & 0 & 2 & 2\end{pmatrix}$$

求 $|\boldsymbol{A}^8|$ 及 $\boldsymbol{A}^4$.

24. 求证：(1) 如果 $\boldsymbol{A}$ 是可逆的上（下）三角矩阵，那么 $\boldsymbol{A}^{-1}$ 也是上（下）三角矩阵.
(2) 如果 $\boldsymbol{A}$ 是可逆的对称（反对称）矩阵，那么 $\boldsymbol{A}^{-1}$ 也是对称（反对称）矩阵.

25. 设 n 阶矩阵 $\boldsymbol{A}$ 的伴随矩阵为 $\boldsymbol{A}^*$，证明：
(1) 若 $|\boldsymbol{A}|=0$，则 $|\boldsymbol{A}^*|=0$；
(2) $|\boldsymbol{A}^*|=|\boldsymbol{A}|^{n-1}$

26. 设矩阵 $\boldsymbol{A}$ 可逆，证明其伴随阵 $\boldsymbol{A}^*$ 也可逆，且 $(\boldsymbol{A}^*)^{-1}=(\boldsymbol{A}^{-1})^*$.

27. 设 n 阶方阵 $\boldsymbol{A}$ 及 m 阶方阵 $\boldsymbol{B}$ 都可逆，求 $\begin{pmatrix} \boldsymbol{O} & \boldsymbol{A} \\ \boldsymbol{B} & \boldsymbol{O} \end{pmatrix}^{-1}$.

第三章　矩阵的初等变换与线性方程组

第一节　矩阵的初等变换

矩阵的初等变换是矩阵的一种十分重要的运算，它在矩阵理论、求逆矩阵及解线性方程组的探讨中都起着非常重要的作用. 本节将介绍矩阵的初等变换，它是求矩阵的逆和矩阵的秩的有利工具.

一、初等变换

定义 3.1　矩阵的下列三类变换称为矩阵的**初等行变换**：

（1）交换矩阵的任意两行（交换 i,j 两行，记作 $r_i \leftrightarrow r_j$）.

（2）以一个非零数 k 乘矩阵的某一行（第 i 行乘数 k，记作 kr_i）.

（3）把矩阵的某一行的 k 倍加到另一行上去（第 j 行乘数 k 加到第 i 行，记作 $r_i + kr_j$）.

把定义中的“行”换成“列”，即得到矩阵的初等列变换的定义（相应记号中把 r 换成 c）. 初等行变换与初等列变换统称为**初等变换**.

显然，三类初等变换都是可逆的，且其逆变换都是同一类型的初等变换；变换 $r_i \leftrightarrow r_j$ 的逆变换就是其本身；变换 kr_i 的逆变换为 $\frac{1}{k}r_i$；变换 $r_i + kr_j$ 的逆变换为 $r_i + (-k)r_j$.

如果矩阵 $\boldsymbol{A}$ 经过有限次初等行变换变成矩阵 $\boldsymbol{B}$，就称**矩阵 $\boldsymbol{A}$ 与 $\boldsymbol{B}$ 行等价**，记作 $\boldsymbol{A} \xrightarrow{r} \boldsymbol{B}$ 或 $\boldsymbol{A} \overset{r}{\sim} \boldsymbol{B}$；如果矩阵 $\boldsymbol{A}$ 经过有限次初等列变换变成矩阵 $\boldsymbol{B}$，就称**矩阵 $\boldsymbol{A}$ 与 $\boldsymbol{B}$ 列等价**，记作 $\boldsymbol{A} \xrightarrow{c} \boldsymbol{B}$ 或 $\boldsymbol{A} \overset{c}{\sim} \boldsymbol{B}$；如果矩阵 $\boldsymbol{A}$ 经过有限次初等变换变成矩阵 $\boldsymbol{B}$，就称**矩阵 $\boldsymbol{A}$ 与 $\boldsymbol{B}$ 等价**，记作 $\boldsymbol{A} \to \boldsymbol{B}$ 或 $\boldsymbol{A} \sim \boldsymbol{B}$.

矩阵之间的等价关系具有下列基本性质：

（1）自反性：$\boldsymbol{A} \to \boldsymbol{A}$.

（2）对称性：若 $\boldsymbol{A} \to \boldsymbol{B}$，则 $\boldsymbol{B} \to \boldsymbol{A}$.

（3）传递性：若 $\boldsymbol{A} \to \boldsymbol{B}$，$\boldsymbol{B} \to \boldsymbol{C}$，则 $\boldsymbol{A} \to \boldsymbol{C}$.

例 3.1　已知矩阵

$$\boldsymbol{A} = \begin{pmatrix} 3 & 2 & 9 & 6 \\ -1 & -3 & 4 & -17 \\ 1 & 4 & -7 & 3 \\ -1 & -4 & 7 & -3 \end{pmatrix}$$

对其作如下初等变换：

$$A=\begin{pmatrix}3&2&9&6\\-1&-3&4&-17\\1&4&-7&3\\-1&-4&7&-3\end{pmatrix}\xrightarrow{r_1\leftrightarrow r_3}\begin{pmatrix}1&4&-7&3\\-1&-3&4&-17\\3&2&9&6\\-1&-4&7&-3\end{pmatrix}$$

$$\xrightarrow[\substack{r_3-3r_1\\r_4+r_1}]{r_2+r_1}\begin{pmatrix}1&4&-7&3\\0&1&-3&-14\\0&-10&30&-3\\0&0&0&0\end{pmatrix}\xrightarrow{r_3+10r_2}\begin{pmatrix}1&4&-7&3\\0&1&-3&-14\\0&0&0&-143\\0&0&0&0\end{pmatrix}=B$$

这里的矩阵 B 依其形状特征称为**行阶梯矩阵**.

一般地，行阶梯矩阵的特点是：可画出一条阶梯线，线的下方全为0；每个台阶只有一行，台阶数即是非零行的行数，阶梯线的竖线后面的第一个元素为非零元.

对例 3.1 中的矩阵

$$B=\begin{pmatrix}1&4&-7&3\\0&1&-3&-14\\0&0&0&-143\\0&0&0&0\end{pmatrix}$$

再作初等变换：

$$B\xrightarrow{-\frac{1}{143}r_3}\begin{pmatrix}1&4&-7&3\\0&1&-3&-14\\0&0&0&1\\0&0&0&0\end{pmatrix}\xrightarrow[r_1-3r_3]{r_2+14r_3}\begin{pmatrix}1&4&-7&0\\0&1&-3&0\\0&0&0&1\\0&0&0&0\end{pmatrix}$$

$$\xrightarrow{r_1-4r_2}\begin{pmatrix}1&0&5&0\\0&1&-3&0\\0&0&0&1\\0&0&0&0\end{pmatrix}=C$$

称这种特殊形状的行阶梯矩阵 C 为**行最简矩阵**.

一般地，行最简矩阵的特点是：行阶梯矩阵的非零行的第一个非零元为1，且这些非零元所在的列的其他元素都为0.

用归纳法不难证明，对于任何矩阵 $A_{m\times n}$，总可经过有限次初等行变换将其化为行阶梯矩阵，进而化为行最简矩阵.

一般来说，一个矩阵的行阶梯矩阵并不是唯一的，但行最简矩阵一定是唯一的.

如果对上述矩阵

$$C=\begin{pmatrix}1&0&5&0\\0&1&-3&0\\0&0&0&1\\0&0&0&0\end{pmatrix}$$

再作初等列变换，可得：

$$C\xrightarrow[c_3+3c_2]{c_3-5c_1}\begin{pmatrix}1&0&0&0\\0&1&0&0\\0&0&0&1\\0&0&0&0\end{pmatrix}\xrightarrow{c_3\leftrightarrow c_4}\begin{pmatrix}1&0&0&0\\0&1&0&0\\0&0&1&0\\0&0&0&0\end{pmatrix}=\boldsymbol{D}$$

这里的矩阵 $\boldsymbol{D}$ 称为原矩阵 $\boldsymbol{A}$ 的标准形.

一般地，矩阵 $\boldsymbol{A}$ 的标准形 $\boldsymbol{D}$ 具有如下特点：$\boldsymbol{D}$ 的左上角是一个单位矩阵，其余元素全为 0.

定理 3.1 任意一个矩阵 $\boldsymbol{A}=(a_{ij})_{m\times n}$ 经过有限次初等变换，可以化为下列标准形矩阵

$$\boldsymbol{F}=\begin{pmatrix}1&0&\cdots&0&0&\cdots&0\\0&1&\cdots&0&0&\cdots&0\\\vdots&\vdots&&\vdots&\vdots&&\vdots\\0&0&\cdots&1&0&\cdots&0\\0&0&\cdots&0&0&\cdots&0\\\vdots&\vdots&&\vdots&\vdots&&\vdots\\0&0&\cdots&0&0&\cdots&0\end{pmatrix}=\begin{pmatrix}\boldsymbol{E}_r&\boldsymbol{O}_{r\times(n-r)}\\\boldsymbol{O}_{(m-r)\times r}&\boldsymbol{O}_{(m-r)\times(n-r)}\end{pmatrix}\tag{3.1}$$

此标准形由 m，n，r 三个数完全确定，其中 r 就是行阶梯矩阵中非零行的行数.

例 3.2 设

$$A=\begin{pmatrix}5&7&1&1&3\\3&4&1&0&2\\1&1&1&-1&1\\8&11&2&1&5\end{pmatrix}$$

把 $\boldsymbol{A}$ 化成行最简矩阵.

解 对矩阵 $\boldsymbol{A}$ 施行行初等变换：

$$\boldsymbol{A}=\begin{pmatrix}5&7&1&1&3\\3&4&1&0&2\\1&1&1&-1&1\\8&11&2&1&5\end{pmatrix}\xrightarrow{r_1\leftrightarrow r_3}\begin{pmatrix}1&1&1&-1&1\\3&4&1&0&2\\5&7&1&1&3\\8&11&2&1&5\end{pmatrix}$$

$$\xrightarrow[\substack{r_2-3r_1\\r_3-5r_1}]{r_4-r_2-r_3}\begin{pmatrix}1&1&1&-1&1\\0&1&-2&3&-1\\0&2&-4&6&-2\\0&0&0&0&0\end{pmatrix}\xrightarrow{r_3-2r_2}\begin{pmatrix}1&1&1&-1&1\\0&1&-2&3&-1\\0&0&0&0&0\\0&0&0&0&0\end{pmatrix}=\boldsymbol{B}$$

矩阵 $\boldsymbol{B}$ 是行阶梯矩阵，但不是行最简矩阵. 对 $\boldsymbol{B}$ 施行行初等变换：

$$\boldsymbol{B}=\begin{pmatrix}1&1&1&-1&1\\0&1&-2&3&-1\\0&0&0&0&0\\0&0&0&0&0\end{pmatrix}\xrightarrow{r_2-r_1}\begin{pmatrix}1&0&3&-4&2\\0&1&-2&3&-1\\0&0&0&0&0\\0&0&0&0&0\end{pmatrix}=\boldsymbol{C}$$

矩阵 $\boldsymbol{C}$ 即为所求的行最简矩阵.

二、初等矩阵

定义 3.2 由单位矩阵经过一次初等变换得到的方阵称为**初等矩阵**.

三类初等变换分别对应着三类初等矩阵:

(1) 把单位矩阵中第 i,j 两行（列）互换，得到初等矩阵:

$$\boldsymbol{E}(i,j)=\begin{pmatrix} 1 \\ & \ddots \\ && 1 \\ &&& 0 & \cdots & \cdots & \cdots & 1 \\ &&& \vdots & 1 &&& \vdots \\ &&& \vdots && \ddots && \vdots \\ &&& \vdots &&& 1 & \vdots \\ &&& 1 & \cdots & \cdots & \cdots & 0 \\ &&&&&&&& 1 \\ &&&&&&&&& \ddots \\ &&&&&&&&&& 1 \end{pmatrix}\begin{matrix} \\ \\ \\ i\text{ 行} \\ \\ \\ \\ j\text{ 行} \\ \\ \\ \\ \end{matrix}$$

i 列　　j 列

用 m 阶初等矩阵 $\boldsymbol{E}_m(i,j)$ 左乘矩阵 $\boldsymbol{A}=(a_{ij})_{m\times n}$，得

$$\boldsymbol{E}_m(i,j)\boldsymbol{A}=\begin{pmatrix} a_{11} & a_{12} & \cdots & a_{1n} \\ \vdots & \vdots & & \vdots \\ a_{j1} & a_{j2} & \cdots & a_{jn} \\ \vdots & \vdots & & \vdots \\ a_{i1} & a_{i2} & \cdots & a_{in} \\ \vdots & \vdots & & \vdots \\ a_{m1} & a_{m2} & \cdots & a_{mn} \end{pmatrix}\begin{matrix} \\ \\ i\text{ 行} \\ \\ j\text{ 行} \\ \\ \\ \end{matrix}$$

其结果相当于对矩阵 $\boldsymbol{A}$ 施行第一类初等行变换. 类似地，用 n 阶初等矩阵 $\boldsymbol{E}_n(i,j)$ 右乘矩阵 $\boldsymbol{A}=(a_{ij})_{m\times n}$，其结果相当于对矩阵 $\boldsymbol{A}$ 施行第一类初等列变换.

(2) 单位矩阵中第 i 行（列）乘以非零数 k，得到初等矩阵:

$$\boldsymbol{E}(i(k))=\begin{pmatrix} 1 \\ & \ddots \\ && 1 \\ &&& k \\ &&&& 1 \\ &&&&& \ddots \\ &&&&&& 1 \end{pmatrix}\begin{matrix} \\ \\ \\ i\text{ 行} \\ \\ \\ \\ \end{matrix}$$

可以验知: 以 $\boldsymbol{E}_m(i(k))$ 左乘矩阵 $\boldsymbol{A}=(a_{ij})_{m\times n}$，其结果相当于对矩阵 $\boldsymbol{A}$ 施行第二类行初等变换; 以 $\boldsymbol{E}_n(i(k))$ 右乘矩阵 $\boldsymbol{A}=(a_{ij})_{m\times n}$，其结果相当于对矩阵 $\boldsymbol{A}$ 施行第二类初等列变换.

（3）以非零数 k 乘单位矩阵的第 j 行（列）并加到第 i 行（列）上，得到初等矩阵

$$E(ij(k))=\begin{pmatrix}1&&&&&&\\&\ddots&&&&&\\&&1&\cdots&k&&\\&&&\ddots&\vdots&&\\&&&&1&&\\&&&&&\ddots&\\&&&&&&1\end{pmatrix}\begin{matrix}\\\\i\text{行}\\\\j\text{行}\\\\\\\end{matrix}$$

可以验知：以 $E_m(ij(k))$ 左乘矩阵 $A=(a_{ij})_{m\times n}$，其结果相当于对矩阵 A 施行第三类初等行变换；以 $E_n(ij(k))$ 右乘矩阵 $A=(a_{ij})_{m\times n}$，其结果相当于对矩阵 A 施行第三类初等列变换.

综上所述，可得下述定理.

定理 3.2 设 A 是一个 $m\times n$ 矩阵，对 A 施行一次初等行变换，相当于在 A 的左边乘以相应的 m 阶初等矩阵；对 A 施行一次初等列变换，相当于在 A 的右边乘以相应的 n 阶初等矩阵.

三、初等变换法求逆矩阵

在第二章第三节中，在给出矩阵 A 可逆的充分必要条件的同时，也给出了利用伴随矩阵求逆矩阵 A^{-1} 的一种方法——**伴随矩阵法**，即

$$A^{-1}=\frac{1}{|A|}A^*$$

对于较高阶的矩阵，用伴随矩阵法求其逆矩阵计算量太大，下面介绍一种较为简单的方法——**初等变换法**.

定理 3.3 方阵 A 可逆的充分必要条件是存在有限个初等矩阵 $P_1,P_2,\cdots,P_l$，使 $A=P_1P_2\cdots P_l$.

证明 充分性. 由初等矩阵的定义可知：

$$|E(i,j)|=-1\neq 0,\quad |E(i(k))|=k\neq 0,\quad |E(ij(k))|=1\neq 0$$

所以初等矩阵都是可逆的. 因为 $A=P_1P_2\cdots P_l$，又因有限个可逆矩阵的乘积仍可逆，故 A 可逆.

必要性. 设 n 阶方阵 A 可逆，且 A 的标准形矩阵为 F，由 $F\to A$ 知，F 经有限次初等变换可化为 A，即有初等矩阵 $P_1,P_2,\cdots,P_l$，使

$$A=P_1\cdots P_sFP_{s+1}\cdots P_l$$

因为 A 可逆，$P_1,P_2,\cdots,P_l$ 也都可逆，故标准形矩阵 F 可逆. 若设

$$F=\begin{pmatrix}E_r&O\\O&O\end{pmatrix}_{n\times n}$$

中的 $r<n$，则 $|F|=0$，这与 F 可逆矛盾，因此必有 $r=n$，即 $F=E$，从而

$$A = P_1P_2\cdots P_l$$

上述证明显示：可逆矩阵的标准形矩阵是单位阵. 其实可逆矩阵的行最简矩阵也是单位阵，即有：

推论1　方阵 A 可逆的充分必要条件是 $A\xrightarrow{r}E$.

证明　因 A 可逆的充分必要条件是 A 为有限个初等矩阵的乘积，即

$$A = P_1P_2\cdots P_l$$

亦即

$$A = P_1P_2\cdots P_lE$$

上式表示 E 经有限次初等变换可变为 A，因此

$$A\xrightarrow{r}E$$

推论2　$m\times n$ 矩阵 A 与 B 等价的充分必要条件是存在 m 阶可逆矩阵 P 及 n 阶可逆矩阵 Q，使 $PAQ = B$.

注意到若 A 可逆，则 A^{-1} 可逆，由定理 3.3 可知存在初等矩阵 $G_1,G_2,\cdots,G_k$，使得

$$A^{-1} = G_1G_2\cdots G_k$$

在上式两边右乘矩阵 A，得

$$A^{-1}A = G_1G_2\cdots G_kA$$

即

$$E = G_1G_2\cdots G_kA \tag{3.2}$$

$$A^{-1} = G_1G_2\cdots G_kE \tag{3.3}$$

(3.2) 式表示对 A 施以若干次初等变换可化为 E；式 (3.3) 表示对 E 施以相同的若干次初等变换可化为 A^{-1}.

因此，求矩阵 A 的逆矩阵 A^{-1} 时，可构造 $n\times 2n$ 阶矩阵 $(A\vdots E)$，然后对其施以初等行变换将矩阵 A 化为单位矩阵 E，则上述初等行变换的同时也将其中的单位矩阵 E 化为 A^{-1}，即

$$(A\vdots E)\xrightarrow{\text{初等行变换}}(E\vdots A^{-1})$$

这就是求逆矩阵的初等变换法.

例 3.3　设 $A=\begin{pmatrix}1&2&3\\2&2&1\\3&4&3\end{pmatrix}$，求 A^{-1}.

解

$$(A\vdots E)=\begin{pmatrix}1&2&3&1&0&0\\2&2&1&0&1&0\\3&4&3&0&0&1\end{pmatrix}\xrightarrow[r_3-3r_1]{r_2-2r_1}\begin{pmatrix}1&2&3&1&0&0\\0&-2&-5&-2&1&0\\0&-2&-6&-3&0&1\end{pmatrix}$$

$$\xrightarrow[r_3-r_2]{r_1+r_2}\begin{pmatrix}1&0&-2&-1&1&0\\0&-2&-5&-2&1&0\\0&0&-1&-1&-1&1\end{pmatrix}\xrightarrow[r_2-5r_3]{r_1-2r_3}\begin{pmatrix}1&0&0&1&3&-2\\0&-2&0&3&6&-5\\0&0&-1&-1&-1&1\end{pmatrix}$$

$$\xrightarrow[(-1)r_3]{\left(-\frac{1}{2}\right)r_2}\begin{pmatrix}1&0&0&1&3&-2\\0&1&0&-\frac{3}{2}&-3&\frac{5}{2}\\0&0&1&1&1&-1\end{pmatrix}$$

所以

$$A^{-1}=\begin{pmatrix}1&3&-2\\-\frac{3}{2}&-3&\frac{5}{2}\\1&1&-1\end{pmatrix}$$

第二节　矩阵的秩

矩阵的秩的概念是讨论向量组的线性相关性、线性方程组解的存在性等问题的重要工具. 第一节中我们指出，给定一个 $m\times n$ 矩阵 $\boldsymbol{A}$，它的标准型

$$\boldsymbol{F}=\begin{pmatrix}\boldsymbol{E}_r&\boldsymbol{O}\\\boldsymbol{O}&\boldsymbol{O}\end{pmatrix}_{m\times n}$$

由数 r 完全确定. 这个数也就是 $\boldsymbol{A}$ 的行阶梯矩阵中非零行的行数，这个数实质上就是矩阵 $\boldsymbol{A}$ 的秩. 鉴于这个数的唯一性尚未证明，本节中，我们首先利用行列式来定义矩阵的秩，然后给出利用初等变换求矩阵的秩的方法.

一、矩阵的秩的基本概念

定义 3.3　在 $m\times n$ 矩阵 $\boldsymbol{A}$ 中，任取 k 行 k 列（$1\leqslant k\leqslant m$，$1\leqslant k\leqslant n$），位于这些行列交叉处的 k^2 个元素，不改变它们在 $\boldsymbol{A}$ 中所处的位置次序而得到的 k 阶行列式，称为矩阵 $\boldsymbol{A}$ 的 **k 阶子式**.

$m\times n$ 矩阵 $\boldsymbol{A}$ 的 k 阶子式共有 $\mathrm{C}_m^k\cdot\mathrm{C}_n^k$ 个.

例如，设矩阵

$$\boldsymbol{A}=\begin{pmatrix}1&3&4&5\\-1&0&2&3\\0&1&-1&0\end{pmatrix}$$

则由 1,3 两行与 2,4 两列交叉处的元素构成的二阶子式为 $\begin{vmatrix}3&5\\1&0\end{vmatrix}$.

设 $\boldsymbol{A}$ 为 $m\times n$ 矩阵，当 $\boldsymbol{A}=\boldsymbol{O}$ 时，它的任何子式都为零. 当 $\boldsymbol{A}\neq\boldsymbol{O}$ 时，它至少有一个元素

不为零，即它至少有一个一阶子式不为零. 再考察二阶子式，若 $\boldsymbol{A}$ 中有一个二阶子式不为零，则往下考察三阶子式，如此进行下去，最后必达到 $\boldsymbol{A}$ 中有 r 阶子式不为零，而再没有比 r 更高阶的不为零的子式. 这些不为零的子式的最高阶数 r 反映了矩阵 $\boldsymbol{A}$ 内在的重要特征，它在矩阵的理论与应用中都有重要的意义.

定义 3.4 设 $\boldsymbol{A}$ 为 $m\times n$ 矩阵，若存在 $\boldsymbol{A}$ 的 r 阶子式不为零，而任何 $r+1$ 阶子式（如果存在的话）皆为零，则称数 r 为矩阵 $\boldsymbol{A}$ 的**秩**，记为 $R(\boldsymbol{A})$，并规定零矩阵的秩等于零.

例 3.4 求矩阵

$$\boldsymbol{A}=\begin{pmatrix}1 & 2 & 3\\ 2 & 3 & -5\\ 4 & 7 & 1\end{pmatrix}$$

的秩.

解 在 $\boldsymbol{A}$ 中，二阶子式 $\begin{vmatrix}1 & 3\\ 2 & -5\end{vmatrix}\neq 0$. 又 $\boldsymbol{A}$ 的三阶子式只有一个 $|\boldsymbol{A}|$，且

$$|\boldsymbol{A}|=\begin{vmatrix}1 & 2 & 3\\ 2 & 3 & -5\\ 4 & 7 & 1\end{vmatrix}=\begin{vmatrix}1 & 2 & 3\\ 0 & -1 & -11\\ 0 & -1 & -11\end{vmatrix}=0$$

故 $R(\boldsymbol{A})=2$.

对于 n 阶矩阵 $\boldsymbol{A}$，其 n 阶子式只有一个 $|\boldsymbol{A}|$，故当 $|\boldsymbol{A}|\neq 0$ 时 $R(\boldsymbol{A})=n$；当 $|\boldsymbol{A}|=0$ 时 $R(\boldsymbol{A})<n$. 可见可逆矩阵的秩等于矩阵的阶数，因此，可逆矩阵又称**满秩矩阵**，不可逆矩阵又称**降秩矩阵**.

例 3.5 求矩阵

$$\boldsymbol{B}=\begin{pmatrix}2 & -1 & 0 & 3 & -2\\ 0 & 3 & 1 & -2 & 5\\ 0 & 0 & 0 & 4 & -3\\ 0 & 0 & 0 & 0 & 0\end{pmatrix}$$

的秩.

解 因 $\boldsymbol{B}$ 是一个行阶梯矩阵，其非零行只有 3 行，故知 $\boldsymbol{B}$ 的所有四阶子式全为零. 此外，又存在 $\boldsymbol{B}$ 的一个三阶子式

$$\begin{vmatrix}2 & -1 & 3\\ 0 & 3 & -2\\ 0 & 0 & 4\end{vmatrix}=24\neq 0$$

所以 $R(\boldsymbol{B})=3$.

二、矩阵的秩的性质及结论

对于一般的矩阵，当行数与列数较高时，按定义求秩是很麻烦的，然而对于行阶梯矩阵，它的秩就等于非零行的行数. 因此自然想到用初等变换把矩阵化为行阶梯矩阵，但两个等价

矩阵的秩是否相等呢？下面的定理对此做出了肯定的回答.

定理 3.4 若 $\boldsymbol{A} \to \boldsymbol{B}$，则 $R(\boldsymbol{A}) = R(\boldsymbol{B})$.

证明 若 $\boldsymbol{A}$ 经一次初等行变换变为 $\boldsymbol{B}$，则 $R(\boldsymbol{A}) \leqslant R(\boldsymbol{B})$.

事实上，设 $R(\boldsymbol{A}) = s$，且 $\boldsymbol{A}$ 的某个 s 阶子式 $D \neq 0$，有：

当 $\boldsymbol{A} \xrightarrow{r_i \leftrightarrow r_j} \boldsymbol{B}$ 或 $\boldsymbol{A} \xrightarrow{kr_i} \boldsymbol{B}$ 时，在 $\boldsymbol{B}$ 中总能找到与 D 相对应的 s 阶子式 D_1，由于 $D_1 = D$ 或 $D_1 = -D$ 或 $D_1 = kD$，因此 $D_1 \neq 0$，从而 $R(\boldsymbol{B}) \geqslant s$.

当 $\boldsymbol{A} \xrightarrow{r_i + kr_j} \boldsymbol{B}$ 时，由于对于变换 $r_i \leftrightarrow r_j$ 时结论成立，因此只需考虑 $\boldsymbol{A} \xrightarrow{r_1 + kr_2} \boldsymbol{B}$ 这一特殊情形. 下面分两种情况讨论：

（1）$\boldsymbol{A}$ 的 s 阶非零子式 D 不包含 $\boldsymbol{A}$ 的第一行，这时 D 也是 $\boldsymbol{B}$ 的一个 s 阶非零子式，故 $R(\boldsymbol{B}) \geqslant s$.

（2）D 包含 $\boldsymbol{A}$ 的第一行，这时把 $\boldsymbol{B}$ 中与 D 对应的 s 阶子式 D_1 记作

$$D_1 = \begin{vmatrix} r_1 + kr_2 \\ r_p \\ \vdots \\ r_q \end{vmatrix} = \begin{vmatrix} r_1 \\ r_p \\ \vdots \\ r_q \end{vmatrix} + k\begin{vmatrix} r_2 \\ r_p \\ \vdots \\ r_q \end{vmatrix} = D + kD_2$$

若 $p = 2$，则 $D_1 = D \neq 0$；若 $p \neq 2$，则 D_2 也是 $\boldsymbol{B}$ 的 s 阶子式，由 $D_1 + kD_2 \neq 0$，知 D_1 与 D_2 不同时为零. 总之，$\boldsymbol{B}$ 中存在 s 阶非零子式 D_1 或 D_2，故 $R(\boldsymbol{B}) \geqslant s$.

以上证明了若 $\boldsymbol{A}$ 经一次初等行变换变为 $\boldsymbol{B}$，则 $R(\boldsymbol{A}) \leqslant R(\boldsymbol{B})$. 由于 $\boldsymbol{B}$ 亦可经一次初等行变换变为 $\boldsymbol{A}$，故也有 $R(\boldsymbol{B}) \leqslant R(\boldsymbol{A})$. 因此 $R(\boldsymbol{A}) = R(\boldsymbol{B})$.

由经一次初等行变换后矩阵的秩不变，即可知经有限次初等行变换后矩阵的秩也不变.

若 $\boldsymbol{A}$ 经初等列变换变为 $\boldsymbol{B}$，则若 $\boldsymbol{A}^{\mathrm{T}}$ 经初等行变换变为 $\boldsymbol{B}^{\mathrm{T}}$，由于 $R(\boldsymbol{A}^{\mathrm{T}}) = R(\boldsymbol{B}^{\mathrm{T}})$，又 $R(\boldsymbol{A}) = R(\boldsymbol{A}^{\mathrm{T}})$，$R(\boldsymbol{B}) = R(\boldsymbol{B}^{\mathrm{T}})$，因此

$$R(\boldsymbol{A}) = R(\boldsymbol{B})$$

总之，若 $\boldsymbol{A}$ 经有限次初等变换变为 $\boldsymbol{B}$，则 $R(\boldsymbol{A}) = R(\boldsymbol{B})$.

由于 $m \times n$ 矩阵 $\boldsymbol{A}$ 与 $\boldsymbol{B}$ 等价的充分必要条件是存在 m 阶可逆矩阵 $\boldsymbol{P}$ 及 n 阶可逆矩阵 $\boldsymbol{Q}$，使 $\boldsymbol{PAQ} = \boldsymbol{B}$，因此可有：

推论 若存在可逆矩阵 $\boldsymbol{P}, \boldsymbol{Q}$ 使 $\boldsymbol{PAQ} = \boldsymbol{B}$，则 $R(\boldsymbol{A}) = R(\boldsymbol{B})$.

例 3.6 设 $\boldsymbol{A}$ 为 n 阶非奇异矩阵，$\boldsymbol{B}$ 为 $n \times m$ 矩阵，试证：$\boldsymbol{A}$ 与 $\boldsymbol{B}$ 之积的秩等于 $\boldsymbol{B}$ 的秩，即 $R(\boldsymbol{AB}) = R(\boldsymbol{B})$.

证明 因为 $\boldsymbol{A}$ 为非奇异矩阵，故可表示成若干初等矩阵之积，

$$\boldsymbol{A} = \boldsymbol{P}_1 \boldsymbol{P}_2 \cdots \boldsymbol{P}_s$$

其中 $\boldsymbol{P}_i$（$i = 1, 2, \cdots, s$）皆为初等矩阵，因此有

$$\boldsymbol{AB} = \boldsymbol{P}_1 \boldsymbol{P}_2 \cdots \boldsymbol{P}_s \boldsymbol{B}$$

即 $\boldsymbol{AB}$ 是 $\boldsymbol{B}$ 经 s 次初等行变换后得到的，因而

$$R(\boldsymbol{AB}) = R(\boldsymbol{B})$$

这个结论是矩阵的秩的一个常用性质.

例如，矩阵

$$\boldsymbol{B} = \begin{pmatrix} 1 & 0 & 1 \\ 0 & 2 & 0 \\ 1 & 0 & 1 \end{pmatrix}, \quad \boldsymbol{A} = \begin{pmatrix} 0 & 2 & 3 \\ 1 & 1 & 0 \\ -1 & 2 & 3 \end{pmatrix}$$

经计算可知 $|\boldsymbol{A}| \neq 0$，即 $\boldsymbol{A}$ 可逆. 由于 $R(\boldsymbol{B}) = 2$，所以 $R(\boldsymbol{AB}) = R(\boldsymbol{B}) = 2$.

根据矩阵的秩的定义，矩阵的秩显然具有下列性质:

（1）若矩阵 $\boldsymbol{A}$ 中有某个 s 阶子式不为零，则 $R(\boldsymbol{A}) \geqslant s$.

（2）若矩阵 $\boldsymbol{A}$ 中所有 t 阶子式全为零，则 $R(\boldsymbol{A}) < t$.

（3）若 $\boldsymbol{A}$ 为 $m \times n$ 矩阵，则 $0 \leqslant R(\boldsymbol{A}) \leqslant \min\{m, n\}$.

（4）$R(\boldsymbol{A}) = R(\boldsymbol{A}^{\mathrm{T}})$.

下面再介绍几个常用的矩阵的秩的性质（假设其中运算都是可行的）:

（5）$\max\{R(\boldsymbol{A}), R(\boldsymbol{B})\} \leqslant R(\boldsymbol{A} \vdots \boldsymbol{B}) \leqslant R(\boldsymbol{A}) + R(\boldsymbol{B})$.

（6）$R(\boldsymbol{A} + B) \leqslant R(\boldsymbol{A}) + R(\boldsymbol{B})$.

（7）$R(\boldsymbol{AB}) \leqslant \min\{R(\boldsymbol{A}), R(\boldsymbol{B})\}$.

（8）若 $\boldsymbol{A}_{m \times n} \boldsymbol{B}_{n \times l} = \boldsymbol{O}$，则 $R(\boldsymbol{A}) + R(\boldsymbol{B}) \leqslant n$.

三、利用初等变换求矩阵的秩

根据定理 3.4，我们得到利用初等变换求矩阵的秩的方法：用初等行变换把矩阵变成行阶梯矩阵，行阶梯矩阵中非零行的行数就是该矩阵的秩.

例 3.7　设

$$\boldsymbol{A} = \begin{pmatrix} 3 & 2 & 0 & 5 & 0 \\ 3 & -2 & 3 & 6 & -1 \\ 2 & 0 & 1 & 5 & -3 \\ 1 & 6 & -4 & -1 & 4 \end{pmatrix}$$

求矩阵 $\boldsymbol{A}$ 的秩.

解　对 $\boldsymbol{A}$ 作初等变换，变成行阶梯矩阵.

$$\boldsymbol{A} = \begin{pmatrix} 3 & 2 & 0 & 5 & 0 \\ 3 & -2 & 3 & 6 & -1 \\ 2 & 0 & 1 & 5 & -3 \\ 1 & 6 & -4 & -1 & 4 \end{pmatrix} \xrightarrow{r_1 \leftrightarrow r_4} \begin{pmatrix} 1 & 6 & -4 & -1 & 4 \\ 3 & -2 & 3 & 6 & -1 \\ 2 & 0 & 1 & 5 & -3 \\ 3 & 2 & 0 & 5 & 0 \end{pmatrix}$$

$$\xrightarrow{r_2 - r_4} \begin{pmatrix} 1 & 6 & -4 & -1 & 4 \\ 0 & -4 & 3 & 1 & -1 \\ 2 & 0 & 1 & 5 & -3 \\ 3 & 2 & 0 & 5 & 0 \end{pmatrix} \xrightarrow[r_4 - 3r_1]{r_3 - 2r_1} \begin{pmatrix} 1 & 6 & -4 & -1 & 4 \\ 0 & -4 & 3 & 1 & -1 \\ 0 & -12 & 9 & 7 & -11 \\ 0 & -16 & 12 & 8 & -12 \end{pmatrix}$$

$$\xrightarrow[r_4-4r_2]{r_3-3r_2}\begin{pmatrix}1&6&-4&-1&4\\0&-4&3&1&-1\\0&0&0&4&-8\\0&0&0&4&-8\end{pmatrix}\xrightarrow{r_4-r_3}\begin{pmatrix}1&6&-4&-1&4\\0&-4&3&1&-1\\0&0&0&4&-8\\0&0&0&0&0\end{pmatrix}$$

由行阶梯矩阵有 3 个非零行知 $R(\boldsymbol{A})=3$.

例 3.8 设

$$\boldsymbol{A}=\begin{pmatrix}1&-1&1&2\\3&\lambda&-1&2\\5&3&\mu&6\end{pmatrix}$$

已知 $R(\boldsymbol{A})=2$，求 λ 与 μ 的值.

解 因为

$$\boldsymbol{A}=\begin{pmatrix}1&-1&1&2\\3&\lambda&-1&2\\5&3&\mu&6\end{pmatrix}\xrightarrow[r_3-5r_1]{r_2-3r_1}\begin{pmatrix}1&-1&1&2\\0&\lambda+3&-4&-4\\0&8&\mu-5&-4\end{pmatrix}$$

$$\xrightarrow{r_3-r_2}\begin{pmatrix}1&-1&1&2\\0&\lambda+3&-4&-4\\0&5-\lambda&\mu-1&0\end{pmatrix}$$

因为 $R(\boldsymbol{A})=2$，故

$$5-\lambda=0,\quad \mu-1=0$$

即 $\lambda=5$，$\mu=1$.

第三节 线性方程组的解

一、线性方程组的初等变换

现在讨论一般线性方程组. 所谓一般线性方程组是指形式为

$$\begin{cases}a_{11}x_1+a_{12}x_2+\cdots+a_{1n}x_n=b_1\\a_{21}x_1+a_{22}x_2+\cdots+a_{2n}x_n=b_2\\\cdots\cdots\cdots\cdots\\a_{s1}x_1+a_{s2}x_2+\cdots+a_{sn}x_n=b_s\end{cases}\tag{3.4}$$

的方程组，其中 $x_1,x_2,\cdots,x_n$ 代表 n 个未知量，s 是方程的个数，$a_{ij}(i=1,2,\cdots,s;\ j=1,2,\cdots,n)$ 称为线性方程组的**系数**，$b_i(i=1,2,\cdots,s)$ 称为**常数项**. 方程组中未知量的个数 n 与方程的个数 s 不一定相等. 系数 a_{ij} 的第一个指标 i 表示它在第 i 个方程，第二个指标 j 表示它是 x_j 的系数.

所谓方程组（3.4）的一个**解**是指由 n 个数 $k_1,k_2,\cdots,k_n$ 组成的有序数组 $(k_1,k_2,\cdots,k_n)$，当

$x_1,x_2,\cdots,x_n$ 分别用 $k_1,k_2,\cdots,k_n$ 代入后，(3.4) 式中每个等式都变成恒等式. 方程组 (3.4) 的解的全体称为它的**解集合**. 解方程组实际上就是找出它全部的解，或者说，求出它的解集合. 如果两个方程组有相同的解集合，则称它们为**同解**的.

显然，如果知道了一个线性方程组的全部系数和常数项，那么这个线性方程组就基本上确定了. 确切地说，线性方程组 (3.4) 可以用下面的矩阵

$$\begin{pmatrix} a_{11} & a_{12} & \cdots & a_{1n} & b_1 \\ a_{21} & a_{22} & \cdots & a_{2n} & b_2 \\ \vdots & \vdots & & \vdots & \vdots \\ a_{s1} & a_{s2} & \cdots & a_{sn} & b_s \end{pmatrix} \tag{3.5}$$

来表示. 实际上，有了 (3.5) 之后，线性方程组 (3.4) 就确定了. 在中学代数里我们学过用加减消元法和代入消元法解二元、三元线性方程组，事实上，这个方法比用行列式解线性方程组更有普遍性. 下面介绍如何用一般消元法解一般线性方程组.

例如，解方程组

$$\begin{cases} 2x_1 - x_2 + 3x_3 = 1 \\ 4x_1 + 2x_2 + 5x_3 = 4 \\ 2x_1 + x_2 + 2x_3 = 5 \end{cases}$$

第二个方程减去第一个方程的 2 倍，第三个方程减去第一个方程，就变成

$$\begin{cases} 2x_1 - x_2 + 3x_3 = 1 \\ \qquad 4x_2 - x_3 = 2 \\ \qquad 2x_2 - x_3 = 4 \end{cases}$$

第二个方程减去第三个方程的 2 倍，把第二第三两个方程的次序互换，即得

$$\begin{cases} 2x_1 - x_2 + 3x_3 = 1 \\ \qquad 2x_2 - x_3 = 4 \\ \qquad\qquad x_3 = -6 \end{cases}$$

这样，就容易求出方程组的解 $(9,-1,-6)$.

分析一下消元法，不难看出，它实际上是反复地对方程组进行变换，而所用的变换也只是由以下三种基本变换所构成：

(1) 用一非零数乘某一方程；

(2) 把一个方程的倍数加到另一个方程；

(3) 互换两个方程的位置.

定义 3.5　上述变换 (1)，(2)，(3) 称为**线性方程组的初等变换**.

二、线性方程组的解的情形

消元的过程就是反复施行初等变换的过程. 下面我们来说明，如何利用初等行变换来解一般的线性方程组.

对于方程组（3.4），首先检查 x_1 的系数. 如果 x_1 的系数 $a_{11},a_{21},\cdots,a_{s1}$ 全为零，那么方程组（3.4）对 x_1 没有任何限制，x_1 就可以取任何值，而方程组（3.4）可以看作 $x_2,\cdots,x_n$ 的方程组来解. 如果 x_1 的系数不全为零，那么利用初等变换（3），不妨设 $a_{11}\neq 0$，利用初等变换（2），分别把第一个方程的 $-\dfrac{a_{i1}}{a_{11}}$ 倍加到第 i 个方程（$i=2,\cdots,n$），于是方程组（3.4）就变成

$$\begin{cases} a_{11}x_1+a_{12}x_2+\cdots+a_{1n}x_n=b_1 \\ \qquad a'_{22}x_2+\cdots+a'_{2n}x_n=b'_2 \\ \qquad\qquad \cdots\cdots\cdots\cdots \\ \qquad a'_{s2}x_2+\cdots+a'_{sn}x_n=b'_s \end{cases} \tag{3.6}$$

其中

$$a'_{ij}=a_{ij}-\frac{a_{i1}}{a_{11}}\cdot a_{1j},\quad (i=2,\cdots,s;\ j=2,\cdots,n)$$

这样，解方程组（3.4）的问题就归结为解方程组

$$\begin{cases} a'_{22}x_2+\cdots+a'_{2n}x_n=b'_2 \\ \cdots\cdots\cdots\cdots \\ a'_{s2}x_2+\cdots+a'_{sn}x_n=b'_s \end{cases} \tag{3.7}$$

的问题.

显然方程组（3.7）的一个解，代入方程组（3.6）的第一个方程就定出 x_1 的值，这样就得出方程组（3.6）的一个解；显然方程组（3.6）的解都是（3.7）的解. 这就是说，方程组（3.6）有解的充要条件为方程组（3.7）有解，而方程组（3.6）与（3.4）是同解的，因此，方程组（3.4）有解的充要条件为方程组（3.7）有解.

对方程组（3.7）再按上面的过程进行变换，最后就得到一个阶梯形方程组. 为了讨论起来方便，不妨设所得的方程组为

$$\begin{cases} c_{11}x_1+c_{12}x_2+\cdots+c_{1r}x_r+\cdots+c_{1n}x_n=d_1 \\ \qquad c_{22}x_2+\cdots+c_{2r}x_r+\cdots+c_{2n}x_n=d_2 \\ \qquad\qquad \cdots\cdots\cdots\cdots \\ \qquad\qquad\qquad c_{rr}x_r+\cdots+c_{rn}x_n=d_r \\ \qquad\qquad\qquad\qquad 0=d_{r+1} \\ \qquad\qquad\qquad\qquad 0=0 \\ \qquad\qquad\qquad\qquad \cdots\cdots \\ \qquad\qquad\qquad\qquad 0=0 \end{cases} \tag{3.8}$$

其中 $c_{ii}\neq 0(i=1,2,\cdots,r)$. 方程组（3.8）中“0=0”这样一些恒等式可能不出现，也可能出现，这时去掉它们也不影响（3.8）的解，而且方程组（3.4）与（3.8）是同解的.

现在考虑方程组（3.8）的解的情况.

如方程组（3.8）中有方程 $0=d_{r+1}$，而 $d_{r+1}\neq 0$，这时不管 $x_1,x_2,\cdots,x_n$ 取什么值都不能使它成为等式，故方程组（3.8）无解，因而方程组（3.4）无解.

当 $d_{r+1}=0$ 或方程组（3.8）中根本没有“0＝0”的方程时，可分两种情况：

（1） $r=n$，这时阶梯形方程组为

$$\begin{cases} c_{11}x_1+c_{12}x_2+\cdots+c_{1n}x_n=d_1 \\ \qquad c_{22}x_2+\cdots+c_{2n}x_n=d_2 \\ \qquad\qquad \cdots\cdots\cdots\cdots \\ \qquad\qquad\qquad c_{nn}x_n=d_n \end{cases} \tag{3.9}$$

其中 $c_{ii}\neq 0(i=1,2,\cdots,n)$. 由最后一个方程开始，$x_n,x_{n-1},\cdots,x_1$ 的值就可以逐个地唯一确定了. 在这个情形下，方程组（3.9）也就是方程组（3.4）的唯一解.

（2） $r<n$　这时阶梯形方程组为

$$\begin{cases} c_{11}x_1+c_{12}x_2+\cdots+c_{1r}x_r+c_{1,r+1}x_{r+1}+\cdots+c_{1n}x_n=d_1 \\ \qquad c_{22}x_2+\cdots+c_{2r}x_r+c_{2,r+1}x_{r+1}+\cdots+c_{2n}x_n=d_2 \\ \qquad\qquad \cdots\cdots\cdots\cdots \\ \qquad\qquad c_{rr}x_r+c_{r,r+1}x_{r+1}+\cdots+c_{rn}x_n=d_r \end{cases}$$

其中 $c_{ii}\neq 0(i=1,2,\cdots,r)$. 把此方程组改写成

$$\begin{cases} c_{11}x_1+c_{12}x_2+\cdots+c_{1r}x_r=d_1-c_{1,r+1}x_{r+1}-\cdots-c_{1n}x_n \\ \qquad c_{22}x_2+\cdots+c_{2r}x_r=d_2-c_{2,r+1}x_{r+1}-\cdots-c_{2n}x_n \\ \qquad\qquad \cdots\cdots\cdots\cdots \\ \qquad\qquad c_{rr}x_r=d_r-c_{r,r+1}x_{r+1}-\cdots-c_{rn}x_n \end{cases} \tag{3.10}$$

由此可见，任给 $x_{r+1},\cdots,x_n$ 一组值，就唯一地定出 $x_1,x_2,\cdots,x_r$ 的值，也就是定出方程组（3.10）的一个解. 一般地，由方程组（3.10）我们可以把 $x_1,x_2,\cdots,x_r$ 通过 $x_{r+1},\cdots,x_n$ 表示出来，这样一组表达式称为方程组（3.4）的一般解，而 $x_{r+1},\cdots,x_n$ 称为一组自由未知量.

若令 $\boldsymbol{A}=(a_{ij})_{s\times n}$，$\boldsymbol{x}=(x_j)_{n\times 1}$，$\boldsymbol{b}=(b_i)_{s\times 1}$，则方程组（3.4）可以写为

$$\boldsymbol{A}\boldsymbol{x}=\boldsymbol{b} \tag{3.11}$$

上述讨论可以总结为如下定理：

定理 3.5　设 $\boldsymbol{A}$ 为 $m\times n$ 矩阵，$\overline{\boldsymbol{A}}=(\boldsymbol{A},\boldsymbol{b})$（增广矩阵），则 n 元线性方程组 $\boldsymbol{A}\boldsymbol{x}=\boldsymbol{b}$：

（1）无解的充分必要条件是 $R(\boldsymbol{A})<R(\overline{\boldsymbol{A}})$；

（2）有唯一解的充分必要条件是 $R(\boldsymbol{A})=R(\overline{\boldsymbol{A}})=n$；

（3）有无限多解的充分必要条件是 $R(\boldsymbol{A})=R(\overline{\boldsymbol{A}})<n$.

证明　只需证明条件的充分性，因为（1）、（2）、（3）中条件的必要性依次是（2）（3）、（1）（3）、（1）（2）中条件的充分性的逆否命题.

设 $R(\boldsymbol{A})=r$，为叙述方便，设 $\overline{\boldsymbol{A}}$ 的行最简形为

$$
\boldsymbol{B}=\begin{pmatrix}
1 & 0 & \cdots & 0 & b_{11} & \cdots & b_{1,n-r} & d_1\\
0 & 1 & \cdots & 0 & b_{21} & \cdots & b_{2,n-r} & d_2\\
\vdots & \vdots & & \vdots & \vdots & & \vdots & \vdots\\
0 & 0 & \cdots & 1 & b_{r1} & \cdots & b_{r,n-r} & d_r\\
0 & 0 & \cdots & 0 & 0 & \cdots & 0 & d_{r+1}\\
0 & 0 & \cdots & 0 & 0 & \cdots & 0 & 0\\
\vdots & \vdots & & \vdots & \vdots & & \vdots & \vdots\\
0 & 0 & \cdots & 0 & 0 & \cdots & 0 & 0
\end{pmatrix}
$$

（1）若 $R(\boldsymbol{A})<R(\overline{\boldsymbol{A}})$，则 $\boldsymbol{B}$ 中的 $d_{r+1}=1$，于是 $\boldsymbol{B}$ 中的第 $r+1$ 行对应矛盾方程 $0=1$，故线性方程组（3.4）无解.

（2）若 $R(\boldsymbol{A})=R(\overline{\boldsymbol{A}})=r=n$，则 $\boldsymbol{B}$ 中的 $d_{r+1}=0$（或 d_{r+1} 不出现），且 b_{ij} 都不出现，于是 $\boldsymbol{B}$ 对应方程组

$$
\begin{cases}
x_1=d_1\\
x_2=d_2\\
\vdots\\
x_n=d_n
\end{cases}
$$

故线性方程组（3.4）有唯一解.

（3）若 $R(\boldsymbol{A})=R(\overline{\boldsymbol{A}})=r<n$，则 $\boldsymbol{B}$ 中的 $d_{r+1}=0$（或 d_{r+1} 不出现），$\boldsymbol{B}$ 对应方程组

$$
\begin{cases}
x_1=-b_{11}x_{r+1}-\cdots-b_{1,n-r}x_n+d_1\\
x_2=-b_{21}x_{r+1}-\cdots-b_{2,n-r}x_n+d_2\\
\qquad\cdots\cdots\cdots\cdots\\
x_r=-b_{r1}x_{r+1}-\cdots-b_{r,n-r}x_n+d_r
\end{cases}
\tag{3.12}
$$

令自由未知数 $x_{r+1}=c_1,\cdots,x_n=c_{n-r}$，即得线性方程组（3.4）的含 $n-r$ 个参数解

$$
\begin{pmatrix}x_1\\ \vdots\\ x_r\\ x_{r+1}\\ \vdots\\ x_n\end{pmatrix}=\begin{pmatrix}-b_{11}c_1-\cdots-b_{1,n-r}c_{n-r}+d_1\\ \vdots\\ -b_{r1}c_1-\cdots-b_{r,n-r}c_{n-r}+d_r\\ c_1\\ \vdots\\ c_{n-r}\end{pmatrix}
$$

即

$$
\begin{pmatrix}x_1\\ \vdots\\ x_r\\ x_{r+1}\\ \vdots\\ x_n\end{pmatrix}=c_1\begin{pmatrix}-b_{11}\\ \vdots\\ -b_{r1}\\ 1\\ \vdots\\ 0\end{pmatrix}+\cdots+c_{n-r}\begin{pmatrix}-b_{1,n-r}\\ \vdots\\ -b_{r,n-r}\\ 0\\ \vdots\\ 1\end{pmatrix}+\begin{pmatrix}d_1\\ \vdots\\ d_r\\ 0\\ \vdots\\ 0\end{pmatrix}
\tag{3.13}
$$

由于参数 $c_1,\cdots,c_{n-r}$ 可任意取值，故线性方程组（3.4）有无限多个解.

当 $R(\boldsymbol{A})=R(\overline{\boldsymbol{A}})=r<n$ 时，由于含 $n-r$ 个参数的解（3.13）可表示线性方程组（3.12）的任一解，从而也可以表示线性方程组（3.4）的任一解，因此解（3.13）称为线性方程组（3.4）的**通解**.

定理 3.5 的证明过程给出了求解线性方程组的步骤，将它归纳如下：

（1）对于非齐次线性方程组，把它的增广矩阵 $\overline{\boldsymbol{A}}$ 化成行阶梯形，从 $\overline{\boldsymbol{A}}$ 的行阶梯形可同时看出 $R(\boldsymbol{A})$ 和 $R(\overline{\boldsymbol{A}})$. 若 $R(\boldsymbol{A})<R(\overline{\boldsymbol{A}})$，则方程组无解.

（2）若 $R(\boldsymbol{A})=R(\overline{\boldsymbol{A}})$，则进一步把 $\overline{\boldsymbol{A}}$ 化成行最简矩阵.

（3）若 $R(\boldsymbol{A})=R(\overline{\boldsymbol{A}})=n$，可根据 $\overline{\boldsymbol{A}}$ 的行最简矩阵直接写出方程组的唯一解，若 $R(\boldsymbol{A})=R(\overline{\boldsymbol{A}})=r<n$，把行最简矩阵中 r 个非零行的非零首元所对应的未知数取作非自由未知数，其余 $n-r$ 个未知数取作自由未知数，并令自由未知数分别等于 $c_1,\cdots,c_{n-r}$，由 $\overline{\boldsymbol{A}}$ 的行最简矩阵，即可写出含 $n-r$ 个参数的通解.

齐次线性方程组是一类特殊的线性方程组，可以直接应用定理 3.1 来讨论它的解. 首先齐次线性方程组是一定有解的，因为

$$x_1=0,\quad x_2=0,\quad \cdots,\quad x_n=0$$

是它的一组解，这个解称为**零解**. 如果齐次线性方程组还有其他的解，则称为**非零解**. 这也表明齐次线性方程组解唯一相当于它只有零解，从而齐次线性方程组有非零解时，它的解就不唯一，即它有无穷多个解. 因此有如下定理：

定理 3.6 设 $\boldsymbol{A}$ 为 $m\times n$ 矩阵，n 元齐次线性方程组 $\boldsymbol{Ax}=\boldsymbol{0}$：

（1）有非零解的充分必要条件是 $R(\boldsymbol{A})<n$；

（2）有零解的充分必要条件是 $R(\boldsymbol{A})=n$.

例 3.9 求解齐次线性方程组：

$$\begin{cases}2x_1+x_2-2x_3-2x_4=0\\ x_1+2x_2+2x_3+x_4=0\\ x_1-x_2-4x_3-3x_4=0\end{cases}$$

解 对系数矩阵 $\boldsymbol{A}$ 实施初等行变换化为行最简矩阵：

$$\boldsymbol{A}=\begin{pmatrix}2&1&-2&-2\\1&2&2&1\\1&-1&-4&-3\end{pmatrix}\xrightarrow{r_1\leftrightarrow r_2}\begin{pmatrix}1&2&2&1\\2&1&-2&-2\\1&-1&-4&-3\end{pmatrix}$$

$$\xrightarrow[r_3+(-1)r_1]{r_2+(-2)r_1}\begin{pmatrix}1&2&2&1\\0&-3&-6&-4\\0&-3&-6&-4\end{pmatrix}\xrightarrow[-\frac{1}{3}r_2]{r_3+(-1)r_2}\begin{pmatrix}1&2&2&1\\0&1&2&\frac{4}{3}\\0&0&0&0\end{pmatrix}$$

$$\xrightarrow{r_1+(-2)r_2}\begin{pmatrix}1&0&-2&-\frac{5}{3}\\0&1&2&\frac{4}{3}\\0&0&0&0\end{pmatrix}$$

即得到与原方程组同解的方程组

$$\begin{cases} x_1 - 2x_3 - \dfrac{5}{3}x_4 = 0 \\ x_2 + 2x_3 + \dfrac{4}{3}x_4 = 0 \end{cases}$$

由此得到

$$\begin{cases} x_1 = 2x_3 + \dfrac{5}{3}x_4 \\ x_2 = -2x_3 - \dfrac{4}{3}x_4 \end{cases} \quad (\text{取 } x_3, x_4 \text{ 为自由未知量})$$

令 $x_3 = c_1$， $x_4 = c_2$，则方程组的解可写成通常的参数形式

$$\begin{cases} x_1 = 2c_1 + \dfrac{5}{3}c_2 \\ x_2 = -2c_1 - \dfrac{4}{3}c_2 \\ x_3 = c_1 \\ x_4 = c_2 \end{cases}$$

其中 c_1, c_2 为任意实数，或写成

$$\begin{pmatrix} x_1 \\ x_2 \\ x_3 \\ x_4 \end{pmatrix} = \begin{pmatrix} 2c_1 + \dfrac{5}{3}c_2 \\ -2c_1 - \dfrac{4}{3}c_2 \\ c_1 \\ c_2 \end{pmatrix} = c_1 \begin{pmatrix} 2 \\ -2 \\ 1 \\ 0 \end{pmatrix} + c_2 \begin{pmatrix} \dfrac{5}{3} \\ -\dfrac{4}{3} \\ 0 \\ 1 \end{pmatrix}$$

例 3.10 解方程组:

$$\begin{cases} x_1 - 2x_2 + 3x_3 - 4x_4 = 4 \\ \qquad x_2 - x_3 + x_4 = -3 \\ x_1 + 3x_2 \qquad - 3x_4 = 1 \\ \quad -7x_2 + 3x_3 + x_4 = -3 \end{cases}$$

解 对增广矩阵 $\overline{A}$ 实施初等行变换化为行最简矩阵:

$$\overline{\boldsymbol{A}} = \begin{pmatrix} 1 & -2 & 3 & -4 & 4 \\ 0 & 1 & -1 & 1 & -3 \\ 1 & 3 & 0 & -3 & 1 \\ 0 & -7 & 3 & 1 & -3 \end{pmatrix} \xrightarrow{r_3+(-1)r_1} \begin{pmatrix} 1 & -2 & 3 & -4 & 4 \\ 0 & 1 & -1 & 1 & -3 \\ 0 & 5 & -3 & 1 & -3 \\ 0 & -7 & 3 & 1 & -3 \end{pmatrix}$$

$$\xrightarrow[r_4+7r_2]{r_3+(-5)r_2} \begin{pmatrix} 1 & -2 & 3 & -4 & 4 \\ 0 & 1 & -1 & 1 & -3 \\ 0 & 0 & 2 & -4 & 12 \\ 0 & 0 & -4 & 8 & -24 \end{pmatrix} \xrightarrow{r_4+2r_3} \begin{pmatrix} 1 & -2 & 3 & -4 & 4 \\ 0 & 1 & -1 & 1 & -3 \\ 0 & 0 & 2 & -4 & 12 \\ 0 & 0 & 0 & 0 & 0 \end{pmatrix}$$

$$\xrightarrow[\frac{1}{2}r_3]{r_1+2r_2}\begin{pmatrix}1&0&1&-2&-2\\0&1&-1&1&-3\\0&0&1&-2&6\\0&0&0&0&0\end{pmatrix}\xrightarrow[r_2+r_3]{r_1+(-1)r_3}\begin{pmatrix}1&0&0&0&-8\\0&1&0&-1&3\\0&0&1&-2&6\\0&0&0&0&0\end{pmatrix}$$

从最后一个矩阵可以得到原方程组的同解方程组

$$\begin{cases}x_1=-8\\x_2-x_4=3\\x_3-2x_4=6\end{cases}\quad（取 x_4 为自由未知量）$$

令 $x_4=c$，则方程组的解可写成通常的参数形式

$$\begin{cases}x_1=-8\\x_2=c+3\\x_3=2c+6\\x_4=c\end{cases}$$

其中 c 为任意常数，或写成

$$\begin{pmatrix}x_1\\x_2\\x_3\\x_4\end{pmatrix}=\begin{pmatrix}-8\\c+3\\2c+6\\c\end{pmatrix}=c\begin{pmatrix}0\\1\\2\\1\end{pmatrix}+\begin{pmatrix}-8\\3\\6\\0\end{pmatrix}$$

例 3.11　解非齐次线性方程组：

$$\begin{cases}x_1+x_2+2x_3+3x_4=1\\x_2+x_3-4x_4=1\\x_1+2x_2+3x_3-x_4=4\\2x_1+3x_2-x_3-x_4=-6\end{cases}$$

解　对增广矩阵 $\overline{A}$ 施行初等行变换，

$$\overline{\boldsymbol{A}}=\begin{pmatrix}1&1&2&3&1\\0&1&1&-4&1\\1&2&3&-1&4\\2&3&-1&-1&-6\end{pmatrix}\xrightarrow[r_4+(-2)r_1]{r_3+(-1)r_1}\begin{pmatrix}1&1&2&3&1\\0&1&1&-4&1\\0&1&1&-4&3\\0&1&-5&-7&-8\end{pmatrix}$$

$$\xrightarrow[r_4+(-1)r_2]{r_3+(-1)r_2}\begin{pmatrix}1&1&2&3&1\\0&1&1&-4&1\\0&0&0&0&2\\0&0&-6&-3&-9\end{pmatrix}\xrightarrow{r_3\leftrightarrow r_4}\begin{pmatrix}1&1&2&3&1\\0&1&1&-4&1\\0&0&-6&-3&-9\\0&0&0&0&2\end{pmatrix}$$

因为 $R(\boldsymbol{A})=3, R(\overline{\boldsymbol{A}})=4$，所以原方程无解.

例 3.12　λ 取何值时，线性方程组：

$$\begin{cases} x_1 - x_2 + x_3 = 1 \\ x_1 + \lambda x_2 + x_3 = 1 \\ 2x_1 + 2\lambda x_2 + (\lambda+4)x_3 = 3 \end{cases}$$

（1）有唯一解；（2）无解；（3）有无限多个解？并在有无限多解时求其通解.

解 （解法一） 对增广矩阵 $\overline{A}$ 施行初等行变换化为行阶梯矩阵，有

$$\overline{A} = \begin{pmatrix} 1 & -1 & 1 & 1 \\ 1 & \lambda & 1 & 1 \\ 2 & 2\lambda & \lambda+4 & 3 \end{pmatrix} \xrightarrow{r_3+(-2)r_2} \begin{pmatrix} 1 & -1 & 1 & 1 \\ 1 & \lambda & 1 & 1 \\ 0 & 0 & \lambda+2 & 1 \end{pmatrix}$$

$$\xrightarrow{r_2+(-1)r_1} \begin{pmatrix} 1 & -1 & 1 & 1 \\ 0 & \lambda+1 & 0 & 0 \\ 0 & 0 & \lambda+2 & 1 \end{pmatrix}$$

（1）当 $\lambda \neq -1$ 且 $\lambda \neq -2$ 时，$R(A) = R(\overline{A}) = 3$，方程组有唯一解；

（2）当 $\lambda = -2$ 时 $R(A) \neq R(\overline{A})$，方程组无解；

（3）当 $\lambda = -1$ 时，$R(A) = R(\overline{A}) = 2$，方程组有无穷多个解. 此时

$$\overline{A} \to \begin{pmatrix} 1 & -1 & 1 & 1 \\ 0 & 0 & 0 & 0 \\ 0 & 0 & 1 & 1 \end{pmatrix} \to \begin{pmatrix} 1 & -1 & 1 & 1 \\ 0 & 0 & 1 & 1 \\ 0 & 0 & 0 & 0 \end{pmatrix} \to \begin{pmatrix} 1 & -1 & 0 & 0 \\ 0 & 0 & 1 & 1 \\ 0 & 0 & 0 & 0 \end{pmatrix}$$

由此得到通解

$$\begin{cases} x_1 = x_2 \\ x_3 = 1 \end{cases} \quad \text{（取 } x_2 \text{ 为自由未知数）}$$

即

$$\begin{pmatrix} x_1 \\ x_2 \\ x_3 \end{pmatrix} = c\begin{pmatrix} 1 \\ 1 \\ 0 \end{pmatrix} + \begin{pmatrix} 0 \\ 0 \\ 1 \end{pmatrix}, \quad (c \in \mathbf{R})$$

（解法二） 因方程组系数矩阵 A 为方阵，故此方程组有唯一解的充分必要条件是系数行列式 $|A| \neq 0$. 而

$$|A| = \begin{vmatrix} 1 & -1 & 1 \\ 1 & \lambda & 1 \\ 2 & 2\lambda & \lambda+4 \end{vmatrix} = \begin{vmatrix} 1 & -1 & 1 \\ 0 & \lambda+1 & 0 \\ 0 & 0 & \lambda+2 \end{vmatrix} = (\lambda+1)(\lambda+2)$$

因此，当 $\lambda \neq -1$ 且 $\lambda \neq -2$ 时，方程组有唯一解.

当 $\lambda = -2$ 时，

$$\overline{A} = \begin{pmatrix} 1 & -1 & 1 & 1 \\ 1 & -2 & 1 & 1 \\ 2 & -4 & 2 & 3 \end{pmatrix} \to \begin{pmatrix} 1 & -1 & 1 & 1 \\ 0 & -1 & 0 & 0 \\ 0 & 0 & 0 & 1 \end{pmatrix}$$

知 $R(\boldsymbol{A})=2, R(\overline{\boldsymbol{A}})=3$，故方程组无解.

当 $\lambda=-1$ 时，

$$\overline{\boldsymbol{A}}=\begin{pmatrix}1 & -1 & 1 & 1\\ 1 & -1 & 1 & 1\\ 2 & -2 & 3 & 3\end{pmatrix}\to\begin{pmatrix}1 & -1 & 0 & 0\\ 0 & 0 & 1 & 1\\ 0 & 0 & 0 & 0\end{pmatrix}$$

知 $R(\boldsymbol{A})=R(\overline{\boldsymbol{A}})=2$，故方程组有无穷多个解，且通解为

$$\begin{pmatrix}x_1\\ x_2\\ x_3\end{pmatrix}=c\begin{pmatrix}1\\ 1\\ 0\end{pmatrix}+\begin{pmatrix}0\\ 0\\ 1\end{pmatrix},\quad (c\in\mathbf{R})$$

值得注意的是：解法二只适用于方程组的系数矩阵为方阵的情形.

习题三

1. 设

$$\boldsymbol{A}=\begin{pmatrix}1 & -1 & 2 & 1 & 0\\ 2 & -2 & 4 & 2 & 0\\ 3 & 0 & 6 & -1 & 1\\ 0 & 3 & 0 & 0 & 1\end{pmatrix}$$

求 $r(\boldsymbol{A})$，并将其化成行最简形式.

2. 设 $\boldsymbol{A}=\begin{pmatrix}1 & 2 & 3\\ -3 & 0 & 1\\ 2 & 1 & 1\end{pmatrix}$，求 $r(\boldsymbol{A})$.

3. 用初等行变换的方法计算 $\boldsymbol{A}=\begin{pmatrix}1 & 1 & 1\\ 1 & 2 & 1\\ 1 & 1 & 3\end{pmatrix}$ 的逆矩阵.

4. 设 $\boldsymbol{A}=\begin{pmatrix}2 & 2 & 3\\ 1 & -1 & 0\\ -1 & 2 & 1\end{pmatrix}$，利用矩阵的初等变换求 $\boldsymbol{A}^{-1}$.

5. 用初等变换方法求矩阵 $\boldsymbol{A}=\begin{pmatrix}1 & 2 & 3\\ 4 & 5 & 8\\ 3 & 4 & 6\end{pmatrix}$ 的逆矩阵.

6. 解线性方程组：

$$\begin{cases}2x_1+x_2-x_3+x_4=1\\ 3x_1-2x_2+x_3-3x_4=4\\ x_1+4x_2-3x_3+5x_4=-2\end{cases}$$

7. 求解非齐次线性方程组

$$\begin{cases} x_1 + x_2 \qquad\quad -2x_4 = -6 \\ 4x_1 - x_2 - x_3 - x_4 = 1 \\ 3x_1 - x_2 - x_3 \qquad\quad = 3 \end{cases}$$

8. 已知线性方程组

$$\begin{cases} x_1 + x_2 + x_3 + x_4 + x_5 = a \\ 3x_1 + 2x_2 + x_3 + x_4 - 3x_5 = 0 \\ \qquad x_2 + 2x_3 + 2x_4 + 6x_5 = b \\ 5x_1 + 4x_2 + 3x_3 + 3x_4 - x_5 = 2 \end{cases}$$

（1） a,b 为何值时，方程组有解?

（2）方程组有解时，求出其通解.

9. 设矩阵

$$\boldsymbol{A} = \begin{pmatrix} k & 1 & 1 & 1 \\ 1 & k & 1 & 1 \\ 1 & 1 & k & 1 \\ 1 & 1 & 1 & k \end{pmatrix}$$

的秩为 3，求 k.

10. 设秩 $r(\boldsymbol{A}) = 2$，求 x , y 的值，其中

$$A = \begin{pmatrix} 1 & 1 & 1 & 1 & 1 \\ 3 & 2 & 1 & -3 & x \\ 0 & 1 & 2 & 6 & 3 \\ 5 & 4 & 3 & -1 & y \end{pmatrix}$$

11. 利用逆矩阵解方程组:

$$\begin{cases} x_1 + 2x_2 + 3x_3 = 1 \\ 2x_1 + 2x_2 + 5x_3 = 2 \\ 3x_1 + 5x_2 + x_3 = 3 \end{cases}$$

12. 解线性方程组:

$$\begin{cases} 3x_1 - 5x_2 + x_3 - 2x_4 = 0 \\ 2x_1 + 3x_2 - 5x_3 + x_4 = 0 \\ -x_1 + 7x_2 - 4x_3 + 3x_4 = 0 \\ 4x_1 + 15x_2 - 7x_3 + 9x_4 = 0 \end{cases}$$

13. 当 λ 为何值时，线性方程组:

$$\begin{cases} \lambda x_1 + x_2 + x_3 = 1 \\ x_1 + \lambda x_2 + x_3 = \lambda \\ x_1 + x_2 + \lambda x_3 = \lambda^2 \end{cases}$$

有唯一解？无解？有无穷多解？在有无穷解时，求其通解.

14. 试问 k 为何值时，方程组：

$$\begin{cases} kx_1 \qquad + x_3 = 0 \\ 2x_1 + kx_2 + x_3 = 0 \\ kx_1 - 2x_2 + x_3 = 0 \end{cases}$$

有非零解？并求解.

15. 证明线性方程组：

$$\begin{cases} x_1 + x_2 = 1 \\ ax_1 + bx_2 = c \\ a^2x_1 + b^2x_2 = c^2 \end{cases} \qquad \text{（其中 } a,b,c \text{ 各不相同）}$$

无解.

16. 证明方程组：

$$\begin{cases} x_1 \qquad + 2x_3 + 4x_4 = a + 2c \\ 2x_1 + 2x_2 + 4x_3 + 8x_4 = 2a + b \\ -x_1 - 2x_2 + x_3 + 2x_4 = -a - b + c \\ 2x_1 \qquad + 7x_3 + 14x_4 = 3a + b + 2c - d \end{cases}$$

有解的充要条件是 $a + b - c - d = 0$.

17. 确定 λ 的值，使矩阵

$$\begin{pmatrix} 3 & 1 & 1 & 4 \\ \lambda & 4 & 10 & 1 \\ 1 & 7 & 17 & 3 \\ 2 & 2 & 4 & 3 \end{pmatrix}$$

的秩最小.

第四章　向量组的线性相关性

第一节　向量组及其线性组合

一、n 维向量的概念

定义 4.1　由 n 个数 $a_1,a_2,\cdots,a_n$ 组成的有序数组，叫做 **n 维向量**，称 a_i 为向量 $\boldsymbol{a}$ 的第 i 个分量. n 维向量可写成一列，也可写成一行，分别称为**列向量**和**行向量**，并分别记成

$$\boldsymbol{a}=\begin{pmatrix}a_1\\a_2\\\vdots\\a_n\end{pmatrix} \quad 和 \quad \boldsymbol{a}^{\mathrm{T}}=(a_1,a_2,\cdots,a_n)$$

本书中，列向量用字母 $\boldsymbol{a},\boldsymbol{b},\boldsymbol{\alpha},\boldsymbol{\beta}$ 等表示，行向量则用 $\boldsymbol{a}^{\mathrm{T}},\boldsymbol{b}^{\mathrm{T}},\boldsymbol{\alpha}^{\mathrm{T}},\boldsymbol{\beta}^{\mathrm{T}}$ 等表示. 向量在没有指明是行向量还是列向量时，默认为列向量.

规定：零向量 $\boldsymbol{0}^{\mathrm{T}}=(0,0,\cdots,0)$，负向量 $-\boldsymbol{a}^{\mathrm{T}}=(-a_1,-a_2,\cdots,-a_n)$.

若干个同维数的列向量（或同维数的行向量）所组成的集合叫做**向量组**. 例如，一个 $m\times n$ 矩阵的全体列向量是一个含 n 个 m 维列向量的向量组，它的全体行向量是一个含 m 个 n 维行向量的向量组. 又如，$\boldsymbol{A}_{m\times n}\boldsymbol{x}=\boldsymbol{0}$ 的全体解当 $R(\boldsymbol{A})<n$ 时是一个含无限多个 n 维列向量的向量组.

我们前面学过的线性方程组又可以写成矩阵的形式 $\boldsymbol{Ax}=\boldsymbol{b}$，而且矩阵又可以写成向量组的形式，所以方程组也可以写成向量的形式 $x_1\boldsymbol{a}_1+x_2\boldsymbol{a}_2+\cdots+x_n\boldsymbol{a}_n=\boldsymbol{b}$. 由此可见，线性方程组 $\boldsymbol{Ax}=\boldsymbol{b}$ 与其增广矩阵 $\boldsymbol{B}=(\boldsymbol{A},\boldsymbol{b})$ 的列向量组 $\boldsymbol{a}_1,\boldsymbol{a}_2,\cdots,\boldsymbol{a}_n,\boldsymbol{b}$ 之间也有一一对应的关系.

二、向量组的线性组合

定义 4.2　设有 n 维向量组 $\boldsymbol{\alpha}_1,\boldsymbol{\alpha}_2,\cdots,\boldsymbol{\alpha}_m$ 及 $\boldsymbol{\beta}$，若存在数 $\lambda_1,\lambda_2,\cdots,\lambda_m$，使得关系式

$$\boldsymbol{\beta}=\lambda_1\boldsymbol{\alpha}_1+\lambda_2\boldsymbol{\alpha}_2+\cdots+\lambda_m\boldsymbol{\alpha}_m$$

成立，则称向量 $\boldsymbol{\beta}$ 是向量组 $\boldsymbol{\alpha}_1,\boldsymbol{\alpha}_2,\cdots,\boldsymbol{\alpha}_m$ 的一个**线性组合**，也称向量 $\boldsymbol{\beta}$ 可由向量组 $\boldsymbol{\alpha}_1,\boldsymbol{\alpha}_2,\cdots,\boldsymbol{\alpha}_m$ 线性表示.

例如，向量组

$$\boldsymbol{\alpha}_1=\begin{pmatrix}1\\2\\-1\end{pmatrix},\quad \boldsymbol{\alpha}_2=\begin{pmatrix}0\\-1\\1\end{pmatrix},\quad \boldsymbol{\beta}=\begin{pmatrix}2\\3\\-1\end{pmatrix}$$

有 $\boldsymbol{\beta}=2\boldsymbol{\alpha}_1+\boldsymbol{\alpha}_2$，即 $\boldsymbol{\beta}$ 是向量组 $\boldsymbol{\alpha}_1,\boldsymbol{\alpha}_2$ 的一个线性组合，也称向量 $\boldsymbol{\beta}$ 可由向量组 $\boldsymbol{\alpha}_1,\boldsymbol{\alpha}_2$ 线性表示.

任何一个 n 维向量 $\boldsymbol{\alpha}=(a_1,a_2,\cdots,a_n)^{\mathrm T}$ 都是 n 维单位坐标向量组：$\boldsymbol{e}_1=(1,0,\cdots,0)$, $\boldsymbol{e}_2=(0,1,\cdots,0),\cdots,\boldsymbol{e}_n=(0,0,\cdots,1)$ 的线性组合，即

$$\boldsymbol{\alpha}=a_1\boldsymbol{e}_1+a_2\boldsymbol{e}_2+\cdots+a_n\boldsymbol{e}_n$$

向量组 $\boldsymbol{\alpha}_1,\boldsymbol{\alpha}_2,\cdots,\boldsymbol{\alpha}_s$ 中的任一向量 $\boldsymbol{\alpha}_i$ $(1\leqslant i\leqslant s)$ 都可由该向量组线性表示，即

$$\boldsymbol{\alpha}_i=0\boldsymbol{\alpha}_1+\cdots+1\boldsymbol{\alpha}_i+\cdots+0\boldsymbol{\alpha}_s$$

显然，n 维零向量可由任意 n 维向量组线性表示.

一般地，向量 $\boldsymbol{b}$ 能由向量组 A：$\boldsymbol{a}_1, \boldsymbol{a}_2, \cdots, \boldsymbol{a}_m$ 线性表示的充分必要条件是非齐次线性方程组 $x_1\boldsymbol{a}_1+x_2\boldsymbol{a}_2+\cdots+x_m\boldsymbol{a}_m=\boldsymbol{b}$ 有解. 据定理 3.5，所以有

定理 4.1 向量 $\boldsymbol{b}$ 能由向量组 A 线性表示的充分必要条件是 $R(\boldsymbol{A})=R(\boldsymbol{B})$，其中矩阵 $\boldsymbol{A}=(\boldsymbol{a}_1,\boldsymbol{a}_2,\cdots,\boldsymbol{a}_m)$，$\boldsymbol{B}=(\boldsymbol{a}_1,\boldsymbol{a}_2,\cdots,\boldsymbol{a}_m,\boldsymbol{b})$.

例 4.1 设向量 $\boldsymbol{b}=\begin{pmatrix}2\\6\\8\\7\end{pmatrix}$，向量组 A：$\boldsymbol{a}_1=\begin{pmatrix}1\\3\\2\\0\end{pmatrix}$，$\boldsymbol{a}_2=\begin{pmatrix}-2\\-1\\1\\5\end{pmatrix}$，$\boldsymbol{a}_3=\begin{pmatrix}3\\5\\2\\-4\end{pmatrix}$，$\boldsymbol{a}_4=\begin{pmatrix}-1\\-3\\-2\\5\end{pmatrix}$. 问向量 $\boldsymbol{b}$ 能否由向量组 A 线性表示?

解 因为

$$\boldsymbol{B}=\begin{pmatrix}1&-2&3&-1&2\\3&-1&5&-3&6\\2&1&2&-2&8\\0&5&-4&5&7\end{pmatrix}\sim\begin{pmatrix}1&-2&3&-1&2\\0&5&-4&0&0\\0&0&0&5&7\\0&0&0&0&4\end{pmatrix}$$

由此可知，$R(\boldsymbol{A})=3$，$R(\boldsymbol{B})=4$，即 $R(\boldsymbol{A})\neq R(\boldsymbol{B})$，因此向量 $\boldsymbol{b}$ 不能由向量组 A 线性表示.

定义 4.3 设有向量组 A：$\boldsymbol{a}_1,\boldsymbol{a}_2,\cdots,\boldsymbol{a}_m$ 和向量组 B：$\boldsymbol{b}_1,\boldsymbol{b}_2,\cdots,\boldsymbol{b}_s$，如果向量组 B 的每个向量都能由向量组 A 线性表示，那么称**向量组 B 能由向量组 A 线性表示**. 若向量组 A 与向量组 B 能互相线性表示，则称这两个**向量组等价**.

把向量组 A 和 B 所构成的矩阵依次记作 $\boldsymbol{A}=(\boldsymbol{a}_1,\boldsymbol{a}_2,\cdots,\boldsymbol{a}_m)$ 和 $\boldsymbol{B}=(\boldsymbol{b}_1,\boldsymbol{b}_2,\cdots,\boldsymbol{b}_s)$，$B$ 组能由 A 组线性表示，即对 B 组的每个向量 $\boldsymbol{b}_j\,(j=1,2,\cdots,s)$ 存在数 $k_{1j},k_{2j},\cdots,k_{mj}$，使

$$\boldsymbol{b}_j=k_{1j}\boldsymbol{a}_1+k_{2j}\boldsymbol{a}_2+\cdots+k_{mj}\boldsymbol{a}_m=(\boldsymbol{a}_1,\boldsymbol{a}_2,\cdots,\boldsymbol{a}_m)\begin{pmatrix}k_{1j}\\k_{2j}\\\vdots\\k_{mj}\end{pmatrix}$$

从而

$$(\boldsymbol{b}_1,\boldsymbol{b}_2,\cdots,\boldsymbol{b}_s)=(\boldsymbol{a}_1,\boldsymbol{a}_2,\cdots,\boldsymbol{a}_m)\begin{pmatrix} k_{11} & k_{12} & \cdots & k_{1s} \\ k_{21} & k_{22} & \cdots & k_{2s} \\ \vdots & \vdots & & \vdots \\ k_{m1} & k_{m2} & \cdots & k_{ms} \end{pmatrix}$$

这里，矩阵 $\boldsymbol{K}_{m\times s}=(k_{ij})$ 称为这一线性表示的**系数矩阵**.

由此可知，若 $\boldsymbol{C}_{m\times n}=\boldsymbol{A}_{m\times s}\boldsymbol{B}_{s\times n}$，则矩阵 $\boldsymbol{C}$ 的列向量组能由 $\boldsymbol{A}$ 的列向量组线性表示，$\boldsymbol{B}$ 为这一表示的系数矩阵:

$$(\boldsymbol{c}_1,\boldsymbol{c}_2,\cdots,\boldsymbol{c}_n)=(\boldsymbol{a}_1,\boldsymbol{a}_2,\cdots,\boldsymbol{a}_s)\begin{pmatrix} b_{11} & b_{12} & \cdots & b_{1n} \\ b_{21} & b_{22} & \cdots & b_{2n} \\ \vdots & \vdots & & \vdots \\ b_{s1} & b_{s2} & \cdots & b_{sn} \end{pmatrix}$$

同时，$\boldsymbol{C}$ 的行向量组能由 $\boldsymbol{B}$ 的行向量组线性表示，$\boldsymbol{A}$ 为这一表示的系数矩阵:

$$\begin{pmatrix} \boldsymbol{\gamma}_1^{\mathrm{T}} \\ \boldsymbol{\gamma}_2^{\mathrm{T}} \\ \vdots \\ \boldsymbol{\gamma}_m^{\mathrm{T}} \end{pmatrix}=\begin{pmatrix} a_{11} & a_{12} & \cdots & a_{1s} \\ a_{21} & a_{22} & \cdots & a_{2s} \\ \vdots & \vdots & & \vdots \\ a_{m1} & a_{m2} & \cdots & a_{ms} \end{pmatrix}\begin{pmatrix} \boldsymbol{\beta}_1^{\mathrm{T}} \\ \boldsymbol{\beta}_2^{\mathrm{T}} \\ \vdots \\ \boldsymbol{\beta}_s^{\mathrm{T}} \end{pmatrix}$$

综合上面的讨论，我们得出矩阵 $\boldsymbol{A}$ 经过初等行变换变成矩阵 $\boldsymbol{B}$，则 $\boldsymbol{B}$ 的每个行向量都是 $\boldsymbol{A}$ 的行向量的线性组合，即 $\boldsymbol{B}$ 的行向量组能由 $\boldsymbol{A}$ 的行向量线性表示. 由于初等变换可逆，则矩阵 $\boldsymbol{B}$ 亦可经初等行变换变为 $\boldsymbol{A}$，从而 $\boldsymbol{A}$ 的行向量组也能由 $\boldsymbol{B}$ 的行向量组线性表示. 于是 $\boldsymbol{A}$ 的行向量组与 $\boldsymbol{B}$ 的行向量组等价.

同理可知，若矩阵 $\boldsymbol{A}$ 经过初等列变换变成矩阵 $\boldsymbol{B}$，则 $\boldsymbol{A}$ 的列向量组与 $\boldsymbol{B}$ 的列向量组等价.

等价矩阵所对应的线性方程组是同解方程组，因此立即可得:

定理 4.2　向量组 B: $\boldsymbol{b}_1,\boldsymbol{b}_2,\cdots,\boldsymbol{b}_s$ 能由向量组 A: $\boldsymbol{a}_1,\boldsymbol{a}_2,\cdots,\boldsymbol{a}_m$ 线性表示的充分必要条件是

$$R(\boldsymbol{A})=R(\boldsymbol{A},\boldsymbol{B})$$

推论　向量组 A: $\boldsymbol{a}_1,\boldsymbol{a}_2,\cdots,\boldsymbol{a}_m$ 与向量组 B: $\boldsymbol{b}_1,\boldsymbol{b}_2,\cdots,\boldsymbol{b}_s$ 等价的充分必要条件是

$$R(\boldsymbol{A})=R(\boldsymbol{B})=R(\boldsymbol{A},\boldsymbol{B})$$

定理 4.3　向量组 B: $\boldsymbol{b}_1,\boldsymbol{b}_2,\cdots,\boldsymbol{b}_s$ 能由向量组 A: $\boldsymbol{a}_1,\boldsymbol{a}_2,\cdots,\boldsymbol{a}_m$ 线性表示，则

$$R(\boldsymbol{B})\leqslant R(\boldsymbol{A})$$

第二节　向量组的线性相关性

定义 4.4　设有 n 维向量组 $\boldsymbol{\alpha}_1,\boldsymbol{\alpha}_2,\cdots,\boldsymbol{\alpha}_m$，若存在一组不全为零的数 $k_1,k_2,\cdots,k_m$，使得关系式

$$k_1\boldsymbol{\alpha}_1+k_2\boldsymbol{\alpha}_2+\cdots+k_m\boldsymbol{\alpha}_m=\boldsymbol{0}$$

成立，则称向量组 $\boldsymbol{\alpha}_1,\boldsymbol{\alpha}_2,\cdots,\boldsymbol{\alpha}_m$ 线性相关；当且仅当 $k_1=k_2=\cdots=k_m=0$ 时，上述关系才能成立，则称向量组 $\boldsymbol{\alpha}_1,\boldsymbol{\alpha}_2,\cdots,\boldsymbol{\alpha}_m$ 线性无关.

例如，向量组

$$\boldsymbol{\alpha}_1=\begin{pmatrix}1\\2\\1\end{pmatrix},\quad \boldsymbol{\alpha}_2=\begin{pmatrix}2\\4\\2\end{pmatrix}$$

显然，$2\boldsymbol{\alpha}_1-\boldsymbol{\alpha}_2=\mathbf{0}$，所以向量组 $\boldsymbol{\alpha}_1,\boldsymbol{\alpha}_2$ 线性相关. 而向量组

$$\boldsymbol{e}_1=(1,0,\cdots,0)^{\mathrm{T}},\quad \boldsymbol{e}_2=(0,1,\cdots,0)^{\mathrm{T}},\quad \cdots,\quad \boldsymbol{e}_n=(0,0,\cdots,1)^{\mathrm{T}}$$

是线性无关的.

由上述定义可见：

(1) 向量组只含有一个向量 $\boldsymbol{\alpha}$ 时，$\boldsymbol{\alpha}$ 线性无关的充要条件是 $\boldsymbol{\alpha}\neq\mathbf{0}$. 因此，单个零向量是线性相关的，单个非零向量是线性无关的. 进一步还可以推出，包含零向量的任何向量组都是线性相关的. 事实上，对于向量 $\boldsymbol{\alpha}_1,\boldsymbol{\alpha}_2,\cdots,\mathbf{0},\cdots,\boldsymbol{\alpha}_s$ 恒有

$$0\boldsymbol{\alpha}_1+0\boldsymbol{\alpha}_2+\cdots+k\mathbf{0}+\cdots+0\boldsymbol{\alpha}_s=\mathbf{0}$$

其中 k 可以是任意不为零的数，故该向量组线性相关.

(2) 含两个向量的向量组线性相关的充要条件是这两个向量的对应分量成比例. 两个向量线性相关的几何意义是这两个向量共线.

(3) 三个向量线性相关的几何意义是这三个向量共面.

(4) 一向量组的某一部分线性相关，则该向量组必线性相关.

这是因为，设向量组 $\boldsymbol{\alpha}_1,\boldsymbol{\alpha}_2,\cdots,\boldsymbol{\alpha}_m$ 中的一个部分组 $\boldsymbol{\alpha}_1,\boldsymbol{\alpha}_2,\cdots,\boldsymbol{\alpha}_r$（$r\leqslant m$）线性相关，由定义 4.4 可知必存在不全为零的数 $k_1,k_2,\cdots,k_r$，使得

$$k_1\boldsymbol{\alpha}_1+k_2\boldsymbol{\alpha}_2+\cdots+k_r\boldsymbol{\alpha}_r=\mathbf{0}$$

因而存在一组不全为零的数 $k_1,k_2,\cdots,k_r,0,\cdots,0$，使得

$$k_1\boldsymbol{\alpha}_1+k_2\boldsymbol{\alpha}_2+\cdots+k_r\boldsymbol{\alpha}_r+0\boldsymbol{\alpha}_{r+1}+\cdots+0\boldsymbol{\alpha}_m=\mathbf{0}$$

即 $\boldsymbol{\alpha}_1,\boldsymbol{\alpha}_2,\cdots,\boldsymbol{\alpha}_m$ 线性相关.

结论 (4) 等价于：线性无关向量组的任何一个部分组也线性无关.

例 4.2　行向量组 $\boldsymbol{\alpha}_1,\boldsymbol{\alpha}_2,\boldsymbol{\alpha}_3$ 线性无关，证明向量组 $\boldsymbol{\beta}_1=\boldsymbol{\alpha}_1+\boldsymbol{\alpha}_2$，$\boldsymbol{\beta}_2=\boldsymbol{\alpha}_2+\boldsymbol{\alpha}_3$，$\boldsymbol{\beta}_3=\boldsymbol{\alpha}_3+\boldsymbol{\alpha}_1$ 也线性无关.

证明　设有一组常数 k_1,k_2,k_3，使得

$$k_1\boldsymbol{\beta}_1+k_2\boldsymbol{\beta}_2+k_3\boldsymbol{\beta}_3=\mathbf{0}$$

得

$$k_1(\boldsymbol{\alpha}_1+\boldsymbol{\alpha}_2)+k_2(\boldsymbol{\alpha}_2+\boldsymbol{\alpha}_3)+k_3(\boldsymbol{\alpha}_3+\boldsymbol{\alpha}_1)=\mathbf{0}$$

即

$$(k_1+k_3)\boldsymbol{\alpha}_1+(k_1+k_2)\boldsymbol{\alpha}_2+(k_2+k_3)\boldsymbol{\alpha}_3=\mathbf{0}$$

由 $\boldsymbol{\alpha}_1,\boldsymbol{\alpha}_2,\boldsymbol{\alpha}_3$ 线性无关，得

$$\begin{cases} k_1+k_3=0 \\ k_1+k_2=0 \\ k_2+k_3=0 \end{cases}$$

此线性方程只有零解 $k_1=k_2=k_3=0$，故 $\boldsymbol{\beta}_1,\boldsymbol{\beta}_2,\boldsymbol{\beta}_3$ 线性无关.

例 4.3 n 维向量组 $\boldsymbol{\alpha}_1,\boldsymbol{\alpha}_2,\cdots,\boldsymbol{\alpha}_m$ 是一组两两正交的非零向量，那么必有 $\boldsymbol{\alpha}_1,\boldsymbol{\alpha}_2,\cdots,\boldsymbol{\alpha}_m$ 线性无关.

证明 设有 $k_1,k_2,\cdots,k_m$，使得

$$k_1\boldsymbol{\alpha}_1+k_2\boldsymbol{\alpha}_2+\cdots+k_m\boldsymbol{\alpha}_m=\mathbf{0}$$

以 $\boldsymbol{\alpha}_1^{\mathrm{T}}$ 右乘上式两端，得

$$k_1\boldsymbol{\alpha}_1\boldsymbol{\alpha}_1^{\mathrm{T}}=\mathbf{0}$$

因 $\boldsymbol{\alpha}_1\neq\mathbf{0}$，故 $\boldsymbol{\alpha}_1\boldsymbol{\alpha}_1^{\mathrm{T}}=\|\boldsymbol{\alpha}_1\|^2\neq 0$，从而必有 $k_1=0$.

类似可证 $k_2=0,\cdots,k_m=0$，于是向量组 $\boldsymbol{\alpha}_1,\boldsymbol{\alpha}_2,\cdots,\boldsymbol{\alpha}_m$ 线性无关.

定理 4.4 向量组 $\boldsymbol{\alpha}_1,\boldsymbol{\alpha}_2,\cdots,\boldsymbol{\alpha}_m$（$m\geqslant 2$）线性相关的充分必要条件是其中至少有一个向量可由其余 $m-1$ 个向量线性表示.

证明 必要性. 设向量组 $\boldsymbol{\alpha}_1,\boldsymbol{\alpha}_2,\cdots,\boldsymbol{\alpha}_m$ 线性相关，由定义可知必存在 m 个不全为零的数 $k_1,k_2,\cdots,k_m$，使得

$$k_1\boldsymbol{\alpha}_1+k_2\boldsymbol{\alpha}_2+\cdots+k_m\boldsymbol{\alpha}_m=\mathbf{0}$$

假设 $k_i\neq 0\ (1\leqslant i\leqslant m)$，于是有

$$\boldsymbol{\alpha}_i=-\frac{k_1}{k_i}\boldsymbol{\alpha}_1-\cdots-\frac{k_{i-1}}{k_i}\boldsymbol{\alpha}_{i-1}-\frac{k_{i+1}}{k_i}\boldsymbol{\alpha}_{i+1}-\cdots-\frac{k_m}{k_i}\boldsymbol{\alpha}_m$$

即 $\boldsymbol{\alpha}_i$ 可由 $\boldsymbol{\alpha}_1,\cdots,\boldsymbol{\alpha}_{i-1},\boldsymbol{\alpha}_{i+1},\cdots,\boldsymbol{\alpha}_m$ 线性表示.

充分性. 设 $\boldsymbol{\alpha}_1,\boldsymbol{\alpha}_2,\cdots,\boldsymbol{\alpha}_m$ 中至少有一个向量可由其余 $m-1$ 个向量线性表示，假设

$$\boldsymbol{\alpha}_j=l_1\boldsymbol{\alpha}_1+\cdots+l_{j-1}\boldsymbol{\alpha}_{j-1}+l_{j+1}\boldsymbol{\alpha}_{j+1}+\cdots+l_m\boldsymbol{\alpha}_m\quad(1\leqslant j\leqslant m)$$

即有

$$l_1\boldsymbol{\alpha}_1+\cdots+l_{j-1}\boldsymbol{\alpha}_{j-1}+(-1)\boldsymbol{\alpha}_j+l_{j+1}\boldsymbol{\alpha}_{j+1}+\cdots+l_m\boldsymbol{\alpha}_m=\mathbf{0}$$

而 $l_1,\cdots,-1,\cdots,l_m$ 是一组不全为零的数，由定义可知 $\boldsymbol{\alpha}_1,\boldsymbol{\alpha}_2,\cdots,\boldsymbol{\alpha}_m$ 线性相关.

例如，向量组

$$\boldsymbol{\alpha}_1=\begin{pmatrix}1\\1\\3\\1\end{pmatrix},\quad \boldsymbol{\alpha}_2=\begin{pmatrix}-1\\1\\-1\\3\end{pmatrix},\quad \boldsymbol{\alpha}_3=\begin{pmatrix}1\\3\\5\\5\end{pmatrix},\quad \boldsymbol{\alpha}_4=\begin{pmatrix}8\\2\\-1\\5\end{pmatrix}$$

有关系式

$$2\boldsymbol{\alpha}_1+\boldsymbol{\alpha}_2-\boldsymbol{\alpha}_3+0\boldsymbol{\alpha}_4=\mathbf{0}$$

所以向量组 $\boldsymbol{\alpha}_1,\boldsymbol{\alpha}_2,\boldsymbol{\alpha}_3,\boldsymbol{\alpha}_4$ 线性相关. 但是这里的向量 $\boldsymbol{\alpha}_4$ 不能由 $\boldsymbol{\alpha}_1,\boldsymbol{\alpha}_2,\boldsymbol{\alpha}_3$ 线性表示. 这说明，线性相关的向量组不是每一个向量都可由其余向量线性表示.

定理 4.5　n 维行向量组 $\boldsymbol{\alpha}_1,\boldsymbol{\alpha}_2,\cdots,\boldsymbol{\alpha}_m$ 线性相关的充分必要条件是以向量 $\boldsymbol{\alpha}_1,\boldsymbol{\alpha}_2,\cdots,\boldsymbol{\alpha}_m$ 为行构成的矩阵 $\boldsymbol{A}$ 的秩小于 m.

证明　必要性. 设 n 维行向量组 $\boldsymbol{\alpha}_1,\boldsymbol{\alpha}_2,\cdots,\boldsymbol{\alpha}_m$ 线性相关，由定理 4.4 可知，其中至少有一个向量可由其余 $m-1$ 个向量线性表示，不妨设

$$\boldsymbol{\alpha}_m = k_1\boldsymbol{\alpha}_1 + k_2\boldsymbol{\alpha}_2 + \cdots + k_{m-1}\boldsymbol{\alpha}_{m-1}$$

则有

$$\boldsymbol{A}=\begin{pmatrix}\boldsymbol{\alpha}_1\\ \boldsymbol{\alpha}_2\\ \vdots\\ \boldsymbol{\alpha}_{m-1}\\ \boldsymbol{\alpha}_m\end{pmatrix}=\begin{pmatrix}\boldsymbol{\alpha}_1\\ \boldsymbol{\alpha}_2\\ \vdots\\ \boldsymbol{\alpha}_{m-1}\\ k_1\boldsymbol{\alpha}_1+\cdots+k_{m-1}\boldsymbol{\alpha}_{m-1}\end{pmatrix}$$

经过矩阵的初等变换，即第 1 行、第 2 行、…、第 $m-1$ 行分别乘以 $-k_1,-k_2,\cdots,-k_{m-1}$ 后加到第 m 行，可得

$$\boldsymbol{A}\to\begin{pmatrix}\boldsymbol{\alpha}_1\\ \boldsymbol{\alpha}_2\\ \vdots\\ \boldsymbol{\alpha}_{m-1}\\ \boldsymbol{0}\end{pmatrix}=\boldsymbol{B}$$

由于初等变换不改变矩阵的秩，于是有

$$R(\boldsymbol{A})=R(\boldsymbol{B})<m$$

充分性. 设 $\boldsymbol{A}=\begin{pmatrix}\boldsymbol{\alpha}_1\\ \boldsymbol{\alpha}_2\\ \vdots\\ \boldsymbol{\alpha}_{m-1}\\ \boldsymbol{\alpha}_m\end{pmatrix}$，且 $R(\boldsymbol{A})=r<m$，则矩阵 $\boldsymbol{A}$ 可经过初等行变换化为阶梯矩阵 $\boldsymbol{B}$，即存在 m 阶可逆矩阵 $\boldsymbol{P}$，使得

$$\boldsymbol{PA}=\boldsymbol{B}$$

且 $R(\boldsymbol{B})=R(\boldsymbol{A})=r<m$，因此 $\boldsymbol{B}$ 中至少最后一行元素为零，即

$$\begin{pmatrix}p_{11} & p_{12} & \cdots & p_{1m}\\ p_{21} & p_{22} & \cdots & p_{2m}\\ \vdots & \vdots & & \vdots\\ p_{m1} & p_{m2} & \cdots & p_{mm}\end{pmatrix}\begin{pmatrix}\boldsymbol{\alpha}_1\\ \boldsymbol{\alpha}_2\\ \vdots\\ \boldsymbol{\alpha}_m\end{pmatrix}=\begin{pmatrix}\boldsymbol{\beta}_1\\ \boldsymbol{\beta}_2\\ \vdots\\ \boldsymbol{0}\end{pmatrix}=\boldsymbol{B}$$

于是有

$$p_{m1}\boldsymbol{\alpha}_1 + p_{m2}\boldsymbol{\alpha}_2 + \cdots + p_{mm}\boldsymbol{\alpha}_m = \mathbf{0}$$

由 $\boldsymbol{P}$ 是可逆矩阵可知 $p_{m1}, p_{m2}, \cdots, p_{mm}$ 不全为零，所以，向量组 $\boldsymbol{\alpha}_1, \boldsymbol{\alpha}_2, \cdots, \boldsymbol{\alpha}_m$ 线性相关.

推论 1 n 维行向量组 $\boldsymbol{\alpha}_1, \boldsymbol{\alpha}_2, \cdots, \boldsymbol{\alpha}_m$ 线性无关的充分必要条件是以向量 $\boldsymbol{\alpha}_1, \boldsymbol{\alpha}_2, \cdots, \boldsymbol{\alpha}_m$ 为行构成的矩阵 $\boldsymbol{A}$ 的秩等于 m.

例如，

$$\begin{pmatrix} \boldsymbol{\beta}_1 \\ \boldsymbol{\beta}_2 \\ \boldsymbol{\beta}_3 \end{pmatrix} = \begin{pmatrix} 1 & 1 & 0 \\ 0 & 1 & 1 \\ 1 & 0 & 1 \end{pmatrix} \begin{pmatrix} \boldsymbol{\alpha}_1 \\ \boldsymbol{\alpha}_2 \\ \boldsymbol{\alpha}_3 \end{pmatrix}$$

记作 $\boldsymbol{B} = \boldsymbol{KA}$. 由计算可得 $|\boldsymbol{K}| = 2 \neq 0$，所以 $\boldsymbol{K}$ 可逆，则 $R(\boldsymbol{B}) = R(\boldsymbol{KA}) = R(\boldsymbol{A})$. 因为 $\boldsymbol{A}$ 的行向量组线性无关，根据推论 1，$R(\boldsymbol{A}) = 3$，从而 $R(\boldsymbol{B}) = 3$. 再根据推论 1，$\boldsymbol{B}$ 的 3 个行向量线性无关，即 $\boldsymbol{\beta}_1, \boldsymbol{\beta}_2, \boldsymbol{\beta}_3$ 线性无关.

推论 2 当 $m > n$ 时，m 个 n 维行向量必线性相关.

这是由于 n 维向量 $\boldsymbol{\alpha}_1, \boldsymbol{\alpha}_2, \cdots, \boldsymbol{\alpha}_m$ 为行构成的矩阵 $\boldsymbol{A}$ 是 $m \times n$ 矩阵，而由于 $m > n$，$R(\boldsymbol{A}) \leqslant \min\{m, n\} < m$，所以 $\boldsymbol{\alpha}_1, \boldsymbol{\alpha}_2, \cdots, \boldsymbol{\alpha}_m$ 必线性相关.

推论 3 n 个 n 维行向量组成的向量组，其线性无关的充分必要条件是以向量 $\boldsymbol{\alpha}_1, \boldsymbol{\alpha}_2, \cdots, \boldsymbol{\alpha}_m$ 为行构成的矩阵 $\boldsymbol{A}$ 可逆，或 $|\boldsymbol{A}| \neq 0$.

推论 4 一组线性无关的 p 维行向量，将每个向量增加 r 个分量后，成为一组 $p+r$ 维向量，则这组向量仍线性无关.

例如，向量组 $\boldsymbol{\alpha}_1 = (1,0,0,8)$，$\boldsymbol{\alpha}_2 = (0,1,0,3)$，$\boldsymbol{\alpha}_3 = (0,0,1,3)$ 线性无关. 这是因为向量 $\boldsymbol{\alpha}_1, \boldsymbol{\alpha}_2, \boldsymbol{\alpha}_3$ 的前 3 个分量所组成的向量组 $\boldsymbol{e}_1 = (1,0,0)$，$\boldsymbol{e}_2 = (0,1,0)$，$\boldsymbol{e}_3 = (0,0,1)$ 线性无关.

定理 4.5 及其推论同样可以用于列向量组的情形.

定义 4.5 以行向量组 $\boldsymbol{\alpha}_1, \boldsymbol{\alpha}_2, \cdots, \boldsymbol{\alpha}_m$ 为行构成的矩阵 $\boldsymbol{A}$ 的秩称为行向量组 $\boldsymbol{\alpha}_1, \boldsymbol{\alpha}_2, \cdots, \boldsymbol{\alpha}_m$ 的秩；以列向量组 $\boldsymbol{\alpha}_1, \boldsymbol{\alpha}_2, \cdots, \boldsymbol{\alpha}_m$ 为列构成的矩阵 $\boldsymbol{A}$ 的秩称为列向量组 $\boldsymbol{\alpha}_1, \boldsymbol{\alpha}_2, \cdots, \boldsymbol{\alpha}_m$ 的秩.

设 $\boldsymbol{A}$ 为 $m \times n$ 矩阵，则矩阵 $\boldsymbol{A}$ 的秩等于它的列向量组的秩，也等于它的行向量组的秩.

由于转置运算不改变矩阵的秩，所以行向量组 $\boldsymbol{\alpha}_1, \boldsymbol{\alpha}_2, \cdots, \boldsymbol{\alpha}_m$ 的秩就等于列向量组 $\boldsymbol{\alpha}_1^{\mathrm{T}}, \boldsymbol{\alpha}_2^{\mathrm{T}}, \cdots, \boldsymbol{\alpha}_m^{\mathrm{T}}$ 的秩，而列向量组 $\boldsymbol{\alpha}_1, \boldsymbol{\alpha}_2, \cdots, \boldsymbol{\alpha}_m$ 的秩就等于行向量组 $\boldsymbol{\alpha}_1^{\mathrm{T}}, \boldsymbol{\alpha}_2^{\mathrm{T}}, \cdots, \boldsymbol{\alpha}_m^{\mathrm{T}}$ 的秩.

例 4.4 判别下列向量组的线性相关性：

（1）$\boldsymbol{\alpha}_1 = (1,2)$，$\boldsymbol{\alpha}_2 = (3,-5)$，$\boldsymbol{\alpha}_3 = (4,1)$；

（2）$\boldsymbol{\alpha}_1 = (1,-1,0,4)^{\mathrm{T}}$，$\boldsymbol{\alpha}_2 = (2,0,3,1)^{\mathrm{T}}$，$\boldsymbol{\alpha}_3 = (1,1,3,-3)^{\mathrm{T}}$；

（3）$\boldsymbol{\alpha}_1 = (1,2,3)$，$\boldsymbol{\alpha}_2 = (2,2,1)$，$\boldsymbol{\alpha}_3 = (3,4,3)$.

解 （1）向量组中含有 3 个 2 维向量，由推论 2 可知 $\boldsymbol{\alpha}_1, \boldsymbol{\alpha}_2, \boldsymbol{\alpha}_3$ 必线性相关.

（2）以 $\boldsymbol{\alpha}_1, \boldsymbol{\alpha}_2, \boldsymbol{\alpha}_3$ 为列构成矩阵

$$\boldsymbol{A} = (\boldsymbol{\alpha}_1 \quad \boldsymbol{\alpha}_2 \quad \boldsymbol{\alpha}_3) = \begin{pmatrix} 1 & 2 & 1 \\ -1 & 0 & 1 \\ 0 & 3 & 3 \\ 4 & 1 & -3 \end{pmatrix} \xrightarrow[r_4+(-4)r_1]{r_2+r_1} \begin{pmatrix} 1 & 2 & 1 \\ 0 & 2 & 2 \\ 0 & 3 & 3 \\ 0 & -7 & -7 \end{pmatrix}$$

$$\xrightarrow[r_4+\frac{7}{2}r_2]{r_3+\left(-\frac{3}{2}\right)r_2}\begin{pmatrix}1&2&1\\0&2&2\\0&0&0\\0&0&0\end{pmatrix}$$

所以 $R(A)=2<3$（向量的个数），所以 $\boldsymbol{\alpha}_1,\boldsymbol{\alpha}_2,\boldsymbol{\alpha}_3$ 必线性相关.

（3）以 $\boldsymbol{\alpha}_1,\boldsymbol{\alpha}_2,\boldsymbol{\alpha}_3$ 为行构成矩阵

$$\boldsymbol{A}=\begin{pmatrix}\boldsymbol{\alpha}_1\\\boldsymbol{\alpha}_2\\\boldsymbol{\alpha}_3\end{pmatrix}=\begin{pmatrix}1&2&3\\2&2&1\\3&4&3\end{pmatrix}$$

而

$$|\boldsymbol{A}|=\begin{vmatrix}1&2&3\\2&2&1\\3&4&3\end{vmatrix}=\begin{vmatrix}1&2&3\\0&-2&-5\\0&-2&-6\end{vmatrix}=\begin{vmatrix}1&2&3\\0&-2&-5\\0&0&-1\end{vmatrix}=2\neq 0$$

可知 $R(\boldsymbol{A})=3$（向量个数），所以 $\boldsymbol{\alpha}_1,\boldsymbol{\alpha}_2,\boldsymbol{\alpha}_3$ 必线性无关.

第三节　向量组的秩

线性相关性及线性表示与秩之间有某种联系，下面给出向量组的秩的概念.

定义 4.6　给定向量组 A，若在 A 中能选出一个含 r 个向量的部分向量组 A_0: $\boldsymbol{a}_1,\boldsymbol{a}_2,\cdots,\boldsymbol{a}_r$，且满足

（1）向量组 A_0 线性无关;

（2）$\boldsymbol{A}$ 中任意 $r+1$ 个向量（如果 A 中有 $r+1$ 个向量的话）都线性相关，

则向量组 A_0 称为向量组 A 的一个**最大线性无关向量组**. A_0 中所含向量的个数 r 称为向量组 A 的**秩**，记作 $R(A)$.

由定义可以得到如下四个结果:

（1）只含零向量的向量组没有最大无关组，规定它的秩为 0.

（2）向量组 A 与它的最大无关组 A_0 等价.

首先: A_0 是 A 的部分组，A_0 能由 A 线性表示.

其次: 任意 $\boldsymbol{a}\in A$，向量组 $\boldsymbol{a}_1,\boldsymbol{a}_2,\cdots,\boldsymbol{a}_r,\boldsymbol{a}$ 线性相关，而 $\boldsymbol{a}_1,\boldsymbol{a}_2,\cdots,\boldsymbol{a}_r$ 线性无关，所以 $\boldsymbol{a}$ 能由 $\boldsymbol{a}_1,\boldsymbol{a}_2,\cdots,\boldsymbol{a}_r$ 线性表示，即 A 能由 A_0 线性表示.

（3）若向量组 A 线性无关，则 A 本身就是最大无关组，它的秩就是本身所含向量的个数.

（4）向量组 A 线性相关的充分必要条件是向量组 A 的秩小于所含向量的个数.

定理 4.6　矩阵的秩等于其列向量组的秩，也等于其行向量组的秩.

证明　设 $\boldsymbol{A}=(\boldsymbol{a}_1,\boldsymbol{a}_2,\cdots,\boldsymbol{a}_m)$，$R(\boldsymbol{A})=r$，并设 r 阶子式 $D_r\neq 0$. 由 $D_r\neq 0$ 知 D_r 所在的 r 列

线性无关；又由 $\boldsymbol{A}$ 中所有 $r+1$ 阶子式均为零，知 $\boldsymbol{A}$ 中任意 $r+1$ 个列向量都线性相关. 因此 D_r 所在的 r 列是 $\boldsymbol{A}$ 的列向量组的一个最大无关组，所以列向量组的秩等于 r.

类似可证矩阵 $\boldsymbol{A}$ 的行向量组的秩也等于 $R(\boldsymbol{A})$.

今后向量组 $\boldsymbol{a}_1,\boldsymbol{a}_2,\cdots,\boldsymbol{a}_m$ 的秩也记作 $R(\boldsymbol{a}_1,\boldsymbol{a}_2,\cdots,\boldsymbol{a}_m)$.

从上述证明中可见：若 D_r 是矩阵 $\boldsymbol{A}$ 的一个最高阶非零子式，则 D_r 所在的 r 列即是 $\boldsymbol{A}$ 的列向量组的一个最大无关组，D_r 所在的 r 行即是 $\boldsymbol{A}$ 的行向量组的一个最大无关组.

必须指出，向量组的最大无关组一般不是唯一的.

例 4.5　设

$$\boldsymbol{a}_1=\begin{pmatrix}1\\1\\1\\0\end{pmatrix},\quad \boldsymbol{a}_2=\begin{pmatrix}1\\1\\0\\0\end{pmatrix},\quad \boldsymbol{a}_3=\begin{pmatrix}3\\3\\2\\0\end{pmatrix},\quad \boldsymbol{a}_4=\begin{pmatrix}1\\0\\0\\0\end{pmatrix},\quad \boldsymbol{a}_5=\begin{pmatrix}3\\2\\1\\0\end{pmatrix}$$

求向量组 $\boldsymbol{a}_1,\boldsymbol{a}_2,\boldsymbol{a}_3,\boldsymbol{a}_4,\boldsymbol{a}_5$ 的一个最大无关组，并把向量组中的向量用最大无关组表示出来.

解

$$(\boldsymbol{a}_1,\boldsymbol{a}_2,\boldsymbol{a}_3,\boldsymbol{a}_4,\boldsymbol{a}_5)=\begin{pmatrix}1&1&3&1&3\\1&1&3&0&2\\1&0&2&0&1\\0&0&0&0&0\end{pmatrix}\xrightarrow[r_3-r_1]{r_2-r_1}\begin{pmatrix}1&1&3&1&3\\0&0&0&-1&-1\\0&-1&-1&-1&-2\\0&0&0&0&0\end{pmatrix}$$

$$\xrightarrow[\substack{(-1)r_2\\(-1)r_3}]{r_2\leftrightarrow r_3}\begin{pmatrix}1&1&3&1&3\\0&1&1&1&2\\0&0&0&1&1\\0&0&0&0&0\end{pmatrix}=(\boldsymbol{b}_1,\boldsymbol{b}_2,\boldsymbol{b}_3,\boldsymbol{b}_4,\boldsymbol{b}_5)$$

其中 $\boldsymbol{b}_1,\boldsymbol{b}_2,\boldsymbol{b}_4$ 线性无关，$R(\boldsymbol{b}_1,\boldsymbol{b}_2,\boldsymbol{b}_3,\boldsymbol{b}_4,\boldsymbol{b}_5)=3$，则 $\boldsymbol{b}_1,\boldsymbol{b}_2,\boldsymbol{b}_4$ 是一个最大无关组.

可以观察出 $\boldsymbol{b}_3=2\boldsymbol{b}_1+\boldsymbol{b}_2$，$\boldsymbol{b}_5=\boldsymbol{b}_1+\boldsymbol{b}_2+\boldsymbol{b}_4$，所以 $\boldsymbol{a}_1,\boldsymbol{a}_2,\boldsymbol{a}_4$ 是一个最大无关组，且

$$\boldsymbol{a}_1=\boldsymbol{a}_1,\quad \boldsymbol{a}_2=\boldsymbol{a}_2,\quad \boldsymbol{a}_3=2\boldsymbol{a}_1+\boldsymbol{a}_2,\quad \boldsymbol{a}_4=\boldsymbol{a}_4,\quad \boldsymbol{a}_5=\boldsymbol{a}_1+\boldsymbol{a}_2+\boldsymbol{a}_4$$

例 4.6　全体 n 维向量构成的向量组记作 $\boldsymbol{R}^n$，求 $\boldsymbol{R}^n$ 的秩.

解　在 $\boldsymbol{R}^n$ 中取部分组 E：

$$\boldsymbol{e}_1=\begin{pmatrix}1\\0\\\vdots\\0\end{pmatrix},\quad \boldsymbol{e}_2=\begin{pmatrix}0\\1\\\vdots\\0\end{pmatrix},\quad \cdots,\quad \boldsymbol{e}_n=\begin{pmatrix}0\\0\\\vdots\\1\end{pmatrix}$$

向量组 E 构成单位矩阵，且其行列式的值为 1，所以向量组 E 线性无关.

又任一 n 维向量 $\boldsymbol{a}=(\lambda_1,\lambda_2,\cdots,\lambda_n)^{\mathrm{T}}$ 可表示为

$$\boldsymbol{a}=\lambda_1\boldsymbol{e}_1+\lambda_2\boldsymbol{e}_2+\cdots+\lambda_n\boldsymbol{e}_n$$

因此 E 是 $\boldsymbol{R}^n$ 的一个最大无关组，$\boldsymbol{R}^n$ 的秩为 n.

显然，$\boldsymbol{R}^n$ 的最大无关组很多，任何 n 个线性无关的 n 维向量都是 $\boldsymbol{R}^n$ 的最大无关组.

例 4.7 设齐次线性方程组

$$\begin{cases} x_1 + \qquad + x_3 - x_4 - 3x_5 = 0 \\ x_1 + 2x_2 - x_3 - \qquad x_5 = 0 \\ 4x_1 + 6x_2 - 2x_3 - 4x_4 + 3x_5 = 0 \\ 2x_1 - 2x_2 + 4x_3 - 7x_4 + 4x_5 = 0 \end{cases}$$

的全体解向量构成的向量组为 S，求 S 的秩.

解 其系数矩阵经初等行变换后可化为

$$\begin{pmatrix} 1 & 0 & 1 & 0 & -6 \\ 0 & 1 & -1 & 0 & \dfrac{5}{2} \\ 0 & 0 & 0 & 1 & -3 \\ 0 & 0 & 0 & 0 & 0 \end{pmatrix}$$

得

$$\begin{cases} x_1 = -x_3 + 6x_5 \\ x_2 = x_3 + \dfrac{5}{2}x_5 \\ x_3 = x_3 \\ x_4 = 3x_5 \\ x_5 = x_5 \end{cases}$$

通解为

$$\begin{pmatrix} x_1 \\ x_2 \\ x_3 \\ x_4 \\ x_5 \end{pmatrix} = c_1 \begin{pmatrix} -1 \\ 1 \\ 1 \\ 0 \\ 0 \end{pmatrix} + c_2 \begin{pmatrix} 6 \\ \dfrac{5}{2} \\ 0 \\ 3 \\ 1 \end{pmatrix}$$

记作

$$\boldsymbol{x} = c_1\boldsymbol{\xi}_1 + c_2\boldsymbol{\xi}_2$$

由此可知

$$S = \{\boldsymbol{x} \mid \boldsymbol{x} = c_1\boldsymbol{\xi}_1 + c_2\boldsymbol{\xi}_2, c_1, c_2 \in \boldsymbol{R}\}$$

即 S 能由向量组 $\boldsymbol{\xi}_1,\boldsymbol{\xi}_2$ 线性表示. 又因 $\boldsymbol{\xi}_1,\boldsymbol{\xi}_2$ 的四个分量不成比例，故 $\boldsymbol{\xi}_1,\boldsymbol{\xi}_2$ 线性无关. 因此 $\boldsymbol{\xi}_1,\boldsymbol{\xi}_2$ 是 S 的最大无关组，$R(\boldsymbol{S}) = 2$.

第四节　线性方程组的解的结构

我们已经介绍了用矩阵的初等变换解线性方程组的方法，并得到两个重要定理：

（1）n 元线性方程组 $\boldsymbol{AX}=\boldsymbol{b}$ 有解的充要条件是：系数矩阵 $\boldsymbol{A}$ 的秩等于增广矩阵 $\boldsymbol{B}=(\boldsymbol{A},\boldsymbol{b})$ 的秩，当 $R(\boldsymbol{A})=R(\boldsymbol{B})=n$ 时，方程组有唯一解；当 $R(\boldsymbol{A})=R(\boldsymbol{B})=r<n$ 时，方程组有无限多解.

（2）n 元齐次线性方程组 $\boldsymbol{AX}=\boldsymbol{0}$ 有非零解的充要条件是系数矩阵 $\boldsymbol{A}$ 的秩 $R(\boldsymbol{A})<n$.

当方程组有无限多解时，我们要讨论线性方程组解的结构，下面先讨论齐次线性方程组的解.

n 元齐次线性方程组

$$\begin{cases} a_{11}x_1+a_{12}x_2+\cdots+a_{1n}x_n=0 \\ a_{21}x_1+a_{22}x_2+\cdots+a_{2n}x_n=0 \\ \cdots\cdots\cdots\cdots \\ a_{m1}x_1+a_{m2}x_2+\cdots+a_{mn}x_n=0 \end{cases} \tag{4.1}$$

的系数矩阵

$$\boldsymbol{A}=\begin{pmatrix} a_{11} & a_{12} & \cdots & a_{1n} \\ a_{21} & a_{22} & \cdots & a_{2n} \\ \vdots & \vdots & & \vdots \\ a_{m1} & a_{m2} & \cdots & a_{mn} \end{pmatrix},\quad \boldsymbol{X}=\begin{pmatrix} x_1 \\ x_2 \\ \vdots \\ x_n \end{pmatrix}$$

则方程组（4.1）可写成矩阵方程：

$$\boldsymbol{AX}=\boldsymbol{0} \tag{4.2}$$

方程组（4.1）的解

$$\boldsymbol{X}=\begin{pmatrix} x_1 \\ x_2 \\ \vdots \\ x_n \end{pmatrix}$$

称为方程组（4.1）的解向量，它就是矩阵方程（4.2）的解.

下面讨论解向量的性质.

性质 1　若 $\boldsymbol{\xi}_1,\boldsymbol{\xi}_2$ 为方程组 $\boldsymbol{AX}=\boldsymbol{0}$ 的解，则 $\boldsymbol{X}=\boldsymbol{\xi}_1+\boldsymbol{\xi}_2$ 也是方程组 $\boldsymbol{AX}=\boldsymbol{0}$ 的解.

证明　因为

$$\boldsymbol{A}(\boldsymbol{\xi}_1+\boldsymbol{\xi}_2)=\boldsymbol{A\xi}_1+\boldsymbol{A\xi}_2=\boldsymbol{0}+\boldsymbol{0}=\boldsymbol{0}$$

所以 $\boldsymbol{X}=\boldsymbol{\xi}_1+\boldsymbol{\xi}_2$ 是方程组 $\boldsymbol{AX}=\boldsymbol{0}$ 的解.

性质 2　若 $\boldsymbol{\xi}_1$ 为方程组 $\boldsymbol{AX}=\boldsymbol{0}$ 的解，k 为实数，则 $\boldsymbol{X}=k\boldsymbol{\xi}_1$ 也是方程组 $\boldsymbol{AX}=\boldsymbol{0}$ 的解.

证明　因为

$$\boldsymbol{A}(k\boldsymbol{\xi}_1)=k\boldsymbol{A\xi}_1=k\cdot\boldsymbol{0}=\boldsymbol{0}$$

所以 $k\boldsymbol{\xi}_1$ 是方程组 $\mathbf{AX}=\mathbf{0}$ 的解.

若把齐次线性方程组（4.1）的全体解所组成的集合记作 S，则有：

当 $R(\boldsymbol{A})=n$ 时，方程组（4.1）只有零解，此时 S 中只含一个零向量；

当 $R(\boldsymbol{A})<n$ 时，方程组（4.1）有无穷多解，S 中含有无穷多个解向量.

如果能求得解集 S 的一个最大无关组 $\boldsymbol{\xi}_1,\boldsymbol{\xi}_2,\cdots,\boldsymbol{\xi}_t$，那么方程组（4.1）的任一解都可由最大无关组线性表示；另一方面，由上述两性质知，最大无关组的任何线性组合

$$\boldsymbol{X}=k_1\boldsymbol{\xi}_1+k_2\boldsymbol{\xi}_2+\cdots+k_t\boldsymbol{\xi}_t$$

都是方程组（4.1）的解. 因此上式就是方程组（4.1）的通解.

齐次线性方程组的解集 S 的最大无关组称为该齐次线性方程组的**基础解系**. 由以上的讨论知，求齐次线性方程组的通解，只需求出它的一个基础解系.

定理 4.7　当 n 元齐次线性方程组 $\boldsymbol{AX}=\mathbf{0}$ 的系数矩阵 $\boldsymbol{A}$ 的秩 $R(\boldsymbol{A})=r<n$ 时，它的基础解系含有 $n-r$ 个解向量.

证明　因 $R(\boldsymbol{A})=r$，不妨设 $\boldsymbol{A}$ 的前 r 列向量线性无关，于是 $\boldsymbol{A}$ 经过初等行变换化为的行最简形矩阵为

$$\begin{pmatrix} 1 & \cdots & 0 & b_{11} & \cdots & b_{1,n-r} \\ \vdots & & \vdots & \vdots & & \vdots \\ 0 & \cdots & 1 & b_{r1} & \cdots & b_{r,n-r} \\ 0 & & & \cdots & & 0 \\ \vdots & & & & & \vdots \\ 0 & & & \cdots & & 0 \end{pmatrix}$$

对应的方程组为

$$\begin{cases} x_1=-b_{11}x_{r+1}-\cdots-b_{1,n-r}x_n \\ \cdots\cdots\cdots\cdots \\ x_r=-b_{r1}x_{r+1}-\cdots-b_{r,n-r}x_n \end{cases} \tag{4.3}$$

取 $x_{r+1},\cdots,x_n$ 为自由未知量（共 $(n-r)$ 个），任给 $x_{r+1},\cdots,x_n$ 一组值，就能唯一确定 $x_1,\cdots,x_r$ 的值，从而得方程组（4.3）的一个解，即方程组（4.1）的解. 令 $x_{r+1},\cdots,x_n$ 分别取下列 $n-r$ 组数：

$$\begin{pmatrix} x_{r+1} \\ x_{r+2} \\ \vdots \\ x_n \end{pmatrix}=\begin{pmatrix} 1 \\ 0 \\ \vdots \\ 0 \end{pmatrix},\quad \begin{pmatrix} 0 \\ 1 \\ \vdots \\ 0 \end{pmatrix},\quad \cdots,\quad \begin{pmatrix} 0 \\ 0 \\ \vdots \\ 1 \end{pmatrix}$$

由方程组（4.3）依次可唯一确定

$$\begin{pmatrix} x_1 \\ \vdots \\ x_r \end{pmatrix}=\begin{pmatrix} -b_{11} \\ \vdots \\ -b_{r1} \end{pmatrix},\quad \begin{pmatrix} -b_{12} \\ \vdots \\ -b_{r2} \end{pmatrix},\quad \cdots,\quad \begin{pmatrix} -b_{1,n-r} \\ \vdots \\ -b_{r,n-r} \end{pmatrix}$$

从而得到方程组（4.3），即方程组（4.1）的 $n-r$ 个解：

$$\boldsymbol{\xi}_1=\begin{pmatrix}-b_{11}\\ \vdots\\ -b_{r1}\\ 1\\ 0\\ \vdots\\ 0\end{pmatrix},\quad \boldsymbol{\xi}_2=\begin{pmatrix}-b_{12}\\ \vdots\\ -b_{r2}\\ 0\\ 1\\ \vdots\\ 0\end{pmatrix},\quad \cdots,\quad \boldsymbol{\xi}_{n-r}=\begin{pmatrix}-b_{1,n-r}\\ \vdots\\ -b_{r,n-r}\\ 0\\ 0\\ \vdots\\ 1\end{pmatrix}$$

下面证明，$\boldsymbol{\xi}_1,\boldsymbol{\xi}_2,\cdots,\boldsymbol{\xi}_{n-r}$ 就是解集 S 的一个基础解系.

首先，由于

$$\begin{pmatrix}1\\ 0\\ \vdots\\ 0\end{pmatrix},\quad \begin{pmatrix}0\\ 1\\ \vdots\\ 0\end{pmatrix},\quad \cdots,\quad \begin{pmatrix}0\\ 0\\ \vdots\\ 1\end{pmatrix}$$

线性无关，所以在每个向量的前面添加 r 个分量得到的 $n-r$ 个 n 维向量 $\xi_1,\xi_2,\cdots,\xi_{n-r}$ 也线性无关.

其次，方程组（4.1）的任一解

$$\boldsymbol{X}=\begin{pmatrix}\lambda_1\\ \vdots\\ \lambda_r\\ \lambda_{r+1}\\ \vdots\\ \lambda_n\end{pmatrix}$$

都可由 $\boldsymbol{\xi}_1,\boldsymbol{\xi}_2,\cdots,\boldsymbol{\xi}_{n-r}$ 线性表示，即

$$\boldsymbol{X}=\lambda_{r+1}\boldsymbol{\xi}_1+\lambda_{r+2}\boldsymbol{\xi}_2+\cdots+\lambda_n\boldsymbol{\xi}_{n-r}$$

因此，$\boldsymbol{\xi}_1,\boldsymbol{\xi}_2,\cdots,\boldsymbol{\xi}_{n-r}$ 是解集 S 的一个基础解系，当 $R(\boldsymbol{A})=r<n$ 时，基础解系中含有 $n-r$ 个解向量，即自由未知量的个数 $n-r$.

此定理的证明给出了求基础解系的一个方法.

例 4.8 求齐次线性方程组

$$\begin{cases}x_1+x_2+x_3+x_4+x_5=0\\ 3x_1+2x_2+x_3+x_4-3x_5=0\\ x_2+2x_3+2x_4+6x_5=0\\ 5x_1+4x_2+3x_3+3x_4-x_5=0\end{cases}$$

的基础解系与通解.

解

$$A=\begin{pmatrix}1&1&1&1&1\\3&2&1&1&-3\\0&1&2&2&6\\5&4&3&3&-1\end{pmatrix}\underset{r_4-5r_1}{\overset{r_2-3r_1}{\sim}}\begin{pmatrix}1&1&1&1&1\\0&-1&-2&-2&-6\\0&1&2&2&6\\0&-1&-2&-2&-6\end{pmatrix}$$

$$\underset{\substack{r_4-r_2\\(-1)r_2}}{\overset{r_3+r_2}{\sim}}\begin{pmatrix}1&1&1&1&1\\0&1&2&2&6\\0&0&0&0&0\\0&0&0&0&0\end{pmatrix}\overset{r_1-r_2}{\sim}\begin{pmatrix}1&0&-1&-1&-5\\0&1&2&2&6\\0&0&0&0&0\\0&0&0&0&0\end{pmatrix}$$

因为 $R(A)=2<5$，方程组有非零解（其中有 $5-2=3$ 个自由未知量）. 对应的方程组为：

$$\begin{cases}x_1-x_3-x_4-5x_5=0\\x_2+2x_3+2x_4+6x_5=0\end{cases}$$

选取 x_3,x_4,x_5 为自由未知量，得

$$\begin{cases}x_1=x_3+x_4+5x_5\\x_2=-2x_3-2x_4-6x_5\end{cases}$$

其中一个基础解系为

$$\boldsymbol{\xi}_1=\begin{pmatrix}1\\-2\\1\\0\\0\end{pmatrix},\quad \boldsymbol{\xi}_2=\begin{pmatrix}1\\-2\\0\\1\\0\end{pmatrix},\quad \boldsymbol{\xi}_3=\begin{pmatrix}5\\-6\\0\\0\\1\end{pmatrix}$$

通解为

$$\boldsymbol{X}=k_1\boldsymbol{\xi}_1+k_2\boldsymbol{\xi}_2+k_3\boldsymbol{\xi}_3=k_1\begin{pmatrix}1\\-2\\1\\0\\0\end{pmatrix}+k_2\begin{pmatrix}1\\-2\\0\\1\\0\end{pmatrix}+k_3\begin{pmatrix}5\\-6\\0\\0\\1\end{pmatrix}\quad（k_1,k_2,k_3\text{为任意常数}）$$

我们知道，齐次线性方程组的基础解系不是唯一的，它与自由未知量的选取及自由未知量的取值都有关.

下面讨论非齐次线性方程组解的结构.

n 元非齐次线性方程组

$$\begin{cases}a_{11}x_1+a_{12}x_2+\cdots+a_{1n}x_n=b_1\\a_{21}x_1+a_{22}x_2+\cdots+a_{2n}x_n=b_2\\\cdots\cdots\cdots\cdots\\a_{m1}x_1+a_{m2}x_2+\cdots+a_{mn}x_n=b_m\end{cases}\tag{4.4}$$

写成矩阵方程为

$$\boldsymbol{AX}=\boldsymbol{b} \tag{4.5}$$

方程（4.5）具有以下性质：

性质 3 设$\boldsymbol{\eta}_1,\boldsymbol{\eta}_2$都是方程组$\boldsymbol{AX}=\boldsymbol{b}$的解，则$\boldsymbol{X}=\boldsymbol{\eta}_1-\boldsymbol{\eta}_2$为对应齐次线性方程组$\boldsymbol{AX}=\boldsymbol{0}$的解.

证明 因为

$$\boldsymbol{A}(\boldsymbol{\eta}_1-\boldsymbol{\eta}_2)=\boldsymbol{A\eta}_1-\boldsymbol{A\eta}_2=\boldsymbol{b}-\boldsymbol{b}=\boldsymbol{0}$$

即$\boldsymbol{X}=\boldsymbol{\eta}_1-\boldsymbol{\eta}_2$满足方程组$\boldsymbol{AX}=\boldsymbol{0}$.

性质 4 设$\boldsymbol{\eta}$是方程组$\boldsymbol{AX}=\boldsymbol{b}$的解，$\boldsymbol{\xi}$是方程组$\boldsymbol{AX}=\boldsymbol{0}$的解，则$\boldsymbol{X}=\boldsymbol{\xi}+\boldsymbol{\eta}$是方程组$\boldsymbol{AX}=\boldsymbol{b}$的解.

证明 因为

$$\boldsymbol{A}(\boldsymbol{\xi}+\boldsymbol{\eta})=\boldsymbol{A\xi}+\boldsymbol{A\eta}=\boldsymbol{0}+\boldsymbol{b}=\boldsymbol{b}$$

即$\boldsymbol{X}=\boldsymbol{\xi}+\boldsymbol{\eta}$满足方程组$\boldsymbol{AX}=\boldsymbol{b}$.

于是可得：

定理 4.8 n元非齐次线性方程组$\boldsymbol{AX}=\boldsymbol{b}$，其中$R(\boldsymbol{A})=r$，它的一个特解为$\boldsymbol{\eta}^*$，对应齐次线性方程组$\boldsymbol{AX}=\boldsymbol{0}$的通解为$\boldsymbol{\xi}=k_1\boldsymbol{\xi}_1+k_2\boldsymbol{\xi}_2+\cdots+k_{n-r}\boldsymbol{\xi}_{n-r}$，则非齐次线性方程组$\boldsymbol{AX}=\boldsymbol{b}$的通解为$\boldsymbol{X}=\boldsymbol{\eta}^*+\boldsymbol{\xi}=\boldsymbol{\eta}^*+k_1\boldsymbol{\xi}_1+k_2\boldsymbol{\xi}_2+\cdots+k_{n-r}\boldsymbol{\xi}_{n-r}$（$k_1,k_2,\cdots,k_{n-r}$为任意常数）.

证明 由性质 4 知：$\boldsymbol{X}=\boldsymbol{\eta}^*+\boldsymbol{\xi}$是非齐次线性方程组$\boldsymbol{AX}=\boldsymbol{b}$的解，又假设$\boldsymbol{X}$是非齐次线性方程组$\boldsymbol{AX}=\boldsymbol{b}$的任一解，由性质 3 知：$\boldsymbol{X}-\boldsymbol{\eta}^*$是对应齐次线性方程组$\boldsymbol{AX}=\boldsymbol{0}$的解，可由基础解系$\boldsymbol{\xi}_1,\boldsymbol{\xi}_2,\cdots,\boldsymbol{\xi}_{n-r}$线性表示，即存在一组数$k_1,k_2,\cdots,k_{n-r}$使得：

$$\boldsymbol{X}-\boldsymbol{\eta}^*=k_1\boldsymbol{\xi}_1+k_2\boldsymbol{\xi}_2+\cdots+k_{n-r}\boldsymbol{\xi}_{n-r}$$

成立，即

$$\boldsymbol{X}=\boldsymbol{\eta}^*+k_1\boldsymbol{\xi}_1+k_2\boldsymbol{\xi}_2+\cdots+k_{n-r}\boldsymbol{\xi}_{n-r}$$

例 4.9 解线性方程组

$$\begin{cases} x_1+x_2+x_3+x_4+x_5=2 \\ 2x_1+3x_2+x_3+x_4-3x_5=0 \\ x_1 \qquad\quad +2x_3+2x_4+6x_5=6 \\ 4x_1+5x_2+3x_3+3x_4-x_5=4 \end{cases}$$

解 将增广矩阵$\boldsymbol{B}$用初等行变换化行最简形矩阵，即

$$\boldsymbol{B}=(\boldsymbol{A},\boldsymbol{b})=\begin{pmatrix} 1 & 1 & 1 & 1 & 1 & 2 \\ 2 & 3 & 1 & 1 & -3 & 0 \\ 1 & 0 & 2 & 2 & 6 & 6 \\ 4 & 5 & 3 & 3 & -1 & 4 \end{pmatrix} \overset{\text{初等行变换}}{\sim} \begin{pmatrix} 1 & 0 & 2 & 2 & 6 & 6 \\ 0 & 1 & -1 & -1 & -5 & -4 \\ 0 & 0 & 0 & 0 & 0 & 0 \\ 0 & 0 & 0 & 0 & 0 & 0 \end{pmatrix}$$

可知 $R(A)=R(B)=2<5$，方程组有无穷多解.

对应的方程组为

$$\begin{cases} x_1+2x_3+2x_4+6x_5=6 \\ x_2-x_3-x_4-5x_5=-4 \end{cases}$$

对应的齐次线性方程组为

$$\begin{cases} x_1+2x_3+2x_4+6x_5=0 \\ x_2-x_3-x_4-5x_5=0 \end{cases}$$

令 $x_3=x_4=x_5=0$，得到 $x_1=6$，$x_2=-4$，得到特解：

$$\boldsymbol{\eta}^*=\begin{pmatrix} 6 \\ -4 \\ 0 \\ 0 \\ 0 \end{pmatrix}$$

对应齐次线性方程组的基础解系为

$$\boldsymbol{\xi}_1=\begin{pmatrix} -2 \\ 1 \\ 1 \\ 0 \\ 0 \end{pmatrix},\quad \boldsymbol{\xi}_2=\begin{pmatrix} -2 \\ 1 \\ 0 \\ 1 \\ 0 \end{pmatrix},\quad \boldsymbol{\xi}_3=\begin{pmatrix} -6 \\ 5 \\ 0 \\ 0 \\ 1 \end{pmatrix}$$

于是方程组的通解为

$$\boldsymbol{X}=\boldsymbol{\eta}^*+k_1\boldsymbol{\xi}_1+k_2\boldsymbol{\xi}_2+k_3\boldsymbol{\xi}_3$$

即

$$\begin{pmatrix} x_1 \\ x_2 \\ x_3 \\ x_4 \\ x_5 \end{pmatrix}=\begin{pmatrix} 6 \\ -4 \\ 0 \\ 0 \\ 0 \end{pmatrix}+k_1\begin{pmatrix} -2 \\ 1 \\ 1 \\ 0 \\ 0 \end{pmatrix}+k_2\begin{pmatrix} -2 \\ 1 \\ 0 \\ 1 \\ 0 \end{pmatrix}+k_3\begin{pmatrix} -6 \\ 5 \\ 0 \\ 0 \\ 1 \end{pmatrix}\quad (k_1,k_2,k_3\text{为任意常数})$$

例 4.10　设 $\boldsymbol{A}_{m\times n}\boldsymbol{B}_{n\times l}=\boldsymbol{O}$，证明：$R(\boldsymbol{A})+R(\boldsymbol{B})\leqslant n$.

证明　记 $\boldsymbol{B}=(\boldsymbol{b}_1,\boldsymbol{b}_2,\cdots,\boldsymbol{b}_l)$，则

$$\boldsymbol{AB}=\boldsymbol{A}(\boldsymbol{b}_1,\boldsymbol{b}_2,\cdots,\boldsymbol{b}_l)=(\mathbf{0},\mathbf{0},\cdots,\mathbf{0})$$

即

$$\boldsymbol{A}\boldsymbol{b}_i=\mathbf{0}\quad (i=1,2,\cdots,l)$$

（说明：$\boldsymbol{B}$ 的列向量 $\boldsymbol{b}_1,\boldsymbol{b}_2,\cdots,\boldsymbol{b}_l$ 都是齐次方程组 $\boldsymbol{AX}=\mathbf{0}$ 的解）. 设方程组 $\boldsymbol{AX}=\mathbf{0}$ 的解集为 S，

则 $\boldsymbol{b}_i \in S$（$i=1,2,\cdots,l$），于是 $R(\boldsymbol{B})=R(\boldsymbol{b}_1,\boldsymbol{b}_2,\cdots,\boldsymbol{b}_l)\leqslant S$ 的秩，而 S 的秩为基础解系中所含解向量的个数 $n-R(\boldsymbol{A})$，故

$$R(\boldsymbol{B})\leqslant n-R(\boldsymbol{A})$$

即

$$R(\boldsymbol{A})+R(\boldsymbol{B})\leqslant n$$

第五节 向量空间

一、向量空间概念

定义 4.7 设 F 是一个数域，F 中的元素用小写拉丁字母 $a,b,c,\cdots$ 表示；V 是一个非空集合，V 中的元素用小写希腊字母 $\alpha,\beta,\gamma,\cdots$ 表示．如果下列条件成立：

1° 在 V 中定义了一个加法．对于 $\forall\alpha,\beta\in V$，V 中有一个唯一确定的元素与它们对应，叫做 α 与 β 的和，记作 $\alpha+\beta$．

2° 有一个“纯量乘法”．对于 F 中每一个数 k 与 V 中每一个元素 α，有 V 中唯一确定的元素与它们对应，叫做 k 与 α 的积，记作 $k\alpha$．

3° 上述加法和纯量乘法满足下列运算律：

1）$\alpha+\beta=\beta+\alpha$；

2）$(\alpha+\beta)+\gamma=\alpha+(\beta+\gamma)$；

3）在 V 中存在一个元素，记作 θ，它具有以下性质：对于 $\forall\alpha\in V$，都有 $\theta+\alpha=\alpha$；

4）对于 $\forall\alpha\in V$，在 V 中存在一个元素 $\tilde{\alpha}$，使得 $\tilde{\alpha}+\alpha=\theta$；

5）$k(\alpha+\beta)=k\alpha+k\beta$；

6）$(k+l)\alpha=k\alpha+l\alpha$；

7）$(kl)\alpha=k(l\alpha)$；

8）$1\alpha=\alpha$．

这里 $\forall\alpha,\beta,\gamma\in V,\forall k,l\in F$．

那么称 V 是 F 上的一个**向量空间**，其中 V 中的元素叫做**向量**，F 中的元素叫做**纯量**．

在解析几何中，平面或空间中从一个定点出发的一切向量的集合关于向量的加法和实数与向量的乘法都作成实数域上的向量空间．前者用 V_2 表示，后者用 V_3 表示．

数域 F 上所有 $m\times n$ 矩阵所成的集合 $F^{m\times n}$ 关于矩阵的加法和数与矩阵的乘法也作成 F 上的一个向量空间，叫做 $m\times n$ 全矩阵空间．

特别地，F 上所有 $1\times n$ 矩阵所成的集合和所有 $n\times 1$ 矩阵所成的集合分别作成 F 上向量空间，前者称为 F 上 **n 维行空间**，后者称为 F 上 **n 维列空间**．我们用同一个符号 F^n 来表示这两个向量空间（具体使用时请注意区分）．

复数域 $\mathbf{C}$ 可以看成实数域 $\mathbf{R}$ 上的向量空间．

类似地，$\mathbf{Q},\mathbf{R}$ 可分别看作 $\mathbf{Q}$ 上的向量空间，又任意数域 F 总可以看成它自身上的向量空间．

数域 F 上所有一元多项式的集合 $F[x]$ 关于多项式的加法和数与多项式的乘法作成 F 上的一个向量空间．进而，n 元多项式的集合 $F[x_1,x_2,\cdots,x_n]$ 关于多项式的加法和数与多项式的乘法也作成 F 上的一个向量空间．

例 4.11　由于 $F[x_1,\cdots,x_n]$ 中两个 m 次齐次多项式的和是 m 次齐次多项式或零多项式，F 中元素与 m 次齐次多项式的乘积是 m 次齐次多项式或零多项式，因此，$F[x_1,\cdots,x_n]$ 中所有 m 次齐次多项式添上零多项式组成的集合构成数域 F 上的一个向量空间（易见 8 条公理均成立）．

例 4.12　由于 $F[x_1,\cdots,x_n]$ 中两个对称多项式的和仍是对称多项式，F 中元素与对称多项式的乘积仍是对称多项式，因此 $F[x_1,\cdots,x_n]$ 中所有对称多项式组成的集合构成数域 F 上的一个向量空间．

例 4.13　设 X 是任意一集合，F 是任一数域，从 X 至 F 的每一个映射 f 叫做 X 上的一个（F 值）函数．我们把 X 上的所有（F 值）函数组成的集合记作 F^X．对于 $f,g\in F^X$，$k\in F$，在 F^X 中规定：

$$(f+g)(x)=f(x)+g(x),\quad \forall x\in X \tag{4.6}$$

$$(kf)(x)=k(f(x)),\quad \forall x\in X \tag{4.7}$$

容易验证条件 3°的 1）～8）成立．因此 F^X 是数域 F 上的一个向量空间，其中（4.6）式称为函数的加法，（4.7）式称为 F 的元素与函数的纯量乘法，F^X 的零元素是零函数 0，即 $0(x)=0$，$\forall x\in X$．

例 4.14　设 X 是实数域 $\mathbf{R}$ 的任一子集，由例 7，X 上的所有（实值）函数组成的集合 R^X 按照函数的加法以及实数与函数的纯量乘法，构成实数域 $\mathbf{R}$ 上的一个向量空间．

例 4.15　设 $[a,b]$ 是实数轴上的一个闭区间，$[a,b]$ 上的连续函数全体记作 $C[a,b]$．从高等数学课程知道，$[a,b]$ 上的两个连续函数的和仍是连续函数，实数 k 与连续函数 f 的纯量乘积 kf 也是连续函数，因此，$C[a,b]$ 是实数域上的一个向量空间．

例 4.16　区间 $[a,b]$ 上所有 n 次可微函数（1 阶，2 阶，…，n 阶导数存在的函数）组成的集合是实数域上的一个向量空间，记作 $C^{(n)}[a,b]$．

例 4.17　考虑收敛于 0 的实无穷序列．设 $\{a_n\},\{b_n\}$ 是两个这样的序列，则

$$\lim_{n\to\infty}\left(a_n+b_n\right)=\lim_{n\to\infty}a_n+\lim_{n\to\infty}b_n=0$$

设 k 是任意实数，则

$$\lim_{n\to\infty}ka_n=k\lim_{n\to\infty}a_n=0$$

容易验证，条件 3°的 1）～8）成立．因此，所有收敛于 0 的实序列关于如上定义的加法和数与序列的乘法作成实数域 $\mathbf{R}$ 上的一个向量空间．

二、向量空间性质

下面从定义出发来推导向量空间的一些简单性质．

由于向量的加法满足结合律（3°之 2)），可以推出，任意 n 个向量 $\alpha_1,\alpha_2,\cdots,\alpha_n$ 相加有完全确定的意义．我们按通常的习惯把这唯一确定的和记作 $\alpha_1+\alpha_2+\cdots+\alpha_n=\sum\limits_{i=1}^{n}\alpha_i$．

再者，又由于加法满足交换律（3°之 1)），因而在求任意 n 个向量的和时可以任意交换被加项的次序.

定义 4.7 中 3°之 3）的 θ 叫做零向量，4）的 $\tilde{\alpha}$ 叫做 α 的负向量．由此定义，可以推出：

命题 4.1 在一个向量空间 V 中，零向量是唯一的；对于 V 中的每一向量 α，α 的负向量由 α 唯一确定.

证明 先证零向量的唯一性．设 θ 和 $\tilde{\theta}$ 都是 V 的零向量，则 $\forall \alpha \in V$ 都有

$$\theta + \alpha = \alpha, \quad \alpha + \tilde{\theta} = \alpha$$

于是

$$\theta = \theta + \tilde{\theta} = \tilde{\theta}$$

又设 $\tilde{\alpha}$ 和 $\bar{\alpha}$ 都是 α 的负向量，则

$$\tilde{\alpha} + \alpha = \theta, \quad \alpha + \bar{\alpha} = \theta$$

于是

$$\tilde{\alpha} = \tilde{\alpha} + \theta = \tilde{\alpha} + (\alpha + \bar{\alpha}) = (\tilde{\alpha} + \alpha) + \bar{\alpha} = \theta + \bar{\alpha} = \bar{\alpha}$$

我们把向量 α 的唯一的负向量记作 $-\alpha$．这样，对于任意向量 α，都有

$$\alpha + (-\alpha) = (-\alpha) + \alpha = \theta$$

向量 $\alpha + (-\beta)$ 叫做 α 与 β 的差，记作 $\alpha - \beta$．于是，在一个向量空间中，加法的逆运算——减法可以实施，并且有

$$\alpha + \beta = \gamma \Leftrightarrow \alpha = \gamma - \beta \tag{4.8}$$

这就是说，在一个向量空间里，通常的移项变号法则成立.

下面来看纯量乘法，我们有：

命题 4.2 设 $\forall \alpha \in V$, $k \in F$, 则

$$0\alpha = \theta, \quad k\theta = \theta \tag{4.9}$$

$$k(-\alpha) = (-k)\alpha = -k\alpha \tag{4.10}$$

$$k\alpha = \theta \Rightarrow k = 0 \text{ 或 } \alpha = \theta \tag{4.11}$$

证明 先证（4.9）式.

$$\begin{aligned} 0\alpha &= 0\alpha + \theta = 0\alpha + (0\alpha - 0\alpha) = (0\alpha + 0\alpha) - 0\alpha \\ &= (0+0)\alpha - 0\alpha = 0\alpha - 0\alpha = \theta \end{aligned}$$

同理可证 $k\theta = \theta$．所以（4.9）式成立.

由（4.9）式有

$$k\alpha + k(-\alpha) = k(\alpha + (-\alpha)) = k\theta = \theta$$

这就是说，$k(-\alpha)$ 是 $k\alpha$ 的负向量．所以

$$k(-\alpha) = -k\alpha$$

同理可证 $(-k)\alpha=-k\alpha$．这就证明了（4.10）式．

最后，设 $k\alpha=\theta$ 但 $k\neq 0$，则

$$\alpha=1\alpha=\left(\frac{1}{k}k\right)\alpha=\frac{1}{k}(k\alpha)=\frac{1}{k}\theta=\theta$$

所以（4.11）式成立．

三、子空间

设 V 是数域 F 上的一个向量空间，$\varnothing\neq W\subseteq V$，$\forall\alpha,\beta\in W$，则 $\alpha+\beta\in V$．一般说来．$\alpha+\beta$ 不一定在 W 内．若 $\alpha+\beta\in W$，则称 W 关于 V 的加法是封闭的．同样，若 $\forall\alpha\in W$，$k\in F$，都有 $k\alpha\in W$，则称 W 关于纯量与向量的乘法是封闭的．

定理 4.9　设 W 是数域 F 上向量空间 V 的一个非空子集．若 W 关于 V 的加法以及纯量与向量的乘法是封闭的，则 W 作成 F 上的一个向量空间．

证明　W 关于 V 的加法以及纯量与向量的乘法的封闭性保证了向量空间定义里的条件 1°，2°成立．3°中的算律 1)，2）和算律 5)～8）既然对于 V 中任意向量都成立，自然对于 W 的向量也成立．唯一需要验证的是 3°中条件 3) 和 4)．由 W 关于纯量与向量的乘法的封闭性和命题 6.1.2，$\forall\alpha\in W$，$\theta=0\alpha\in W$，所以 $\theta\in W$，它自然也是 W 的零向量，并且 $-\alpha=(-1)\alpha\in W$．因此，条件 3)，4）也成立．

定义 4.8　设 W 是数域 F 上向量空间 V 的一个非空子集．若 W 关于 V 的加法以及纯量与向量的乘法来说是封闭的，则称 W 是 V 的一个子空间．

由定理 4.9，V 的一个子空间也是 F 上的一个向量空间，并且一定含有 V 的零向量．

例 4.18　向量空间 V 总是它自身的一个子空间．另一方面，单独一个零向量所成的集合 $\{\theta\}$ 显然关于 V 的加法和纯量与向量的乘法是封闭的，因而也是 V 的一个子空间，称为零子空间，记作 0．

一个向量空间 V 本身和零子空间叫做 V 的平凡子空间，V 的非平凡子空间叫做 V 的真子空间．

例 4.19　在空间 V_2 里，从原点出发的在一条固定直线上的所有向量的集合作成 V_2 的一个子空间．在空间 V_3 里，从原点出发的在一条固定直线上或一张固定平面上的所有向量的集合分别作成 V_3 的子空间．

例 4.20　在 F^n 中，$W=\{(a_1,a_2,\cdots,a_{n-1},0)\mid a_1,\cdots,a_{n-1}\in F\}$ 是 F^n 的一个子空间．

例 4.21　$F[x]$中次数小于一个给定的自然数 n 的多项式全体连同零多项式一起作成 $F[x]$ 的一个子空间，记作 $F[x]_n$．

例 4.22　闭区间$[a,b]$上一切可微函数的集合作成 $C[a,b]$的一个子空间．

定理 4.10　数域 F 上向量空间 V 的一个非空子集 W 是 V 的一个子空间，必要且只要对于 $\forall k,r\in F$ 和 $\forall\alpha,\beta\in W$，都有 $k\alpha+r\beta\in W$．

证明　若 W 是子空间，则 W 关于纯量与向量的乘法是封闭的．因此 $\forall k,r\in F$，$\alpha,\beta\in W$，都有 $k\alpha,r\beta\in W$．又因为 W 关于 V 的加法是封闭的，所以 $k\alpha+r\beta\in W$．

反过来，若 $\forall k,r\in F$，$\alpha,\beta\in W$，都有 $k\alpha+r\beta\in W$，取 $k=r=1$，就有 $\alpha+\beta\in W$；取 $r=0$，就有 $k\alpha\in W$. 这就证明了 W 关于 V 的加法以及纯量乘法的封闭性.

习题四

1. 讨论向量组

$$\boldsymbol{\alpha}_1=(2,1,-1,-1),\quad \boldsymbol{\alpha}_2=(0,3,-2,0),\quad \boldsymbol{\alpha}_3=(2,4,-3,-1)$$

的相关性.

2. 讨论向量组

$$\boldsymbol{\alpha}_1=(1,1,1,0),\quad \boldsymbol{\alpha}_2=(1,1,0,0),\quad \boldsymbol{\alpha}_3=(3,3,2,0),\quad \boldsymbol{\alpha}_4=(1,0,0,0),\quad \boldsymbol{\alpha}_5=(3,2,1,0)$$

的相关性.

3. 判别向量组

$$\boldsymbol{\alpha}_1=(2,2,-1),\quad \boldsymbol{\alpha}_2=(1,2,3),\quad \boldsymbol{\alpha}_3=(-2,-4,1),\quad \boldsymbol{\alpha}_4=(0,1,2)$$

的线性相关性.

4. 判别向量组

$$\begin{aligned}&\boldsymbol{\alpha}_1=(2,6,12,4)^{\mathrm T},\quad \boldsymbol{\alpha}_2=(1,3,6,2)^{\mathrm T},\quad \boldsymbol{\alpha}_3=(2,1,2,-1)^{\mathrm T}\\&\boldsymbol{\alpha}_4=(3,5,10,2)^{\mathrm T},\quad \boldsymbol{\alpha}_5=(-2,1,2,10)^{\mathrm T}\end{aligned}$$

的线性相关性.

5. 设向量组 $\boldsymbol{\alpha}_1,\boldsymbol{\alpha}_2,\cdots,\boldsymbol{\alpha}_n$ 线性无关，令

$$\boldsymbol{\beta}_1=\boldsymbol{\alpha}_2+\boldsymbol{\alpha}_3+\cdots+\boldsymbol{\alpha}_n,\quad \boldsymbol{\beta}_2=\boldsymbol{\alpha}_1+\boldsymbol{\alpha}_3+\cdots+\boldsymbol{\alpha}_n,\quad \cdots,\quad \boldsymbol{\beta}_n=\boldsymbol{\alpha}_1+\boldsymbol{\alpha}_2+\cdots+\boldsymbol{\alpha}_{n-1}$$

证明向量组 $\boldsymbol{\beta}_1,\boldsymbol{\beta}_2,\cdots,\boldsymbol{\beta}_n$ 线性无关.

6. 已知 $\boldsymbol{\alpha}_1=(3,-5,2,-4)^{\mathrm T}$，$\boldsymbol{\alpha}_2=(-1,7,-3,6)^{\mathrm T}$，$\boldsymbol{\alpha}_3=(3,11,-5,10)^{\mathrm T}$，$\boldsymbol{\beta}=(2,-30,13,26)^{\mathrm T}$，判断 $\boldsymbol{\beta}=k_1\boldsymbol{\alpha}_1+k_2\boldsymbol{\alpha}_2+k_3\boldsymbol{\alpha}_3$ 能否成立，若能，求出 k_1,k_2,k_3.

7. 已知向量组

$$\boldsymbol{\beta}_1=\begin{pmatrix}0\\1\\-1\end{pmatrix},\quad \boldsymbol{\beta}_2=\begin{pmatrix}a\\2\\1\end{pmatrix},\quad \boldsymbol{\beta}_3=\begin{pmatrix}b\\1\\0\end{pmatrix}$$

线性相关，求 a,b 的关系.

8. 判断向量组

$$\begin{aligned}&\boldsymbol{\alpha}_1=(1,-1,2,4)^{\mathrm T},\quad \boldsymbol{\alpha}_2=(0,3,1,2)^{\mathrm T},\quad \boldsymbol{\alpha}_3=(3,0,7,14)^{\mathrm T},\\&\boldsymbol{\alpha}_4=(1,-1,2,0)^{\mathrm T},\quad \boldsymbol{\alpha}_5=(2,1,5,6)^{\mathrm T}\end{aligned}$$

的线性相关性.

9. 若向量组$\boldsymbol{\alpha}_1,\boldsymbol{\alpha}_2,\boldsymbol{\alpha}_3$线性无关，又

$$\boldsymbol{\beta}_1=\boldsymbol{\alpha}_1+\boldsymbol{\alpha}_2+2\boldsymbol{\alpha}_3,\quad \boldsymbol{\beta}_2=\boldsymbol{\alpha}_2+\boldsymbol{\alpha}_3+2\boldsymbol{\alpha}_1,\quad \boldsymbol{\beta}_3=\boldsymbol{\alpha}_3+\boldsymbol{\alpha}_1+2\boldsymbol{\alpha}_2$$

试证$\boldsymbol{\beta}_1,\boldsymbol{\beta}_2,\boldsymbol{\beta}_3$也线性无关.

10. 求解下列齐次线性方程组:

（1）$\begin{cases}x_1+2x_2+2x_3+x_4=0\\2x_1+x_2-2x_3-2x_4=0\\x_1-x_2-4x_3-3x_4=0\end{cases}$；　（2）$\begin{cases}x_1+2x_2+x_3-x_4=0\\3x_1+6x_2-x_3-3x_4=0\\5x_1+10x_2+x_3-5x_4=0\end{cases}$；

（3）$\begin{cases}3x_1-5x_2+x_3-2x_4=0\\2x_1+3x_2-5x_3+x_4=0\\-x_1+7x_2-4x_3+3x_4=0\\4x_1+15x_2-7x_3+9x_4=0\end{cases}$；　（4）$\begin{cases}2x_1+3x_2-x_3+5x_4=0\\3x_1+x_2+2x_3-7x_4=0\\4x_1+x_2-3x_3+6x_4=0\\x_1-2x_2+4x_3-7x_4=0\end{cases}$.

11. 求解下列非齐次线性方程组:

（1）$\begin{cases}x_1+x_2-3x_3-x_4=1\\3x_1-x_2-3x_3+4x_4=1\\x_1+5x_2-9x_3-8x_4=1\end{cases}$；　（2）$\begin{cases}2x_1+3x_2+x_3=4\\x_1-2x_2+4x_3=-5\\3x_1+8x_2-2x_3=13\\4x_1-x_2+9x_3=-6\end{cases}$；

（3）$\begin{cases}2x_1+x_2-x_3+x_4=1\\3x_1-2x_2+x_3-3x_4=4\\x_1+4x_2-3x_3+5x_4=-2\end{cases}$；　（4）$\begin{cases}x_1+x_2\qquad\quad-2x_4=-6\\4x_1-x_2-x_3-x_4=1\\3x_1-x_2-x_3\qquad\quad=3\end{cases}$.

12. 证明方程组

$$\begin{cases}x_1\qquad\quad+2x_3+4x_4=a+2c\\2x_1+2x_2+4x_3+8x_4=2a+b\\-x_1-2x_2+x_3+2x_4=-a-b+c\\2x_1\qquad\quad+7x_3+14x_4=3a+b+2c-d\end{cases}$$

有解的充要条件是$a+b-c-d=0$.

13. 当λ为何值时，线性方程组

$$\begin{cases}\lambda x_1+x_2+x_3=1\\x_1+\lambda x_2+x_3=\lambda\\x_1+x_2+\lambda x_3=\lambda^2\end{cases}$$

（1）有唯一解？（2）无解？（3）有无穷多解？并求其通解.

第五章　相似矩阵与二次型

本章主要讨论方阵的特征值与特征向量、方阵的相似对角化和二次型的化简等问题．其中涉及向量的内积、长度及正交等知识，下面先介绍这些知识．

第一节　向量的内积

在前面我们研究了向量的线性运算，并且利用它讨论了向量之间的线性关系，但未涉及向量的度量性质．

定义 5.1　设有 n 维向量

$$\boldsymbol{\alpha}=\begin{pmatrix}a_1\\a_2\\\vdots\\a_n\end{pmatrix},\quad \boldsymbol{\beta}=\begin{pmatrix}b_1\\b_2\\\vdots\\b_n\end{pmatrix}$$

令

$$(\boldsymbol{\alpha},\boldsymbol{\beta})=a_1b_1+a_2b_2+\cdots+a_nb_n$$

称 $(\boldsymbol{\alpha},\boldsymbol{\beta})$ 为向量 $\boldsymbol{\alpha}$ 与向量 $\boldsymbol{\beta}$ 的内积．

向量的内积是向量乘法的一种，其结果是一个实数，因此它也叫做向量的**数量积**．当 $\boldsymbol{\alpha}$ 与 $\boldsymbol{\beta}$ 都是列向量时，有

$$(\boldsymbol{\alpha},\boldsymbol{\beta})=\boldsymbol{\alpha}^{\mathrm{T}}\boldsymbol{\beta}$$

向量的内积具有下面的性质（其中 $\boldsymbol{\alpha},\boldsymbol{\beta},\boldsymbol{\gamma}$ 为 n 维列向量，k 为常数）：

（1）$(\boldsymbol{\alpha},\boldsymbol{\beta})=(\boldsymbol{\beta},\boldsymbol{\alpha})$．

（2）$(k\boldsymbol{\alpha},\boldsymbol{\beta})=(\boldsymbol{\alpha},k\boldsymbol{\beta})=k(\boldsymbol{\alpha},\boldsymbol{\beta})$．

（3）$(\boldsymbol{\alpha}+\boldsymbol{\beta},\boldsymbol{\gamma})=(\boldsymbol{\alpha},\boldsymbol{\gamma})+(\boldsymbol{\beta},\boldsymbol{\gamma})$．

（4）$(\boldsymbol{\alpha},\boldsymbol{\alpha})\geqslant 0$，当且仅当 $\boldsymbol{\alpha}=\boldsymbol{0}$ 时 $(\boldsymbol{\alpha},\boldsymbol{\alpha})=0$．

这些性质可根据内积定义直接证明．利用这些性质，还可证明施瓦茨（Schwarz）不等式：

$$(\boldsymbol{\alpha},\boldsymbol{\beta})^2\leqslant(\boldsymbol{\alpha},\boldsymbol{\alpha})(\boldsymbol{\beta},\boldsymbol{\beta})$$

定义 5.2　令

$$\|\boldsymbol{\alpha}\|=\sqrt{(\boldsymbol{\alpha},\boldsymbol{\alpha})}=\sqrt{a_1^2+a_2^2+\cdots+a_n^2}$$

$\|\boldsymbol{\alpha}\|$称为n维向量$\boldsymbol{\alpha}$的**长度**（或**范数**）.

向量的长度具有下述性质：

（1）非负性：$\|\boldsymbol{\alpha}\|\geqslant 0$，当且仅当$\boldsymbol{\alpha}=\mathbf{0}$时，$\|\boldsymbol{\alpha}\|=0$.

（2）齐次性：$\|\lambda\boldsymbol{\alpha}\|=|\lambda|\|\boldsymbol{\alpha}\|$.

（3）三角不等式：$\|\boldsymbol{\alpha}+\boldsymbol{\beta}\|\leqslant\|\boldsymbol{\alpha}\|+\|\boldsymbol{\beta}\|$.

当$\|\boldsymbol{\alpha}\|=1$时，称向量$\boldsymbol{\alpha}$为**单位向量**.

对任一非零向量$\boldsymbol{\alpha}$，向量$\dfrac{\boldsymbol{\alpha}}{\|\boldsymbol{\alpha}\|}$是一个单位向量，因为

$$\left\|\frac{\boldsymbol{\alpha}}{\|\boldsymbol{\alpha}\|}\right\|=\frac{1}{\|\boldsymbol{\alpha}\|}\|\boldsymbol{\alpha}\|=1$$

用非零向量$\boldsymbol{\alpha}$的长度去除向量$\boldsymbol{\alpha}$，得到一个单位向量，这一过程通常称为向量$\boldsymbol{\alpha}$的**单位化**.

对于n维向量$\boldsymbol{\alpha}$与$\boldsymbol{\beta}$，当$\boldsymbol{\alpha}\neq\mathbf{0}$，$\boldsymbol{\beta}\neq\mathbf{0}$时，定义

$$\theta=\arccos\frac{(\boldsymbol{\alpha},\boldsymbol{\beta})}{\|\boldsymbol{\alpha}\|\cdot\|\boldsymbol{\beta}\|}\qquad(0\leqslant\theta\leqslant\pi)$$

称θ为n维向量$\boldsymbol{\alpha}$与$\boldsymbol{\beta}$的**夹角**.

定义 5.3　若两向量$\boldsymbol{\alpha}$与$\boldsymbol{\beta}$的内积等于零，即

$$(\boldsymbol{\alpha},\boldsymbol{\beta})=0$$

则称向量$\boldsymbol{\alpha}$与$\boldsymbol{\beta}$**正交**，记作$\boldsymbol{\alpha}\perp\boldsymbol{\beta}$.

显然，若$\boldsymbol{\alpha}=\mathbf{0}$，则$\boldsymbol{\alpha}$与任何向量都正交.

下面讨论正交向量组的性质，一组两两正交的非零向量组称为**正交向量组**. 一个正交向量组，如果每个向量都是单位向量，则称这个向量组为**标准正交向量组**.

例如，向量组$\boldsymbol{\alpha}_1=(2,3,0)^{\mathrm{T}}$，$\boldsymbol{\alpha}_2=(6,-4,0)^{\mathrm{T}}$，$\boldsymbol{\alpha}_3=(0,0,2)^{\mathrm{T}}$是正交向量组，但不是标准正交向量组. 而$\boldsymbol{e}_1=(1,0,0)^{\mathrm{T}}$，$\boldsymbol{e}_2=(0,1,0)^{\mathrm{T}}$，$\boldsymbol{e}_3=(0,0,1)^{\mathrm{T}}$是标准正交向量组，这组向量也称为3维单位坐标向量组. 一般地，称标准正交向量组

$$\boldsymbol{e}_1=(1,0,\cdots,0),\quad \boldsymbol{e}_2=(0,1,\cdots,0),\quad \cdots,\quad \boldsymbol{e}_n=(0,\cdots,0,1)$$

为n维单位坐标向量组.

定理 5.1　若n维向量组$\boldsymbol{\alpha}_1,\boldsymbol{\alpha}_2,\cdots,\boldsymbol{\alpha}_m$是一组两两正交的非零向量，则$\boldsymbol{\alpha}_1,\boldsymbol{\alpha}_2,\cdots,\boldsymbol{\alpha}_m$线性无关.

证明　设有$k_1,k_2,\cdots,k_m$，使得

$$k_1\boldsymbol{\alpha}_1+k_2\boldsymbol{\alpha}_2+\cdots+k_m\boldsymbol{\alpha}_m=\mathbf{0}$$

以$\boldsymbol{\alpha}_1^{\mathrm{T}}$左乘上式两端，得

$$k_1\boldsymbol{\alpha}_1^{\mathrm{T}}\boldsymbol{\alpha}_1=0$$

因$\boldsymbol{\alpha}_1\neq\mathbf{0}$，故$\boldsymbol{\alpha}_1\boldsymbol{\alpha}_1^{\mathrm{T}}=\|\boldsymbol{\alpha}_1\|^2\neq 0$，从而必有$k_1=0$.

同理可证 $k_2=0,\cdots,k_m=0$，于是向量组 $\boldsymbol{\alpha}_1,\boldsymbol{\alpha}_2,\cdots,\boldsymbol{\alpha}_m$ 线性无关.

推论　$\boldsymbol{R}^n$ 中任一正交向量组的向量个数不超过 n.

例 5.1　已知 3 维向量空间 R^3 中两个向量

$$\boldsymbol{\alpha}_1=\begin{pmatrix}1\\1\\1\end{pmatrix},\quad \boldsymbol{\alpha}_2=\begin{pmatrix}1\\-2\\1\end{pmatrix}$$

正交，试求一个非零向量 $\boldsymbol{\alpha}$，使得 $\boldsymbol{\alpha},\boldsymbol{\alpha}_1,\boldsymbol{\alpha}_2$ 两两正交.

解　记 $A=\begin{pmatrix}\boldsymbol{\alpha}_1^{\mathrm{T}}\\ \boldsymbol{\alpha}_2^{\mathrm{T}}\end{pmatrix}=\begin{pmatrix}1&1&1\\1&-2&1\end{pmatrix}$，则 $\boldsymbol{\alpha}$ 应满足

$$\boldsymbol{Ax}=\boldsymbol{0}$$

即

$$\begin{pmatrix}1&1&1\\1&-2&1\end{pmatrix}\begin{pmatrix}x_1\\x_2\\x_3\end{pmatrix}=\begin{pmatrix}0\\0\end{pmatrix}$$

由

$$\boldsymbol{A}\to\begin{pmatrix}1&1&1\\0&-3&0\end{pmatrix}\to\begin{pmatrix}1&0&1\\0&1&0\end{pmatrix}$$

得基础解系 $\begin{pmatrix}-1\\0\\1\end{pmatrix}$，取 $\boldsymbol{\alpha}=\begin{pmatrix}-1\\0\\1\end{pmatrix}$ 即为所求.

定义 5.4　设 n 维向量 $\boldsymbol{e}_1,\boldsymbol{e}_2,\cdots,\boldsymbol{e}_n$ 是向量空间 $V(V\subset\boldsymbol{R}^n)$ 的一个基，如果 $\boldsymbol{e}_1,\boldsymbol{e}_2,\cdots,\boldsymbol{e}_n$ 两两正交，且都是单位向量，则称 $\boldsymbol{e}_1,\boldsymbol{e}_2,\cdots,\boldsymbol{e}_n$ 是 V 的一个**规范正交基**.

例如，

$$\boldsymbol{e}_1=\begin{pmatrix}\frac{1}{\sqrt2}\\ \frac{1}{\sqrt2}\\0\\0\end{pmatrix},\quad \boldsymbol{e}_2=\begin{pmatrix}\frac{1}{\sqrt2}\\ -\frac{1}{\sqrt2}\\0\\0\end{pmatrix},\quad \boldsymbol{e}_3=\begin{pmatrix}0\\0\\ \frac{1}{\sqrt2}\\ \frac{1}{\sqrt2}\end{pmatrix},\quad \boldsymbol{e}_4=\begin{pmatrix}0\\0\\ \frac{1}{\sqrt2}\\ -\frac{1}{\sqrt2}\end{pmatrix}$$

就是 R^4 的一个规范正交基.

若 $\boldsymbol{e}_1,\boldsymbol{e}_2,\cdots,\boldsymbol{e}_r$ 是 V 的一个规范正交基，那么 V 中任一向量 $\boldsymbol{\alpha}$ 都能由 $\boldsymbol{e}_1,\boldsymbol{e}_2,\cdots,\boldsymbol{e}_r$ 线性表示. 设表示式为

$$\boldsymbol{\alpha}=x_1\boldsymbol{e}_1+x_2\boldsymbol{e}_2+\cdots+x_r\boldsymbol{e}_r$$

为求其中的系数 $x_i(i=1,\cdots,r)$，可用 $\boldsymbol{e}_i^{\mathrm{T}}$ 左乘上式，有

$$\boldsymbol{e}_i^{\mathrm{T}}\boldsymbol{\alpha}=x_i\boldsymbol{e}_i^{\mathrm{T}}\boldsymbol{e}_i=x_i$$

即

$$x_i=\boldsymbol{e}_i^{\mathrm{T}}\boldsymbol{\alpha}=(\boldsymbol{\alpha},\boldsymbol{e}_i)$$

第二节 方阵的特征值与特征向量

工程技术中的振动问题和稳定性问题，往往可归结为求一个方阵的特征值和特征向量问题. 数学中诸如方阵的对角化及解微分方程组等问题,也都用到特征值的理论. 特征值和特征向量的概念不仅在理论上很重要，而且可直接用来解决实际问题.

定义 5.5 设 $\boldsymbol{A}$ 为 n 阶方阵，若数 λ 和 n 维非零向量 $\boldsymbol{x}$ 使得关系式

$$\boldsymbol{Ax}=\lambda\boldsymbol{x} \tag{5.1}$$

成立，则数 λ 称为方阵 $\boldsymbol{A}$ 的**特征值**，非零向量 $\boldsymbol{x}$ 称为方阵 $\boldsymbol{A}$ 的对应于特征值 λ 的**特征向量**.

（5.1）式也可以写成 n 个未知数 n 个方程的齐次线性方程组

$$(\boldsymbol{A}-\lambda\boldsymbol{E})\boldsymbol{x}=\boldsymbol{0} \tag{5.2}$$

的形式. 由方程组（5.2）有非零解的充要条件，我们容易得到以下结论.

数 λ 为方阵 $\boldsymbol{A}$ 的特征值等价于下面条件之一:

（1）存在一个非零向量 $\boldsymbol{x}$，使得 $\boldsymbol{Ax}=\lambda\boldsymbol{x}$ 成立;

（2）矩阵 $\boldsymbol{A}-\lambda\boldsymbol{E}$ 为奇异的;

（3）$|\boldsymbol{A}-\lambda\boldsymbol{E}|=0$，即

$$\begin{vmatrix} a_{11}-\lambda & a_{12} & \cdots & a_{1n} \\ a_{21} & a_{22}-\lambda & \cdots & a_{2n} \\ \vdots & \vdots & & \vdots \\ a_{n1} & a_{n2} & \cdots & a_{nn}-\lambda \end{vmatrix}=0$$

其中条件(3)为以 λ 为未知数的一元 n 次方程，称为方阵 $\boldsymbol{A}$ 的**特征方程**. 其左端 $|\boldsymbol{A}-\lambda\boldsymbol{E}|$ 是 λ 的 n 次多项式，称为方阵 $\boldsymbol{A}$ 的**特征多项式**，并记为 $f(\lambda)$.

显然，由条件（3）最容易求得方阵 $\boldsymbol{A}$ 的特征值 λ，即特征方程的解. 特征方程在复数范围内恒有 n 个解（重根按重数计算），因此 n 阶方阵 $\boldsymbol{A}$ 在复数范围内有 n 个特征值.

下面讨论一下，当特征值已知时，求特征向量的问题.

设 $\lambda=\lambda_i$ 为方阵 $\boldsymbol{A}$ 的一个特征值，并注意到特征向量为非零向量，则由对应的齐次方程组

$$(\boldsymbol{A}-\lambda\boldsymbol{E})\boldsymbol{x}=\boldsymbol{0}$$

求得的非零解 $\boldsymbol{x}=\boldsymbol{p}_i$ 均为方阵 $\boldsymbol{A}$ 对应于特征值 λ_i 的特征向量. 进而，此方程组的所有非零解为方阵 $\boldsymbol{A}$ 对应于特征值 λ_i 的全部特征向量.

例 5.2 求矩阵 $\boldsymbol{A}=\begin{pmatrix}1 & -1\\ 2 & 4\end{pmatrix}$ 的特征值与特征向量.

解 矩阵 $\boldsymbol{A}$ 的特征方程为

$$|\boldsymbol{A}-\lambda\boldsymbol{E}|=\begin{vmatrix}1-\lambda & -1\\ 2 & 4-\lambda\end{vmatrix}=\lambda^2-5\lambda+6=0$$

所以 $\boldsymbol{A}$ 的特征值为 $\lambda_1=2,\lambda=3$.

当 $\lambda_1 = 2$ 时，解方程组 $(\boldsymbol{A}-2\boldsymbol{E})\boldsymbol{x}=\boldsymbol{0}$．由

$$\boldsymbol{A}-2\boldsymbol{E}=\begin{pmatrix}-1 & -1\\ 2 & 2\end{pmatrix}\to\begin{pmatrix}1 & 1\\ 0 & 0\end{pmatrix}$$

得

$$\begin{cases}x_1=-x_2\\ x_2=x_2\end{cases}$$

取 $x_2=1$，得基础解系 $\boldsymbol{p}_1=(-1,1)^{\mathrm{T}}$，故对应于 $\lambda_1=2$ 的全部特征向量为 $c_1\boldsymbol{p}_1\ (c_1\neq 0)$；

当 $\lambda_2 = 3$ 时，解方程组 $(\boldsymbol{A}-3\boldsymbol{E})\boldsymbol{x}=\boldsymbol{0}$．由

$$\boldsymbol{A}-3\boldsymbol{E}=\begin{pmatrix}-2 & -1\\ 2 & 1\end{pmatrix}\to\begin{pmatrix}1 & \frac{1}{2}\\ 0 & 0\end{pmatrix}$$

得

$$\begin{cases}x_1=-\dfrac{x_2}{2}\\ x_2=x_2\end{cases}$$

取 $x_2=2$，得基础解系 $\boldsymbol{p}_2=(-1,2)^{\mathrm{T}}$，故对应于 $\lambda_2=3$ 的全部特征向量为 $c_2\boldsymbol{p}_2(c_2\neq 0)$．

例 5.3　求下列矩阵的特征值与特征向量：

（1）$\begin{pmatrix}2 & -1 & 1\\ 0 & 3 & -1\\ 2 & 1 & 3\end{pmatrix}$；　　（2）$\begin{pmatrix}5 & -6 & -6\\ -1 & 4 & 2\\ 3 & -6 & -4\end{pmatrix}$．

解　（1）由

$$|\boldsymbol{A}-\lambda\boldsymbol{E}|=\begin{vmatrix}2-\lambda & -1 & 1\\ 0 & 3-\lambda & -1\\ 2 & 1 & 3-\lambda\end{vmatrix}=-(\lambda-4)(\lambda-2)^2=0$$

解得矩阵 $\boldsymbol{A}$ 的特征值为 $\lambda_1=4,\lambda_2=\lambda_3=2$．

当 $\lambda_1=4$ 时，解方程组 $(\boldsymbol{A}-4\boldsymbol{E})\boldsymbol{x}=\boldsymbol{0}$，由

$$\boldsymbol{A}-4\boldsymbol{E}=\begin{pmatrix}-2 & -1 & 1\\ 0 & -1 & -1\\ 2 & 1 & -1\end{pmatrix}\to\begin{pmatrix}1 & 0 & -1\\ 0 & 1 & 1\\ 0 & 0 & 0\end{pmatrix}$$

得基础解系 $\boldsymbol{p}_1=(1,-1,1)^{\mathrm{T}}$，故对应于 $\lambda_1=4$ 的全部特征向量为 $c_1\boldsymbol{p}_1(c_1\neq 0)$；

当 $\lambda_2=\lambda_3=2$ 时，解方程组 $(\boldsymbol{A}-2\boldsymbol{E})\boldsymbol{x}=\boldsymbol{0}$．由

$$\boldsymbol{A}-2\boldsymbol{E}=\begin{pmatrix}0 & -1 & 1\\ 0 & 1 & -1\\ 2 & 1 & 1\end{pmatrix}\to\begin{pmatrix}1 & 0 & 1\\ 0 & 1 & -1\\ 0 & 0 & 0\end{pmatrix}$$

得基础解系 $\boldsymbol{p}_2=(-1,1,1)^{\mathrm{T}}$，故对应于 $\lambda_2=\lambda_3=2$ 的全部特征向量为 $c_2\boldsymbol{p}_2\ (c_2\neq 0)$.

（2）由

$$|\boldsymbol{A}-\lambda\boldsymbol{E}|=\begin{vmatrix}5-\lambda & -6 & -6\\ -1 & 4-\lambda & 2\\ 3 & -6 & -4-\lambda\end{vmatrix}=-(\lambda-1)(2-\lambda)^2=0$$

解得矩阵 $\boldsymbol{A}$ 的特征值为 $\lambda_1=1,\lambda_2=\lambda_3=2$.

当 $\lambda_1=1$ 时，解方程组 $(\boldsymbol{A}-\boldsymbol{E})\boldsymbol{x}=\boldsymbol{0}$. 由

$$\boldsymbol{A}-\boldsymbol{E}=\begin{pmatrix}4 & -6 & -6\\ -1 & 3 & 2\\ 3 & -6 & -5\end{pmatrix}\rightarrow\begin{pmatrix}1 & 0 & -1\\ 0 & 1 & \dfrac{1}{3}\\ 0 & 0 & 0\end{pmatrix}$$

得基础解系 $\boldsymbol{p}_1=(3,-1,3)^{\mathrm{T}}$，故对应于 $\lambda_1=1$ 的全部特征向量为 $c_1\boldsymbol{p}_1(c_1\neq 0)$；

当 $\lambda_2=\lambda_3=2$ 时，解方程组 $(\boldsymbol{A}-2\boldsymbol{E})\boldsymbol{x}=\boldsymbol{0}$. 由

$$\boldsymbol{A}-2\boldsymbol{E}=\begin{pmatrix}3 & -6 & -6\\ -1 & 2 & 2\\ 3 & -6 & -6\end{pmatrix}\rightarrow\begin{pmatrix}1 & -2 & -2\\ 0 & 0 & 0\\ 0 & 0 & 0\end{pmatrix}$$

得基础解系 $\boldsymbol{p}_2=(2,1,0)^{\mathrm{T}}$ 和 $\boldsymbol{p}_3=(2,0,1)^{\mathrm{T}}$，故对应于 $\lambda_2=\lambda_3=2$ 的全部特征向量为 $c_2\boldsymbol{p}_2+c_3\boldsymbol{p}_3$（$c_2,c_3$ 不全为 0）.

由以上两例可以总结出求一个方阵的特征值和特征向量的步骤：

步骤一：由特征方程求所有的特征值；

步骤二：对于每一个特征值，求解对应的齐次方程组的所有非零解，即对应此特征值的全部特征向量.

例 5.4　设 λ 是方阵 $\boldsymbol{A}$ 的特征值，证明

（1）λ^2 是方阵 $\boldsymbol{A}^2$ 的特征值；

（2）当 $\boldsymbol{A}$ 可逆时，$\dfrac{1}{\lambda}$ 是方阵 $\boldsymbol{A}^{-1}$ 的特征值.

证明　因 λ 是方阵 $\boldsymbol{A}$ 的特征值，故有 $\boldsymbol{p}\neq\boldsymbol{0}$ 使 $\boldsymbol{A}\boldsymbol{p}=\lambda\boldsymbol{p}$. 于是

（1）

$$\boldsymbol{A}^2\boldsymbol{p}=\boldsymbol{A}(\boldsymbol{A}\boldsymbol{p})=\boldsymbol{A}(\lambda\boldsymbol{p})=\lambda(\boldsymbol{A}\boldsymbol{p})=\lambda^2\boldsymbol{p}$$

所以 λ^2 是方阵 $\boldsymbol{A}^2$ 的特征值.

（2）当 $\boldsymbol{A}$ 可逆时，由 $\boldsymbol{A}\boldsymbol{p}=\lambda\boldsymbol{p}$，有 $\boldsymbol{p}=\lambda\boldsymbol{A}^{-1}\boldsymbol{p}$，因 $\boldsymbol{p}\neq\boldsymbol{0}$，知 $\lambda\neq 0$，故

$$\boldsymbol{A}^{-1}\boldsymbol{p}=\frac{1}{\lambda}\boldsymbol{p}$$

所以 $\dfrac{1}{\lambda}$ 是方阵 $\boldsymbol{A}^{-1}$ 的特征值.

按此例类推，可以证明：若 λ 是方阵 $\boldsymbol{A}$ 的特征值，则 λ^k 是方阵 $\boldsymbol{A}^k$ 的特征值；$\varphi(\lambda)$ 是 $\varphi(\boldsymbol{A})$ 的特征值（其中 $\varphi(\lambda)=a_0+a_1\lambda+\cdots+a_m\lambda^m$ 是 λ 的多项式，$\varphi(\boldsymbol{A})=a_0\boldsymbol{E}+a_1\boldsymbol{A}+\cdots+a_m\boldsymbol{A}^m$ 是方阵 $\boldsymbol{A}$ 的多项式）.

设 n 阶方阵 $\boldsymbol{A}=(a_{ij})$ 的特征值为 $\lambda_1,\lambda_2,\cdots,\lambda_n$，则有下面性质成立：

（1） $\lambda_1+\lambda_2+\cdots+\lambda_n=a_{11}+a_{22}+\cdots+a_{nn}$.

（2） $\lambda_1\lambda_2\cdots\lambda_n=|\boldsymbol{A}|$.

例 5.5 设3阶方阵 $\boldsymbol{A}$ 的特征值为 $1,-5,3$，求 $|\boldsymbol{A}^*-2\boldsymbol{A}+3\boldsymbol{E}|$.

解 由 $\boldsymbol{A}$ 的特征值为 $1,-5,3$，得 $|\boldsymbol{A}|=\lambda_1\lambda_2\lambda_3=-15\neq 0$，可知 $\boldsymbol{A}$ 可逆，故

$$\boldsymbol{A}^*=|\boldsymbol{A}|\boldsymbol{A}^{-1}=-15\boldsymbol{A}^{-1}$$

所以

$$\varphi(\boldsymbol{A})=\boldsymbol{A}^*-2\boldsymbol{A}+3\boldsymbol{E}=-15\boldsymbol{A}^{-1}-2\boldsymbol{A}+3\boldsymbol{E}$$

进而 $\varphi(\lambda)=-\dfrac{15}{\lambda}-2\lambda+3$，故 $\varphi(\boldsymbol{A})$ 的特征值为 $\varphi(1)=-14$，$\varphi(-5)=16$，$\varphi(3)=-8$，于是

$$|\boldsymbol{A}^*-2\boldsymbol{A}+3\boldsymbol{E}|=(-14)\times16\times(-8)=1\ 792$$

定理 5.2 上（下）三角矩阵和对角矩阵的特征值与其对角线元素相同.

由方阵的特征方程及行列式运算可得此结论.

定理 5.3 相异特征值所对应的特征向量是线性无关的.

证明 设 $\lambda_1,\lambda_2,\cdots,\lambda_m$ 是方阵 $\boldsymbol{A}$ 的各不相等的特征值，$\boldsymbol{p}_1,\boldsymbol{p}_2,\cdots,\boldsymbol{p}_m$ 依次是与之对应的特征向量. 设有常数 $x_1,x_2,\cdots,x_m$ 使得

$$x_1\boldsymbol{p}_1+x_2\boldsymbol{p}_2+\cdots+x_m\boldsymbol{p}_m=\boldsymbol{0}$$

则

$$\boldsymbol{A}(x_1\boldsymbol{p}_1+x_2\boldsymbol{p}_2+\cdots+x_m\boldsymbol{p}_m)=\boldsymbol{0}$$

即

$$\lambda_1x_1\boldsymbol{p}_1+\lambda_2x_2\boldsymbol{p}_2+\cdots+\lambda_mx_m\boldsymbol{p}_m=\boldsymbol{0}$$

类推之，有

$$\lambda_1^kx_1\boldsymbol{p}_1+\lambda_2^kx_2\boldsymbol{p}_2+\cdots+\lambda_m^kx_m\boldsymbol{p}_m=\boldsymbol{0}\quad (k=1,2,\cdots,m-1)$$

将上列各式合写成矩阵形式，得

$$(x_1\boldsymbol{p}_1,x_2\boldsymbol{p}_2,\cdots,x_m\boldsymbol{p}_m)\begin{pmatrix}1&\lambda_1&\cdots&\lambda_1^{m-1}\\1&\lambda_2&\cdots&\lambda_2^{m-1}\\\vdots&\vdots&&\vdots\\1&\lambda_m&\cdots&\lambda_m^{m-1}\end{pmatrix}=(\boldsymbol{0},\boldsymbol{0},\cdots,\boldsymbol{0})$$

上式等号左端第二个矩阵的行列式为范德蒙德行列式，当 λ_i 各不相等时此行列式不等于 0，从而该矩阵可逆. 于是有

$$(x_1\boldsymbol{p}_1, x_2\boldsymbol{p}_2, \cdots, x_m\boldsymbol{p}_m) = (\boldsymbol{0}, \boldsymbol{0}, \cdots, \boldsymbol{0})$$

即

$$x_j\boldsymbol{p}_j = \boldsymbol{0} \quad (j = 1, 2, \cdots, m)$$

但 $\boldsymbol{p}_j \neq \boldsymbol{0}$，故 $x_j = 0\ (j = 1, 2, \cdots, m)$. 所以向量组 $\boldsymbol{p}_1, \boldsymbol{p}_2, \cdots, \boldsymbol{p}_m$ 线性无关.

由定理 5.3 可推广得到，对于方阵的每个特征值所对应的线性无关特征向量，所组成的新的向量组也是线性无关的. 例如，例 5.3（2）中对应于 $\lambda_1 = 1$，$\lambda_2 = \lambda_3 = 2$ 的特征向量

$$\boldsymbol{p}_1 = \begin{pmatrix} 3 \\ -1 \\ 3 \end{pmatrix}, \quad \boldsymbol{p}_2 = \begin{pmatrix} 2 \\ 1 \\ 0 \end{pmatrix}, \quad \boldsymbol{p}_3 = \begin{pmatrix} 2 \\ 0 \\ 1 \end{pmatrix}$$

是线性无关的.

第三节 相似矩阵与矩阵的对角化

一、相似矩阵

定义 5.6 设 $\boldsymbol{A}, \boldsymbol{B}$ 都是 n 阶方阵，若有可逆矩阵 $\boldsymbol{P}$，使

$$\boldsymbol{P}^{-1}\boldsymbol{A}\boldsymbol{P} = \boldsymbol{B}$$

则称 $\boldsymbol{B}$ 是 $\boldsymbol{A}$ 的**相似矩阵**，或称矩阵 $\boldsymbol{A}$ 与 $\boldsymbol{B}$ **相似**，记作 $\boldsymbol{A} \sim \boldsymbol{B}$. 运算 $\boldsymbol{P}^{-1}\boldsymbol{A}\boldsymbol{P}$ 称为对 $\boldsymbol{A}$ 进行**相似变换**，可逆矩阵 $\boldsymbol{P}$ 称为把 $\boldsymbol{A}$ 变成 $\boldsymbol{B}$ 的**相似变换矩阵**.

相似是矩阵之间的一种等价关系，它满足：

（1）自反性：$\boldsymbol{A} \sim \boldsymbol{A}$.

（2）对称性：若 $\boldsymbol{A} \sim \boldsymbol{B}$，则 $\boldsymbol{B} \sim \boldsymbol{A}$.

（3）传递性：若 $\boldsymbol{A} \sim \boldsymbol{B}$，$\boldsymbol{B} \sim \boldsymbol{C}$，则 $\boldsymbol{A} \sim \boldsymbol{C}$.

事实上，（1）和（2）显然成立，现证（3）.

因为若 $\boldsymbol{A} \sim \boldsymbol{B}$，$\boldsymbol{B} \sim \boldsymbol{C}$，则分别有可逆矩阵 $\boldsymbol{P}$ 与 $\boldsymbol{Q}$ 使得

$$\boldsymbol{P}^{-1}\boldsymbol{A}\boldsymbol{P} = \boldsymbol{B}, \quad \boldsymbol{Q}^{-1}\boldsymbol{B}\boldsymbol{Q} = \boldsymbol{C}$$

从而有

$$\boldsymbol{C} = \boldsymbol{Q}^{-1}(\boldsymbol{P}^{-1}\boldsymbol{A}\boldsymbol{P})\boldsymbol{Q} = (\boldsymbol{Q}^{-1}\boldsymbol{P}^{-1})\boldsymbol{A}(\boldsymbol{P}\boldsymbol{Q}) = (\boldsymbol{P}\boldsymbol{Q})^{-1}\boldsymbol{A}(\boldsymbol{P}\boldsymbol{Q})$$

由定义可知 $\boldsymbol{A} \sim \boldsymbol{C}$.

另外，在相似变换中，有两个常用的运算表达式：

（1）$\boldsymbol{P}^{-1}\boldsymbol{A}\boldsymbol{B}\boldsymbol{P} = (\boldsymbol{P}^{-1}\boldsymbol{A}\boldsymbol{P})(\boldsymbol{P}^{-1}\boldsymbol{B}\boldsymbol{P})$.

（2）$\boldsymbol{P}^{-1}(k\boldsymbol{A} + l\boldsymbol{B})\boldsymbol{P} = k\boldsymbol{P}^{-1}\boldsymbol{A}\boldsymbol{P} + l\boldsymbol{P}^{-1}\boldsymbol{B}\boldsymbol{P}$，其中 k, l 为任意实数.

定理 5.4 设 $\boldsymbol{A}\sim\boldsymbol{B}$，则 $\boldsymbol{A}$ 与 $\boldsymbol{B}$ 的特征多项式相同，进而也有相同的特征值.

证明 由于 $\boldsymbol{A}\sim\boldsymbol{B}$，所以存在可逆矩阵 $\boldsymbol{P}$，使得

$$\boldsymbol{P}^{-1}\boldsymbol{A}\boldsymbol{P}=\boldsymbol{B}$$

从而有

$$|\boldsymbol{B}-\lambda\boldsymbol{E}|=|\boldsymbol{P}^{-1}\boldsymbol{A}\boldsymbol{P}-\lambda\boldsymbol{E}|=|\boldsymbol{P}^{-1}(\boldsymbol{A}-\lambda\boldsymbol{E})\boldsymbol{P}|=|\boldsymbol{P}^{-1}|\cdot|\boldsymbol{A}-\lambda\boldsymbol{E}|\cdot|\boldsymbol{P}|=|\boldsymbol{A}-\lambda\boldsymbol{E}|$$

推论 1 设 $\boldsymbol{A}\sim\boldsymbol{B}$，则

（1）$|\boldsymbol{A}|=|\boldsymbol{B}|$，即相似矩阵有相同的行列式.

（2）$R(\boldsymbol{A})=R(\boldsymbol{B})$，即相似矩阵有相同的秩.

（3）当 $\boldsymbol{A},\boldsymbol{B}$ 可逆时，$\boldsymbol{A}^{-1}\sim\boldsymbol{B}^{-1}$.

（4）$\mathrm{tr}\boldsymbol{A}=\mathrm{tr}\boldsymbol{B}$.

（5）$\boldsymbol{A}^m\sim\boldsymbol{B}^m$.

（6）若 $f(x)$ 为任一多项式，则 $f(\boldsymbol{A})\sim f(\boldsymbol{B})$.

（7）$\boldsymbol{A}^{\mathrm{T}}\sim\boldsymbol{B}^{\mathrm{T}}$.

（8）若 $\boldsymbol{A}$ 属于特征值 λ 的特征向量为 $\boldsymbol{x}$，则 $\boldsymbol{B}$ 属于特征值 $\boldsymbol{\lambda}$ 的特征向量为 $\boldsymbol{P}^{-1}\boldsymbol{x}$.

证明 只证（1）（2）（3），其余的留给读者完成.

（1）$|\boldsymbol{B}|=|\boldsymbol{P}^{-1}\boldsymbol{A}\boldsymbol{P}|=|\boldsymbol{P}^{-1}|\cdot|\boldsymbol{A}|\cdot|\boldsymbol{P}|=|\boldsymbol{A}|$.

（2）因为

$$R(\boldsymbol{P}^{-1}\boldsymbol{A}\boldsymbol{P})=R(\boldsymbol{B}),\quad R(\boldsymbol{P}^{-1}\boldsymbol{A}\boldsymbol{P})=R(\boldsymbol{A})$$

故 $R(\boldsymbol{A})=R(\boldsymbol{B})$.

（3）因为

$$\boldsymbol{B}^{-1}=(\boldsymbol{P}^{-1}\boldsymbol{A}\boldsymbol{P})^{-1}=\boldsymbol{P}^{-1}\boldsymbol{A}^{-1}(\boldsymbol{P}^{-1})^{-1}=\boldsymbol{P}^{-1}\boldsymbol{A}^{-1}\boldsymbol{P}$$

即 $\boldsymbol{A}^{-1}\sim\boldsymbol{B}^{-1}$.

在相似变换中也常利用此推论进行计算. 例如，已知 $\boldsymbol{A}\sim\boldsymbol{B}$，且

$$\boldsymbol{B}=\begin{pmatrix}1&-1&0\\2&2&0\\0&0&3\end{pmatrix}$$

则由（1）可得 $|\boldsymbol{A}|=|\boldsymbol{B}|=12$.

推论 2 若 n 阶矩阵 $\boldsymbol{A}$ 与对角阵

$$\boldsymbol{\Lambda}=\begin{pmatrix}\lambda_1&&&\\&\lambda_2&&\\&&\ddots&\\&&&\lambda_n\end{pmatrix}$$

相似，则 $\lambda_1,\lambda_2,\cdots,\lambda_n$ 即是 $\boldsymbol{A}$ 的 n 个特征值.

证明　因 $\lambda_1,\lambda_2,\cdots,\lambda_n$ 是 $\boldsymbol{A}$ 的 n 个特征值，由定理 5.4 知 $\lambda_1,\lambda_2,\cdots,\lambda_n$ 也就是 $\boldsymbol{A}$ 的 n 个特征值.

二、矩阵的对角化

由于对角阵具有的性质很容易得到，所以当一个方阵 $\boldsymbol{A}$ 与一个对角阵 $\boldsymbol{\Lambda}$ 相似时，我们可以通过研究对角阵 $\boldsymbol{\Lambda}$ 的性质，得到 $\boldsymbol{A}$ 的若干性质. 因此，下面讨论方阵与一个对角阵相似的问题.

定义 5.7　如果 n 阶方阵 $\boldsymbol{A}$ 与对角阵 $\boldsymbol{\Lambda}$ 相似，即存在 n 阶可逆矩阵 $\boldsymbol{P}$，使得

$$\boldsymbol{P}^{-1}\boldsymbol{A}\boldsymbol{P}=\boldsymbol{\Lambda}$$

其中 $\boldsymbol{\Lambda}$ 是 n 阶对角阵，且主对角元是 $\boldsymbol{A}$ 的特征值，那么称方阵 $\boldsymbol{A}$ 可对角化.

由相似变换的运算式可以得到一个有趣的结论：设 n 阶方阵 $\boldsymbol{A}$ 与对角阵 $\boldsymbol{\Lambda}$ 相似，并且 $f(\lambda)$ 是矩阵 $\boldsymbol{A}$ 的特征多项式，则 $f(\boldsymbol{A})=\boldsymbol{O}$.

事实上，存在可逆矩阵 $\boldsymbol{P}$，使得

$$\boldsymbol{P}^{-1}\boldsymbol{A}\boldsymbol{P}=\boldsymbol{\Lambda}=\mathrm{diag}(\lambda_1,\lambda_2,\cdots,\lambda_n)$$

其中 λ_i 为 $\boldsymbol{A}$ 的特征值，有 $f(\lambda_i)=0$. 于是，由 $\boldsymbol{A}=\boldsymbol{P}\boldsymbol{\Lambda}\boldsymbol{P}^{-1}$，有

$$f(\boldsymbol{A})=\boldsymbol{P}f(\boldsymbol{\Lambda})\boldsymbol{P}^{-1}=\boldsymbol{P}\begin{pmatrix}f(\lambda_1)&&\\&\ddots&\\&&f(\lambda_n)\end{pmatrix}\boldsymbol{P}^{-1}=\boldsymbol{P}\boldsymbol{O}\boldsymbol{P}^{-1}=\boldsymbol{O}$$

定理 5.5（方阵可对角化的充要条件）　n 阶方阵 $\boldsymbol{A}$ 与对角阵 $\boldsymbol{\Lambda}$ 相似的充分必要条件是方阵 $\boldsymbol{A}$ 有 n 个线性无关的特征向量.

证明　必要性. 方阵 $\boldsymbol{A}$ 与对角阵 $\boldsymbol{\Lambda}=\mathrm{diag}(\lambda_1,\lambda_2,\cdots,\lambda_n)$ 相似，则存在可逆矩阵 $\boldsymbol{P}$，有

$$\boldsymbol{P}^{-1}\boldsymbol{A}\boldsymbol{P}=\mathrm{diag}(\lambda_1,\lambda_2,\cdots,\lambda_n)$$

即

$$\boldsymbol{A}\boldsymbol{P}=\boldsymbol{P}\mathrm{diag}(\lambda_1,\lambda_2,\cdots,\lambda_n)$$

设 $\boldsymbol{P}=(\boldsymbol{p}_1,\boldsymbol{p}_2,\cdots,\boldsymbol{p}_n)$，则 $\boldsymbol{p}_1,\boldsymbol{p}_2,\cdots,\boldsymbol{p}_n$ 线性无关，$\boldsymbol{p}_i\neq\boldsymbol{0}\ (i=1,2,\cdots,n)$，从而有

$$\boldsymbol{A}\boldsymbol{p}_i=\lambda_i\boldsymbol{p}_i\quad(i=1,2,\cdots,n)$$

即 $\boldsymbol{p}_i$ 为 $\boldsymbol{A}$ 的属于特征值 λ_i 的特征向量. 由 $\boldsymbol{P}$ 可逆知 $\boldsymbol{A}$ 有 n 个线性无关的特征向量.

充分性. 设方阵 $\boldsymbol{A}$ 有 n 个线性无关的特征向量 $\boldsymbol{p}_1,\boldsymbol{p}_2,\cdots,\boldsymbol{p}_n$，它们分别属于方阵 $\boldsymbol{A}$ 的特征值 $\lambda_1,\lambda_2,\cdots,\lambda_n$，即有

$$\boldsymbol{A}\boldsymbol{p}_i=\lambda_i\boldsymbol{p}_i\quad(i=1,2,\cdots,n)$$

写成矩阵的形式就是

$$(\boldsymbol{A}\boldsymbol{p}_1,\boldsymbol{A}\boldsymbol{p}_2,\cdots,\boldsymbol{A}\boldsymbol{p}_n)=(\lambda_1\boldsymbol{p}_1,\lambda_2\boldsymbol{p}_2,\cdots,\lambda_n\boldsymbol{p}_n)$$

从而

$$A(p_1,p_2,\cdots,p_n)=(p_1,p_2,\cdots,p_n)\mathrm{diag}(\lambda_1,\lambda_2,\cdots,\lambda_n)$$

令 $P=(p_1,p_2,\cdots,p_n)$，则 P 可逆（因为 P 的 n 个列向量线性无关），且有

$$AP=P\mathrm{diag}(\lambda_1,\lambda_2,\cdots,\lambda_n)$$

则

$$P^{-1}AP=\mathrm{diag}(\lambda_1,\lambda_2,\cdots,\lambda_n)$$

所以方阵 A 与对角阵相似.

当 n 阶方阵 A 有 n 个互不相等的特征值，则由定理 5.3 可得:

推论（方阵可对角化的充分条件） 如果 n 阶方阵 A 有 n 个互不相等的特征值，则方阵 A 与对角矩阵相似，即方阵 A 可对角化.

当方阵 A 的特征方程有重根时，就不一定有 n 个线性无关的特征向量，从而不一定能对角化. 例如，第一节中的例 5.3 中（1）的特征方程有二重根，但找不到 2 个线性无关的特征向量与之对应，因此不能对角化；而（2）的特征方程也有二重根，却能找到 2 个线性无关的特征向量与之对应，因此能对角化.

例 5.6 设 $A=\begin{pmatrix}0&0&1\\1&1&a\\1&0&0\end{pmatrix}$，问 a 为何值时，矩阵 A 可对角化?

解 因为

$$|A-\lambda E|=\begin{vmatrix}-\lambda&0&1\\1&1-\lambda&a\\1&0&-\lambda\end{vmatrix}=-(\lambda-1)^2(\lambda+1)$$

则特征值为 $\lambda_1=-1$，$\lambda_2=\lambda_3=1$. 要使矩阵 A 可对角化，由定理 5.5 知：当单根 $\lambda_1=-1$，可求得 1 个线性无关的特征向量；而对应重根 $\lambda_2=\lambda_3=1$，应有 2 个线性无关的特征向量，即方程 $(A-E)x=0$ 有 2 个线性无关的解，即系数矩阵 $A-E$ 的秩为 1.

由

$$A-E=\begin{pmatrix}-1&0&1\\1&0&a\\1&0&-1\end{pmatrix}\to\begin{pmatrix}1&0&-1\\0&0&1+a\\0&0&0\end{pmatrix}$$

可得 $1+a=0$，即 $a=-1$.

三、对称矩阵的对角化问题

方阵 A 在什么条件下可对角化，是一个复杂的问题. 下面我们讨论一种特殊矩阵，即对称矩阵的对角化问题.

定理 5.6 对称矩阵的特征值为实数.

这里不予以证明.

定理 5.7 设 λ_1,λ_2 是对称阵 $\boldsymbol{A}$ 的两个特征值，$\boldsymbol{p}_1,\boldsymbol{p}_2$ 是对应的特征向量. 若 $\lambda_1\neq\lambda_2$，则 $\boldsymbol{p}_1$ 与 $\boldsymbol{p}_2$ 正交.

证明 由题意得

$$\lambda_1\boldsymbol{p}_1=\boldsymbol{A}\boldsymbol{p}_1,\quad \lambda_2\boldsymbol{p}_2=\boldsymbol{A}\boldsymbol{p}_2$$

且 $\lambda_1\neq\lambda_2$. 因为 $\boldsymbol{A}$ 对称，故

$$\lambda_1\boldsymbol{p}_1^{\mathrm{T}}=(\lambda_1\boldsymbol{p}_1)^{\mathrm{T}}=(\boldsymbol{A}\boldsymbol{p}_1)^{\mathrm{T}}=\boldsymbol{p}_1^{\mathrm{T}}\boldsymbol{A}^{\mathrm{T}}=\boldsymbol{p}_1^{\mathrm{T}}\boldsymbol{A}$$

于是

$$\lambda_1\boldsymbol{p}_1^{\mathrm{T}}\boldsymbol{p}_2=\boldsymbol{p}_1^{\mathrm{T}}\boldsymbol{A}\boldsymbol{p}_2=\boldsymbol{p}_1^{\mathrm{T}}(\lambda_2\boldsymbol{p}_2)=\lambda_2\boldsymbol{p}_1^{\mathrm{T}}\boldsymbol{p}_2$$

即

$$(\lambda_1-\lambda_2)\boldsymbol{p}_1^{\mathrm{T}}\boldsymbol{p}_2=0$$

但 $\lambda_1\neq\lambda_2$，故 $\boldsymbol{p}_1^{\mathrm{T}}\boldsymbol{p}_2=0$，即 $\boldsymbol{p}_1$ 与 $\boldsymbol{p}_2$ 正交.

定义 5.8 如果 n 阶方阵 $\boldsymbol{A}$ 满足

$$\boldsymbol{A}^{\mathrm{T}}\boldsymbol{A}=\boldsymbol{E}\quad \text{即}\quad \boldsymbol{A}^{-1}=\boldsymbol{A}^{\mathrm{T}}$$

那么称 $\boldsymbol{A}$ 为**正交矩阵**，简称**正交阵**.

设 $\boldsymbol{A}=(\boldsymbol{a}_1,\boldsymbol{a}_2,\cdots,\boldsymbol{a}_n)$，则由定义得到

$$\boldsymbol{a}_i^{\mathrm{T}}\boldsymbol{a}_j=\delta_{ij}=\begin{cases}1, & i=j\\ 0, & i\neq j\end{cases},\quad (i,j=1,2,\cdots,n)$$

即方阵 $\boldsymbol{A}$ 为正交阵的充要条件是 $\boldsymbol{A}$ 的列向量都是单位向量，并且两两正交，即列向量组为标准正交向量组. 对于行向量组也有同样的结论.

正交矩阵有下述性质：

(1) 若 $\boldsymbol{A}$ 为正交阵，则 $\boldsymbol{A}^{-1}=\boldsymbol{A}^{\mathrm{T}}$ 也是正交阵，且 $|\boldsymbol{A}|=\pm1$.

(2) 若 $\boldsymbol{A}$ 和 $\boldsymbol{B}$ 都是正交阵，则 $\boldsymbol{AB}$ 也是正交阵.

例 5.7 设 $\boldsymbol{A}$ 为正交阵，且 $|\boldsymbol{A}|=-1$，证明：$|\boldsymbol{A}+\boldsymbol{E}|=0$.

证明 因为 $\boldsymbol{A}$ 为正交阵，所以 $\boldsymbol{A}^{-1}=\boldsymbol{A}^{\mathrm{T}}$，进而有 $\boldsymbol{A}^{\mathrm{T}}\boldsymbol{A}=\boldsymbol{E}$. 因此

$$\begin{aligned}|\boldsymbol{A}+\boldsymbol{E}|&=|\boldsymbol{A}+\boldsymbol{A}^{-1}\boldsymbol{A}|=|(\boldsymbol{E}+\boldsymbol{A}^{-1})\boldsymbol{A}|\\&=|\boldsymbol{E}+\boldsymbol{A}^{-1}||\boldsymbol{A}|=|\boldsymbol{E}+\boldsymbol{A}^{\mathrm{T}}||\boldsymbol{A}|=|\boldsymbol{E}+\boldsymbol{A}||\boldsymbol{A}|=-|\boldsymbol{E}+\boldsymbol{A}|\end{aligned}$$

则 $|\boldsymbol{A}+\boldsymbol{E}|=0$.

定义 5.9 若 $\boldsymbol{P}$ 为正交阵，则线性变换 $\boldsymbol{y}=\boldsymbol{P}\boldsymbol{x}$ 称为正交变换.

对于对称阵，有下面重要的结论成立.

定理 5.8 设 $\boldsymbol{A}$ 为 n 阶对称阵，则必有正交阵 $\boldsymbol{P}$，使得 $\boldsymbol{P}^{-1}\boldsymbol{A}\boldsymbol{P}=\boldsymbol{P}^{\mathrm{T}}\boldsymbol{A}\boldsymbol{P}=\boldsymbol{\varLambda}$，其中 $\boldsymbol{\varLambda}$ 是以 $\boldsymbol{A}$ 的 n 个特征值为主对角元的对角阵.

这个定理不予以证明.

推论 设 $\boldsymbol{A}$ 为 n 阶对称阵，λ 是 $\boldsymbol{A}$ 的特征方程的 k 重根，则 $R(\boldsymbol{A}-\lambda\boldsymbol{E})=n-k$. 也就是说，对应特征值 λ 恰有 k 个线性无关的特征向量.

证明 由定理 5.8 可知对称阵 $\boldsymbol{A}$ 与对角阵 $\boldsymbol{\Lambda}=\mathrm{diag}(\lambda_1,\lambda_2,\cdots,\lambda_n)$ 相似，从而 $\boldsymbol{A}-\lambda\boldsymbol{E}$ 与 $\boldsymbol{\Lambda}-\lambda\boldsymbol{E}=\mathrm{diag}(\lambda_1-\lambda,\lambda_2-\lambda,\cdots,\lambda_n-\lambda)$ 相似. 当 λ 是 $\boldsymbol{A}$ 的 k 重根时，$\lambda_1,\lambda_2,\cdots,\lambda_n$ 中有 k 个根等于 λ，有 $n-k$ 个根不等于 λ，从而对角阵 $\boldsymbol{\Lambda}-\lambda\boldsymbol{E}$ 的主对角元中恰有 k 个等于 0，则

$$R(\boldsymbol{\Lambda}-\lambda\boldsymbol{E})=n-k$$

而 $R(\boldsymbol{A}-\lambda\boldsymbol{E})=R(\boldsymbol{\Lambda}-\lambda\boldsymbol{E})$，所以

$$R(\boldsymbol{A}-\lambda\boldsymbol{E})=n-k$$

由上面的讨论可以知道，对称阵必存在一个正交阵使其对角化，而由矩阵的对角化可以了解到相似变换矩阵不一定是正交阵，只是由此构成的列向量组为线性无关向量组，那么是否能从线性无关向量组导出标准正交向量组？如果可以，怎样导出？

设 $\boldsymbol{\alpha}_1,\boldsymbol{\alpha}_2,\boldsymbol{\alpha}_3$ 是线性无关的，首先取 $\boldsymbol{\beta}_1=\boldsymbol{\alpha}_1$ 作为所求正交向量组中的一个向量，如图 5.1 所示.

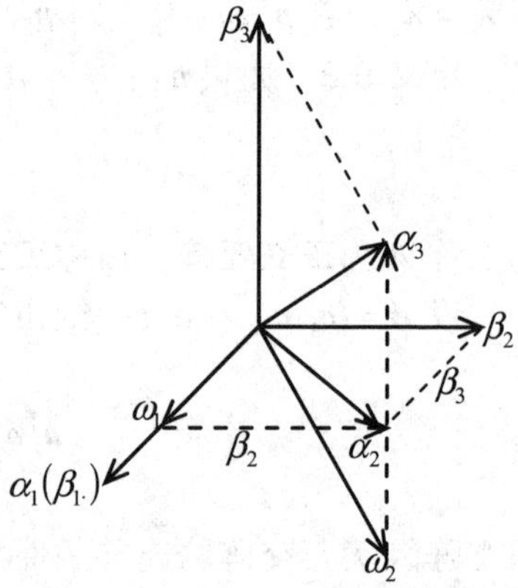

图 5.1 施密特正交化方法

其次取与 $\boldsymbol{\beta}_1$ 正交的向量 $\boldsymbol{\beta}_2=\boldsymbol{\alpha}_2-\boldsymbol{\omega}_1$，而 $\boldsymbol{\omega}_1=k\boldsymbol{\beta}_1$，其中 k 为待定系数，即 $\boldsymbol{\beta}_2=\boldsymbol{\alpha}_2-k\boldsymbol{\beta}_1$，且 $\boldsymbol{\beta}_2^{\mathrm{T}}\boldsymbol{\beta}_1=0$，于是有

$$0=\boldsymbol{\beta}_2^{\mathrm{T}}\boldsymbol{\beta}_1=(\boldsymbol{\alpha}_2-k\boldsymbol{\beta}_1)^{\mathrm{T}}\boldsymbol{\beta}_1=\boldsymbol{\alpha}_2^{\mathrm{T}}\boldsymbol{\beta}_1-k\boldsymbol{\beta}_1^{\mathrm{T}}\boldsymbol{\beta}_1$$

由此得 $k=\dfrac{\boldsymbol{\alpha}_2^{\mathrm{T}}\boldsymbol{\beta}_1}{\boldsymbol{\beta}_1^{T}\boldsymbol{\beta}_1}$，从而

$$\boldsymbol{\beta}_2=\boldsymbol{\alpha}_2-\frac{\boldsymbol{\alpha}_2^{\mathrm{T}}\boldsymbol{\beta}_1}{\boldsymbol{\beta}_1^{T}\boldsymbol{\beta}_1}\boldsymbol{\beta}_1$$

这里 $\boldsymbol{\beta}_2\neq\boldsymbol{0}$，否则 $\boldsymbol{\alpha}_1,\boldsymbol{\alpha}_2$ 共线，此与 $\boldsymbol{\alpha}_1,\boldsymbol{\alpha}_2$ 线性无关相矛盾. 于是得到两个正交的向量 $\boldsymbol{\beta}_1,\boldsymbol{\beta}_2$.

取 $\boldsymbol{\beta}_3$ 与 $\boldsymbol{\beta}_1,\boldsymbol{\beta}_2$ 都正交，即 $\boldsymbol{\beta}_3$ 垂直于 $\boldsymbol{\beta}_1,\boldsymbol{\beta}_2$ 所确定的平面. 由图 5.1 可知，可取 $\boldsymbol{\beta}_3=\boldsymbol{\alpha}_3-\boldsymbol{\omega}_2$，而 $\boldsymbol{\omega}_2=k_1\boldsymbol{\beta}_1+k_2\boldsymbol{\beta}_2$，于是 $\boldsymbol{\beta}_3=\boldsymbol{\alpha}_3-k_1\boldsymbol{\beta}_1-k_2\boldsymbol{\beta}_2$，则由两两正交得 $k_1=\dfrac{\boldsymbol{\alpha}_3^{\mathrm{T}}\boldsymbol{\beta}_1}{\boldsymbol{\beta}_1^{\mathrm{T}}\boldsymbol{\beta}_1}$，$k_2=\dfrac{\boldsymbol{\alpha}_3^{\mathrm{T}}\boldsymbol{\beta}_2}{\boldsymbol{\beta}_2^{\mathrm{T}}\boldsymbol{\beta}_2}$，因此

$$\boldsymbol{\beta}_3=\alpha_3-\frac{\alpha_3^{\mathrm{T}}\boldsymbol{\beta}_1}{\boldsymbol{\beta}_1^{\mathrm{T}}\boldsymbol{\beta}_1}\boldsymbol{\beta}_1-\frac{\alpha_3^{\mathrm{T}}\boldsymbol{\beta}_2}{\boldsymbol{\beta}_2^{\mathrm{T}}\boldsymbol{\beta}_2}\boldsymbol{\beta}_2$$

同理 $\boldsymbol{\beta}_3\neq\boldsymbol{0}$，于是 $\boldsymbol{\beta}_1,\boldsymbol{\beta}_2,\boldsymbol{\beta}_3$ 是正交向量组.

由此得到将 $\boldsymbol{\alpha}_1,\boldsymbol{\alpha}_2,\boldsymbol{\alpha}_3$ 化为正交向量组 $\boldsymbol{\beta}_1,\boldsymbol{\beta}_2,\boldsymbol{\beta}_3$ 的公式

$$\begin{cases}\boldsymbol{\beta}_1=\boldsymbol{\alpha}_1\\ \boldsymbol{\beta}_2=\boldsymbol{\alpha}_2-\dfrac{\boldsymbol{\alpha}_2^{\mathrm{T}}\boldsymbol{\beta}_1}{\boldsymbol{\beta}_1^{\mathrm{T}}\boldsymbol{\beta}_1}\boldsymbol{\beta}_1\\ \boldsymbol{\beta}_3=\boldsymbol{\alpha}_3-\dfrac{\boldsymbol{\alpha}_3^{\mathrm{T}}\boldsymbol{\beta}_1}{\boldsymbol{\beta}_1^{\mathrm{T}}\boldsymbol{\beta}_1}\boldsymbol{\beta}_1-\dfrac{\boldsymbol{\alpha}_3^{\mathrm{T}}\boldsymbol{\beta}_2}{\boldsymbol{\beta}_2^{\mathrm{T}}\boldsymbol{\beta}_2}\boldsymbol{\beta}_2\end{cases}$$

因为单位化不影响向量的正交性，所以将 $\boldsymbol{\beta}_1,\boldsymbol{\beta}_2,\boldsymbol{\beta}_3$ 单位化后，即 $\boldsymbol{e}_i=\dfrac{\boldsymbol{\beta}_i}{\|\boldsymbol{\beta}_i\|}$ （$i=1,2,3$），可以得到标准正交向量组.

此方法应用数学归纳法可以推广到任意一个线性无关向量组 $\boldsymbol{\alpha}_1,\boldsymbol{\alpha}_2,\cdots,\boldsymbol{\alpha}_m$. 首先取 $\boldsymbol{\beta}_1=\boldsymbol{\alpha}_1$ ；然后每一个 $\boldsymbol{\beta}_i$ 与前面的 $\boldsymbol{\beta}_1,\boldsymbol{\beta}_2,\cdots,\boldsymbol{\beta}_{i-1}$ 都正交，则

$$\boldsymbol{\beta}_i=\boldsymbol{\alpha}_i-\frac{\boldsymbol{\alpha}_i^{\mathrm{T}}\boldsymbol{\beta}_1}{\boldsymbol{\beta}_1^{\mathrm{T}}\boldsymbol{\beta}_1}\boldsymbol{\beta}_1-\frac{\boldsymbol{\alpha}_i^{\mathrm{T}}\boldsymbol{\beta}_2}{\boldsymbol{\beta}_2^{\mathrm{T}}\boldsymbol{\beta}_2}\boldsymbol{\beta}_2-\cdots-\frac{\boldsymbol{\alpha}_i^{\mathrm{T}}\boldsymbol{\beta}_{i-1}}{\boldsymbol{\beta}_{i-1}^{\mathrm{T}}\boldsymbol{\beta}_{i-1}}\boldsymbol{\beta}_{i-1}\quad (i=2,3,\cdots,m)$$

进而单位化

$$\boldsymbol{e}_i=\frac{\boldsymbol{\beta}_i}{\|\boldsymbol{\beta}_i\|}\quad (i=1,2,3,\cdots,m)$$

得到标准正交向量组 $\boldsymbol{e}_1,\boldsymbol{e}_2,\cdots,\boldsymbol{e}_m$.

这种方法称为**施密特（Gram-Schmidt）正交化方法**.

由定理 5.8 和推论，我们可以将对称阵 $\boldsymbol{A}$ 对角化的步骤总结如下：

（1）求出 $\boldsymbol{A}$ 的全部互不相等的特征值 $\lambda_1,\lambda_2,\cdots,\lambda_s$ ，重数依次为 $k_1,k_2,\cdots,k_s$ ，其中 $k_1+k_2+\cdots+k_s=n$.

（2）对每个 k_i 重特征值 λ_i ，则对应齐次方程组的基础解系由 k_i 个向量构成，即 λ_i 为对应的线性无关的特征向量；再把它们正交化和单位化，得到 k_i 个两两正交的单位特征向量，因 $k_1+k_2+\cdots+k_s=n$ ，故可以得到 n 维标准正交向量组.

（3）设正交阵 $\boldsymbol{P}$ 是以这个 n 维标准正交向量组中向量为列构成的矩阵，则有 $\boldsymbol{P}^{-1}\boldsymbol{A}\boldsymbol{P}=\boldsymbol{\Lambda}$. 注意 $\boldsymbol{\Lambda}$ 中主对角元排列次序与 $\boldsymbol{P}$ 中列向量的排列次序相对应.

例 5.8　设实对称阵 $\boldsymbol{A}=\begin{pmatrix}0&-1&1\\-1&0&1\\1&1&0\end{pmatrix}$，求正交矩阵 $\boldsymbol{P}$，使 $\boldsymbol{P}^{-1}\boldsymbol{A}\boldsymbol{P}$ 为对角阵.

解　由

$$|\boldsymbol{A}-\lambda\boldsymbol{E}|=\begin{vmatrix}-\lambda&-1&1\\-1&-\lambda&1\\1&1&-\lambda\end{vmatrix}=-(\lambda-1)^2(\lambda+2)=0$$

则特征值为 $\lambda_1=-2$ ，$\lambda_2=\lambda_3=1$.

当 $\lambda_1=-2$ 时，

$$\boldsymbol{A}+2\boldsymbol{E}=\begin{pmatrix}2&-1&1\\-1&2&1\\1&1&2\end{pmatrix}\to\begin{pmatrix}1&0&1\\0&1&1\\0&0&0\end{pmatrix}$$

得基础解系 $\boldsymbol{\xi}_1=(-1,-1,1)^{\mathrm{T}}$. 将其单位化得 $\boldsymbol{p}_1=\dfrac{1}{\sqrt{3}}(-1,-1,1)^{\mathrm{T}}$.

当 $\lambda_2=\lambda_3=1$ 时，

$$A-E=\begin{pmatrix}-1&-1&1\\-1&-1&1\\1&1&-1\end{pmatrix}\to\begin{pmatrix}1&1&-1\\0&0&0\\0&0&0\end{pmatrix}$$

得基础解系$\boldsymbol{\xi}_2=(-1,1,0)^{\mathrm{T}}$，$\boldsymbol{\xi}_3=(1,0,1)^{\mathrm{T}}$.

下面将$\boldsymbol{\xi}_2,\boldsymbol{\xi}_3$正交化．取$\boldsymbol{\eta}_2=\boldsymbol{\xi}_2$，则

$$\boldsymbol{\eta}_3=\boldsymbol{\xi}_3-\frac{\boldsymbol{\eta}_2^{\mathrm{T}}\boldsymbol{\xi}_3}{\boldsymbol{\eta}_2^{\mathrm{T}}\boldsymbol{\eta}_2}\boldsymbol{\eta}_2=\frac{1}{2}(1,1,2)^{\mathrm{T}}$$

再将$\boldsymbol{\eta}_2,\boldsymbol{\eta}_3$单位化，得$\boldsymbol{p}_2=\frac{1}{\sqrt{2}}(-1,1,0)^{\mathrm{T}}$，$\boldsymbol{p}_3=\frac{1}{\sqrt{6}}(1,1,2)^{\mathrm{T}}$.

将$\boldsymbol{p}_1,\boldsymbol{p}_2,\boldsymbol{p}_3$构成正交阵

$$\boldsymbol{P}=(\boldsymbol{p}_1,\boldsymbol{p}_2,\boldsymbol{p}_3)=\begin{pmatrix}-\frac{1}{\sqrt{3}}&-\frac{1}{\sqrt{2}}&\frac{1}{\sqrt{6}}\\-\frac{1}{\sqrt{3}}&\frac{1}{\sqrt{2}}&\frac{1}{\sqrt{6}}\\\frac{1}{\sqrt{3}}&0&\frac{2}{\sqrt{6}}\end{pmatrix}$$

则

$$\boldsymbol{P}^{-1}\boldsymbol{AP}=\boldsymbol{\Lambda}=\begin{pmatrix}-2&0&0\\0&1&0\\0&0&1\end{pmatrix}$$

矩阵间的相似关系实质上考虑的是矩阵的一种分解，即若矩阵$\boldsymbol{A}$可对角化，则有$\boldsymbol{A}=\boldsymbol{P}^{-1}\boldsymbol{\Lambda P}$．这种分解使得对于任意的正整数$k$，可以快速地计算出$\boldsymbol{A}^k=\boldsymbol{P}^{-1}\boldsymbol{\Lambda}^k\boldsymbol{P}$．其实这也是线性代数很多应用中的一个基本思想.

例 5.9 设$\boldsymbol{A}=\begin{pmatrix}2&-1\\-1&2\end{pmatrix}$，求$\boldsymbol{A}^{10}$.

解 因$\boldsymbol{A}$对称，故$\boldsymbol{A}$可对角化，即有可逆阵$\boldsymbol{P}$，使得$\boldsymbol{P}^{-1}\boldsymbol{AP}=\boldsymbol{\Lambda}$，于是$\boldsymbol{A}=\boldsymbol{P\Lambda P}^{-1}$，从而

$$\boldsymbol{A}^{10}=P\boldsymbol{\Lambda}(\boldsymbol{P}^{-1}\boldsymbol{P})\boldsymbol{\Lambda}(\boldsymbol{P}^{-1}\boldsymbol{P})\boldsymbol{\Lambda P}^{-1}\cdots(\boldsymbol{P}^{-1}\boldsymbol{P})\boldsymbol{\Lambda P}^{-1}=\boldsymbol{P\Lambda}^{10}\boldsymbol{P}^{-1}$$

由

$$|\boldsymbol{A}-\lambda\boldsymbol{E}|=\begin{vmatrix}2-\lambda&-1\\-1&2-\lambda\end{vmatrix}=(\lambda-1)(\lambda-3)=0$$

则特征值$\lambda_1=1$，$\lambda_2=3$．于是

$$\boldsymbol{\Lambda}=\begin{pmatrix}1&0\\0&3\end{pmatrix},\quad \boldsymbol{\Lambda}^{10}=\begin{pmatrix}1&0\\0&3^{10}\end{pmatrix}$$

因当 $\lambda_1 = 1$ 时，对应的特征向量为 $\boldsymbol{\xi}_1 = (1,1)^{\mathrm{T}}$；

当 $\lambda_2 = 3$ 时，对应的特征向量为 $\boldsymbol{\xi}_2 = (1,-1)^{\mathrm{T}}$，

故设 $\boldsymbol{P} = (\boldsymbol{\xi}_1, \boldsymbol{\xi}_2) = \begin{pmatrix} 1 & 1 \\ 1 & -1 \end{pmatrix}$，可求得 $\boldsymbol{P}^{-1} = \dfrac{1}{2}\begin{pmatrix} 1 & 1 \\ 1 & -1 \end{pmatrix}$. 于是

$$\boldsymbol{A}^{10} = \boldsymbol{P}\boldsymbol{\Lambda}^{10}\boldsymbol{P}^{-1} = \frac{1}{2}\begin{pmatrix} 1 & 1 \\ 1 & -1 \end{pmatrix}\begin{pmatrix} 1 & 0 \\ 0 & 3^{10} \end{pmatrix}\begin{pmatrix} 1 & 1 \\ 1 & -1 \end{pmatrix} = \frac{1}{2}\begin{pmatrix} 1+3^{10} & 1-3^{10} \\ 1-3^{10} & 1+3^{10} \end{pmatrix}$$

第四节　二次型及其标准型

一、二次型的概念

二次型的理论起源于解析几何中的二次曲线和二次曲面方程的化简问题. 在解析几何中，为了便于研究二次曲线

$$ax^2 + bxy + cy^2 = 1$$

的几何性质，可以选择适当的坐标旋转变换

$$\begin{cases} x = x'\cos\theta - y'\sin\theta \\ y = x'\sin\theta + y'\cos\theta \end{cases}$$

把方程化为标准形式

$$mx'^2 + ny'^2 = 1$$

对于空间上的二次曲面也有类似的做法. 这类问题具有普遍性，在许多理论问题或实际问题中常会遇到. 现在我们把这类问题一般化，讨论 n 个变量的二次齐次多项式的化简问题.

定义 5.10　含有 n 个变量 $x_1, x_2, \cdots, x_n$ 的二次齐次函数

$$\begin{aligned} f(x_1, x_2, \cdots, x_n) = {} & a_{11}x_1^2 + a_{22}x_2^2 + \cdots + a_{nn}x_n^2 + \\ & 2a_{12}x_1x_2 + 2a_{13}x_1x_3 + \cdots + 2a_{n-1,n}x_{n-1}x_n \end{aligned} \tag{5.3}$$

称为**二次型**.

当 a_{ij} 为复数时，f 称为复二次型；当 a_{ij} 为实数时，f 称为实二次型. 本节只讨论实二次型.

在（5.3）式中，取 $a_{ij} = a_{ji}$，则 $2a_{ij}x_ix_j = a_{ij}x_ix_j + a_{ji}x_jx_i$，进而二次型可以改写为

$$\begin{aligned} f(x_1, x_2, \cdots, x_n) = {} & a_{11}x_1^2 + a_{12}x_1x_2 + \cdots + a_{1n}x_1x_n + a_{21}x_2x_1 + a_{22}x_2^2 + \cdots + a_{2n}x_2x_n + \\ & \cdots + a_{n1}x_nx_1 + a_{n2}x_nx_2 + \cdots + a_{nn}x_n^2 = \sum_{i,j=1}^{n} a_{ij}x_ix_j \end{aligned}$$

设

$$A=\begin{pmatrix}a_{11} & a_{12} & \cdots & a_{1n}\\ a_{21} & a_{22} & \cdots & a_{2n}\\ \vdots & \vdots & & \vdots\\ a_{n1} & a_{n2} & \cdots & a_{nn}\end{pmatrix},\quad x=\begin{pmatrix}x_1\\ x_2\\ \vdots\\ x_n\end{pmatrix}$$

则二次型可写成矩阵的形式

$$f=x^{\mathrm{T}}Ax$$

其中对称矩阵 A 与二次型 f 之间是一一对应的关系. 因此对称矩阵 A 称为二次型 f 的**系数矩阵**, 也把 f 称为对称矩阵 A 的二次型. 对称矩阵 A 的秩称为二次型 f 的秩. 这样二次型的性质将完全由它的系数矩阵 A 确定.

例 5.10　将下面二次型写成矩阵的形式，并求其秩.

（1）$f=x_1^2+2x_2^2-x_3^2+2x_1x_2-8x_2x_3+6x_1x_3$；

（2）$f=x_1^2+2x_3^2+4x_1x_2-6x_2x_3+8x_1x_4-4x_2x_4$.

解　(1) 因为系数矩阵为

$$A=\begin{pmatrix}1 & 1 & 3\\ 1 & 2 & -4\\ 3 & -4 & -1\end{pmatrix}$$

所以

$$f=(x_1,x_2,x_3)\begin{pmatrix}1 & 1 & 3\\ 1 & 2 & -4\\ 3 & -4 & -1\end{pmatrix}\begin{pmatrix}x_1\\ x_2\\ x_3\end{pmatrix}$$

由 $R(A)=3$ 可得此二次型的秩为 3.

(2) 因为系数矩阵为

$$A=\begin{pmatrix}1 & 2 & 0 & 4\\ 2 & 0 & -3 & -2\\ 0 & -3 & 2 & 0\\ 4 & -2 & 0 & 0\end{pmatrix}$$

所以

$$f=(x_1,x_2,x_3,x_4)\begin{pmatrix}1 & 2 & 0 & 4\\ 2 & 0 & -3 & -2\\ 0 & -3 & 2 & 0\\ 4 & -2 & 0 & 0\end{pmatrix}\begin{pmatrix}x_1\\ x_2\\ x_3\\ x_4\end{pmatrix}$$

由 $R(A)=4$ 可得此二次型的秩为 4.

同二次曲线和二次曲面一样, 为了研究二次型的性质, 需要通过一定的线性变换将 (5.3) 式中二次型 f 化成只含有平方项的形式

$$f = k_1y_1^2 + k_2y_2^2 + \cdots + k_ny_n^2$$

此式称为**二次型的标准形或法式**.

二、化二次型为标准形

下面我们利用两种方法考察如何将一般二次型转化为标准形.

(1) 用正交变换化二次型为标准形.

关系式

$$\begin{cases} x_1 = c_{11}y_1 + c_{12}y_2 + c_{1n}y_n \\ x_2 = c_{21}y_1 + c_{22}y_2 + c_{2n}y_n \\ \cdots\cdots\cdots\cdots \\ x_n = c_{n1}y_1 + c_{n2}y_2 + c_{nn}y_n \end{cases}$$

称为由变量 $x_1, x_2, \cdots, x_n$ 到 $y_1, y_2, \cdots, y_n$ 的**线性变换**.

矩阵

$$\boldsymbol{C} = \begin{pmatrix} c_{11} & c_{12} & \cdots & c_{1n} \\ c_{21} & c_{22} & \cdots & c_{2n} \\ \vdots & \vdots & & \vdots \\ c_{n1} & c_{n2} & \cdots & c_{nn} \end{pmatrix}$$

称为**线性变换矩阵**. 当 $\boldsymbol{C}$ 可逆时，此线性变换称为**可逆线性变换**.

对一般二次型 $f = \boldsymbol{x}^{\mathrm{T}}\boldsymbol{A}\boldsymbol{x}$，如果经过可逆线性变换 $\boldsymbol{x} = \boldsymbol{C}\boldsymbol{y}$，可将其化为

$$f = \boldsymbol{x}^{\mathrm{T}}\boldsymbol{A}\boldsymbol{x} = (\boldsymbol{C}\boldsymbol{y})^{\mathrm{T}}\boldsymbol{A}(\boldsymbol{C}\boldsymbol{y}) = \boldsymbol{y}^{\mathrm{T}}(\boldsymbol{C}^{\mathrm{T}}\boldsymbol{A}\boldsymbol{C})\boldsymbol{y}$$

其中 $\boldsymbol{y} = (y_1, y_2, \cdots, y_n)^{\mathrm{T}}$. $\boldsymbol{C}^{\mathrm{T}}\boldsymbol{A}\boldsymbol{C}$ 称为二次型 f 关于 $y_1, y_2, \cdots, y_n$ 的系数矩阵.

关于 $\boldsymbol{C}^{\mathrm{T}}\boldsymbol{A}\boldsymbol{C}$ 与 $\boldsymbol{A}$ 的关系，有下列定义：

定义 5.11 设 $\boldsymbol{A}$ 和 $\boldsymbol{B}$ 是 n 阶矩阵，若有可逆矩阵 $\boldsymbol{C}$，使得 $\boldsymbol{B} = \boldsymbol{C}^{\mathrm{T}}\boldsymbol{A}\boldsymbol{C}$，则称矩阵 $\boldsymbol{A}$ 与 $\boldsymbol{B}$ **合同**.

显然，若 $\boldsymbol{A}$ 为对称矩阵，则 $\boldsymbol{B} = \boldsymbol{C}^{\mathrm{T}}\boldsymbol{A}\boldsymbol{C}$ 也为对称阵，且 $R(\boldsymbol{A}) = R(\boldsymbol{B})$.

事实上，

$$\boldsymbol{B}^{\mathrm{T}} = (\boldsymbol{C}^{\mathrm{T}}\boldsymbol{A}\boldsymbol{C})^{\mathrm{T}} = \boldsymbol{C}^{\mathrm{T}}\boldsymbol{A}^{\mathrm{T}}\boldsymbol{C} = \boldsymbol{C}^{\mathrm{T}}\boldsymbol{A}\boldsymbol{C} = \boldsymbol{B}$$

故 $\boldsymbol{B}$ 为对称阵. 由可逆矩阵秩的性质可知 $R(\boldsymbol{A}) = R(\boldsymbol{B})$.

因此，经可逆线性变换 $\boldsymbol{x} = \boldsymbol{C}\boldsymbol{y}$，二次型 f 的系数矩阵的秩不变，二次型的秩不变.

欲使二次型 f 经可逆线性变换 $\boldsymbol{x} = \boldsymbol{C}\boldsymbol{y}$ 后转化成标准形，只要

$$\boldsymbol{y}^{\mathrm{T}}(\boldsymbol{C}^{\mathrm{T}}\boldsymbol{A}\boldsymbol{C})\boldsymbol{y} = k_1y_1^2 + k_2y_2^2 + \cdots + k_ny_n^2 = (y_1, y_2, \cdots, y_n)\begin{pmatrix} k_1 & & & \\ & k_2 & & \\ & & \ddots & \\ & & & k_n \end{pmatrix}\begin{pmatrix} y_1 \\ y_2 \\ \vdots \\ y_n \end{pmatrix}$$

成立即可，即 $C^{\mathrm{T}}AC$ 为对角阵. 因此，对于对称阵 A，关键是如何寻求可逆矩阵 C，使得 $C^{\mathrm{T}}AC$ 为对角阵.

由定理 5.8 可知，给定一个对称矩阵 A，存在正交矩阵 P，使得 $P^{-1}AP=P^{\mathrm{T}}AP=\Lambda$，即矩阵 A 与 Λ 合同. 因此有

定理 5.9 任给二次型 $f=\sum_{i,j=1}^{n}a_{ij}x_ix_j$ (其中 $a_{ij}=a_{ji}$)，总有正交变换 $x=Py$，使得 f 化为标准形

$$f=\lambda_1y_1^2+\lambda_2y_2^2+\cdots+\lambda_ny_n^2$$

其中 $\lambda_1,\lambda_2,\cdots,\lambda_n$ 是 f 的系数矩阵 $A=(a_{ij})$ 的特征值.

用正交变换化二次型为标准形的基本步骤如下：

(1) 将二次型写成矩阵形式 $f=x^{\mathrm{T}}Ax$，给出对称阵 A.

(2) 将对称阵 A 对角化，设正交变换矩阵为 P，使得 $P^{-1}AP=\Lambda$.

(3) 作正交变换 $x=Py$，可以得到二次型的标准形 $f=\lambda_1y_1^2+\lambda_2y_2^2+\cdots+\lambda_ny_n^2$.

例 5.11 求一个正交变换，将 $f=17x_1^2+14x_2^2+14x_3^2-4x_1x_2-4x_1x_3-8x_2x_3$ 化成标准形.

解 (1) 二次型的矩阵为

$$A=\begin{pmatrix}17&-2&-2\\-2&14&-4\\-2&-4&14\end{pmatrix}$$

(2) 由

$$|A-\lambda E|=\begin{vmatrix}17-\lambda&-2&-2\\-2&14-\lambda&-4\\-2&-4&14-\lambda\end{vmatrix}=-(\lambda-18)^2(\lambda-9)=0$$

可得特征值 $\lambda_1=9$，$\lambda_2=\lambda_3=18$.

当 $\lambda_1=9$ 时，代入 $(A-\lambda E)x=0$，得基础解系 $\xi_1=\left(\frac{1}{2},1,1\right)^{\mathrm{T}}$；

当 $\lambda_2=\lambda_3=18$ 时，代入 $(A-\lambda E)x=0$，得基础解系 $\eta_2=(-2,1,0)^{\mathrm{T}}$，$\eta_3=(-2,0,1)^{\mathrm{T}}$

取 $\xi_2=\eta_2$，$\xi_3=\eta_3-\dfrac{\xi_2^{\mathrm{T}}\eta_3}{\xi_2^{\mathrm{T}}\xi_2}\xi_2$，即正交化得

$$\xi_2=(-2,1,0)^{\mathrm{T}},\quad \xi_3=\frac{1}{5}(-2,-4,5)^{\mathrm{T}}$$

单位化 ξ_1,ξ_2,ξ_3，得标准正交向量组

$$\alpha_1=\frac{1}{3}\begin{pmatrix}1\\2\\2\end{pmatrix},\quad \alpha_2=\frac{1}{\sqrt{5}}\begin{pmatrix}-2\\1\\0\end{pmatrix},\quad \alpha_3=\frac{1}{3\sqrt{5}}\begin{pmatrix}-2\\-4\\5\end{pmatrix}$$

（3）以 $\boldsymbol{\alpha}_1,\boldsymbol{\alpha}_2,\boldsymbol{\alpha}_3$ 作为列向量构成所求的正交矩阵

$$\boldsymbol{P}=\begin{pmatrix} \frac{1}{3} & -\frac{2}{\sqrt{5}} & -\frac{2}{3\sqrt{5}} \\ \frac{2}{3} & \frac{1}{\sqrt{5}} & -\frac{4}{3\sqrt{5}} \\ \frac{2}{3} & 0 & \frac{5}{3\sqrt{5}} \end{pmatrix}$$

因此所求正交变换为 $\boldsymbol{x}=\boldsymbol{P}\boldsymbol{y}$，经此正交变换，$f$ 可化为 $f=9y_1^2+18y_2^2+18y_3^2$.

值得注意的是，在化一般二次型为标准形的过程中，因为同一特征值的特征向量可以有不同的选择或者特征值的排序不同，导致正交变换矩阵或标准形不唯一. 那么如何将标准形进一步转化为唯一形式呢？

设二次型的秩为 r，其标准形可写成

$$k_1y_1^2+\cdots+k_py_p^2-k_{p+1}y_{p+1}^2-\cdots-k_ry_r^2 \quad (k_i\neq 0, i=1,\cdots,r) \tag{5.4}$$

我们作如下的可逆线性变换

$$\begin{cases} y_i=z_i/\sqrt{k_i}, & (i=1,2,\cdots,r) \\ y_j=z_j, & (j=r+1,r+2,\cdots,n) \end{cases}$$

可将二次型（5.4）化为

$$z_1^2+\cdots+z_p^2-z_{p+1}^2-\cdots-z_r^2$$

这种形式的二次型称为**二次型的规范形**，即规范形的系数只在 0,±1 三个数中取值. 因此有下面的定理.

定理 5.10　任何二次型都可通过可逆线性变换化为规范形，且规范形是由二次型本身决定的唯一形式，与所作的可逆线性变换无关.

这里不给出证明.

此定理将二次型转换的形式唯一化给予了肯定. 例如，例 5.11 中，若令

$$\begin{cases} z_1=3y_1 \\ z_2=3\sqrt{2}y_2 \\ z_3=3\sqrt{2}y_3 \end{cases}$$

则可以化为规范形

$$f=z_1^2+z_2^2+z_3^2$$

（2）用配方法化二次型为标准形.

首先，用配方法将 R^2 中的二次型 $f(x,y)=2x^2+xy$ 化为标准形：

$$2x^2+xy=2\left(x^2+\frac{xy}{2}\right)=2\left[x^2+\frac{xy}{2}+\left(\frac{y}{4}\right)^2\right]-2\left(\frac{y}{4}\right)^2$$
$$=2\left(x+\frac{y}{4}\right)^2-\frac{y^2}{8}=2y_1^2-\frac{1}{8}y_2^2$$

其中 $y_1=x+\frac{y}{4}$，$y_2=y$.

对于一般的二次型 $f=\sum_{i,j=1}^{n}a_{ij}x_ix_j=x^{\mathrm{T}}\boldsymbol{A}x$（其中 $a_{ij}=a_{ji}$），利用拉格朗日配方法可得到下面的结论.

定理 5.11 任意二次型都可以通过可逆线性变换化为标准形.

拉格朗日配方法的具体步骤如下:

(1) 若二次型含有 x_i 的平方项，则先把含有 x_i 的乘积项集中，然后配方，再对其余的变量重复上述过程直到所有变量都配成平方项为止，经过可逆线性变换，就得到标准形.

(2) 若二次型中不含有平方项，但 $a_{ij}\neq 0(i\neq j)$，则先作可逆线性变换

$$\begin{cases}x_i=y_i-y_j\\x_j=y_i+y_j\\x_k=y_k\end{cases}\quad (k=1,2,\cdots,n\text{且}k\neq i,j)$$

化二次型为含有平方项的二次型，然后再按（1）中的方法配方.

配方法是一种可逆线性变换，但平方项的系数与系数矩阵的特征值无关. 这是与用正交变换化二次型为标准形的一个主要区别.

例 5.12 用配方法化二次型 $f(x_1,x_2,x_3)=x_1^2+2x_2^2+2x_1x_2-2x_1x_3$ 为标准形，并写出所用的可逆线性变换.

解 f 中含有 x_1^2 项，所以把含有 x_1 的 3 项集中在一起配方，得

$$\begin{aligned}f(x_1,x_2,x_3)&=(x_1^2+2x_1x_2-2x_1x_3)+2x_2^2\\&=[x_1^2+2x_1(x_2-x_3)+(x_2-x_3)^2]-(x_2-x_3)^2+2x_2^2\\&=(x_1+x_2-x_3)^2+x_2^2-x_3^2+2x_2x_3\end{aligned}$$

其余 3 项中含有 x_2^2 项，再集中起来配方，得

$$\begin{aligned}f(x_1,x_2,x_3)&=(x_1+x_2-x_3)^2+(x_2^2+2x_2x_3+x_3^2)-2x_3^2\\&=(x_1+x_2-x_3)^2+(x_2+x_3)^2-2x_3^2\end{aligned}$$

令

$$\begin{cases}y_1=x_1+x_2-x_3\\y_2=x_2+x_3\\y_3=x_3\end{cases}$$

则

$$f(x_1,x_2,x_3)=y_1^2+y_2^2-2y_3^2$$

所用变换为

$$\begin{cases} x_1 = y_1 - y_2 + 2y_3 \\ x_2 = y_2 - y_3 \\ x_3 = y_3 \end{cases}$$

其矩阵行列式为

$$\begin{vmatrix} 1 & -1 & 2 \\ 0 & 1 & -1 \\ 0 & 0 & 1 \end{vmatrix} = 1 \neq 0$$

所以，这一线性变换是可逆线性变换.

第五节　正定二次型

在代数理论和数值计算的许多领域中，有一类特殊的二次型具有重要的意义，这就是下面要给出的正定二次型.

定义 5.12　对具有对称阵 $\boldsymbol{A}$ 的二次型 $f = \boldsymbol{x}^{\mathrm{T}}\boldsymbol{A}\boldsymbol{x}$，如果

（1）对任何非零向量 $\boldsymbol{x}$，都有

$$\boldsymbol{x}^{\mathrm{T}}\boldsymbol{A}\boldsymbol{x} > 0 \qquad (\boldsymbol{x}^{\mathrm{T}}\boldsymbol{A}\boldsymbol{x} < 0)$$

成立，则称 $f = \boldsymbol{x}^{\mathrm{T}}\boldsymbol{A}\boldsymbol{x}$ 为**正定（负定）二次型**，称 $\boldsymbol{A}$ 为**正定矩阵（负定矩阵）**.

（2）对任何非零向量 $\boldsymbol{x}$，都有

$$\boldsymbol{x}^{\mathrm{T}}\boldsymbol{A}\boldsymbol{x} \geqslant 0 \qquad (\boldsymbol{x}^{\mathrm{T}}\boldsymbol{A}\boldsymbol{x} \leqslant 0)$$

成立，并且有非零向量 $\boldsymbol{x}_0$，使得 $\boldsymbol{x}_0^{\mathrm{T}}\boldsymbol{A}\boldsymbol{x}_0 = 0$，则称 $f = \boldsymbol{x}^{\mathrm{T}}\boldsymbol{A}\boldsymbol{x}$ 为**半正定（半负定）二次型**，称 $\boldsymbol{A}$ 为**半正定矩阵（半负定矩阵）**.

二次型的正定（负定）、半正定（半负定）统称为二次型及其矩阵的**有定性**. 不具备有定性的二次型及其矩阵称为不定的.

定理 5.12　二次型 $f = \boldsymbol{x}^{\mathrm{T}}\boldsymbol{A}\boldsymbol{x}$ 为正定的充分必要条件是：它的标准形的 n 个系数全为正.

证明　设存在可逆线性变换 $\boldsymbol{x} = \boldsymbol{C}\boldsymbol{y}$ 使得

$$f(\boldsymbol{x}) = f(\boldsymbol{C}\boldsymbol{y}) = \sum_{i=1}^{n} k_i \boldsymbol{y}_i^2$$

充分性. 设 $k_i > 0 (i = 1, 2, \cdots, n)$，任给 $\boldsymbol{x} \neq \boldsymbol{0}$，则 $\boldsymbol{y} = \boldsymbol{C}^{-1}\boldsymbol{x} \neq \boldsymbol{0}$，故

$$f(\boldsymbol{x}) = \sum_{i=1}^{n} k_i \boldsymbol{y}_i^2 > 0$$

必要性. 利用反证法，假设有 $k_s \leqslant 0$，则当 $\boldsymbol{y} = \boldsymbol{e}_s$（单位坐标向量）时，$f(\boldsymbol{C}\boldsymbol{e}_s) = k_s \leqslant 0$. 显然 $\boldsymbol{C}\boldsymbol{e}_s \neq \boldsymbol{0}$，这与 f 为正定矛盾，从而 $k_i > 0\ (i = 1, 2, \cdots, n)$.

由于二次型的有定性与其矩阵的有定性之间具有一一对应关系，因此二次型的正定性判别也可以转化为对称矩阵的正定性判别. 因此有下面的结论.

推论 对称阵 $\boldsymbol{A}$ 为正定的充分必要条件是 $\boldsymbol{A}$ 的特征值全为正.

定义 5.13 设 $\boldsymbol{A}=(a_{ij})$ 为 n 阶方阵，在 n 阶行列式 $|\boldsymbol{A}|$ 中，选定前 k 行前 k 列（$1\leqslant k\leqslant n$），位于这些行和列交叉处的 k^2 个元素，按原来的顺序构成一个 k 阶子式：

$$|\boldsymbol{A}_k|=\begin{vmatrix} a_{11} & a_{12} & \cdots & a_{1k} \\ a_{21} & a_{22} & \cdots & a_{2k} \\ \vdots & \vdots & & \vdots \\ a_{k1} & a_{k2} & \cdots & a_{kk} \end{vmatrix}$$

称为 $\boldsymbol{A}$ 的 k 阶顺序主子式.

对于对称阵 A 的正定性的判定也有下面重要的结论.

定理 5.13 对称阵 $\boldsymbol{A}$ 为正定的充分必要条件为 $\boldsymbol{A}$ 的各阶顺序主子式为正；对称阵 $\boldsymbol{A}$ 为负定的充分必要条件为奇数阶的顺序主子式为负，偶数阶的顺序主子式为正.

例 5.13 判定二次型 $f=2x_1^2+3x_2^2+3x_3^2+4x_2x_3$ 的正定性.

解 二次型矩阵为

$$\boldsymbol{A}=\begin{pmatrix} 2 & 0 & 0 \\ 0 & 3 & 2 \\ 0 & 2 & 3 \end{pmatrix}$$

（解法一） 由

$$|\boldsymbol{A}-\lambda\boldsymbol{E}|=\begin{vmatrix} 2-\lambda & 0 & 0 \\ 0 & 3-\lambda & 2 \\ 0 & 2 & 3-\lambda \end{vmatrix}=0$$

可得特征值为 $\lambda_1=2$，$\lambda_2=5$，$\lambda_3=1$. 由推论可知此二次型为正定.

（解法二） $\boldsymbol{A}$ 的各阶顺序主子式为

$$|\boldsymbol{A}_1|=2>0,\quad |\boldsymbol{A}_2|=\begin{vmatrix} 2 & 0 \\ 0 & 3 \end{vmatrix}=6>0,\quad |\boldsymbol{A}_3|=|\boldsymbol{A}|=\begin{vmatrix} 2 & 0 & 0 \\ 0 & 3 & 2 \\ 0 & 2 & 3 \end{vmatrix}=10>0$$

由定理 5.13 可知此二次型为正定.

由本例题可以看出判定一个二次型的正定性，可以从系数矩阵的特征值的符号或其顺序主子式的两个角度进行判定.

例 5.14 当 λ 取何值时，二次型 $f=x_1^2+2x_2^2+\lambda x_3^2+2x_1x_2+4x_1x_3+6x_2x_3$ 是正定的?

解 所给二次型的系数矩阵为

$$\boldsymbol{A}=\begin{pmatrix} 1 & 1 & 2 \\ 1 & 2 & 3 \\ 2 & 3 & \lambda \end{pmatrix}$$

根据定理 5.13，因

$$|A_1|=1>0,\quad |A_2|=\begin{vmatrix}1&1\\1&2\end{vmatrix}=1>0,\quad |A_3|=|A|=\begin{vmatrix}1&1&2\\1&2&3\\2&3&\lambda\end{vmatrix}=\lambda-5>0$$

故当 $\lambda>5$ 时，此二次型为正定二次型.

习题五

1. 设 $\boldsymbol{\alpha}_1=\begin{pmatrix}1\\0\\-2\end{pmatrix}$，$\boldsymbol{\beta}_1=\begin{pmatrix}1\\0\\-2\end{pmatrix}$，$\boldsymbol{\gamma}$ 与 $\boldsymbol{\alpha}$ 正交，且 $\boldsymbol{\beta}=\lambda\boldsymbol{\alpha}+\boldsymbol{\gamma}$，求 λ 和 $\boldsymbol{\gamma}$.

2. 试用施密特法把下列向量组正交化：

（1）$(a_1,a_2,a_3)=\begin{pmatrix}1&1&1\\1&2&4\\1&3&9\end{pmatrix}$；　（2）$(a_1,a_2,a_3)=\begin{pmatrix}1&1&-1\\0&-1&1\\-1&0&1\\1&1&0\end{pmatrix}$.

3. 下列矩阵是不是正交矩阵？并说明理由：

（1）$\begin{pmatrix}1&-\frac{1}{2}&\frac{1}{3}\\-\frac{1}{2}&1&\frac{1}{2}\\\frac{1}{3}&\frac{1}{2}&-1\end{pmatrix}$；　（2）$\begin{pmatrix}\frac{1}{9}&-\frac{8}{9}&-\frac{4}{9}\\-\frac{8}{9}&\frac{1}{9}&-\frac{4}{9}\\-\frac{4}{9}&-\frac{4}{9}&\frac{7}{9}\end{pmatrix}$.

4. 设 $\boldsymbol{x}$ 为 n 维列向量，$\boldsymbol{x}^{\mathrm{T}}\boldsymbol{x}=1$，令 $\boldsymbol{H}=\boldsymbol{E}-2\boldsymbol{x}\boldsymbol{x}^{\mathrm{T}}$，证明 $\boldsymbol{H}$ 是对称的正交阵.

5. 设 $\boldsymbol{A}$ 与 $\boldsymbol{B}$ 都是 n 阶正交阵，证明 $\boldsymbol{AB}$ 也是正交阵.

6. 求下列矩阵的特征值和特征向量：

（1）$\begin{pmatrix}1&-1\\2&4\end{pmatrix}$；　（2）$\begin{pmatrix}1&2&3\\2&1&3\\3&3&6\end{pmatrix}$；　（3）$\begin{pmatrix}a_1\\a_2\\\vdots\\a_n\end{pmatrix}(a_1\quad a_2\quad\cdots\quad a_n),(a_1\neq 0)$，

并问它们的特征向量是否两两正交？

7. 设 $\boldsymbol{A}$ 为 n 阶矩阵，证明 $\boldsymbol{A}^{\mathrm{T}}$ 与 $\boldsymbol{A}$ 的特征值相同.

8. 设 n 阶矩阵 $\boldsymbol{A},\boldsymbol{B}$ 满足 $R(\boldsymbol{A})+R(\boldsymbol{B})<n$，证明 $\boldsymbol{A}$ 与 $\boldsymbol{B}$ 有公共的特征值，以及公共的特征向量.

9. 设 $\boldsymbol{A}^2-3\boldsymbol{A}+2\boldsymbol{E}=\boldsymbol{O}$，证明 $\boldsymbol{A}$ 的特征值只能取 1 或 2.

10. 设 $\boldsymbol{A}$ 为正交阵，且 $|\boldsymbol{A}|=-1$，证明 $\lambda=-1$ 是 $\boldsymbol{A}$ 的特征值.

11. 设 $\lambda\neq 0$ 是 m 阶矩阵 $\boldsymbol{A}_{m\times n}\boldsymbol{B}_{n\times m}$ 的特征值，证明 λ 也是 n 阶矩阵 $\boldsymbol{BA}$ 的特征值.

12. 已知 3 阶矩阵 $\boldsymbol{A}$ 的特征值为 1,2,3，求 $|\boldsymbol{A}^3-5\boldsymbol{A}^2+7\boldsymbol{A}|$.

13. 已知 3 阶矩阵 $\boldsymbol{A}$ 的特征值为 1,2,−3，求 $|\boldsymbol{A}^*+3\boldsymbol{A}+2\boldsymbol{E}|$.

14. 设 $\boldsymbol{A},\boldsymbol{B}$ 都是 n 阶方阵，且 $|\boldsymbol{A}|\neq 0$，证明 $\boldsymbol{AB}$ 与 $\boldsymbol{BA}$ 相似.

15. 设矩阵 $\boldsymbol{A}=\begin{pmatrix}2&0&1\\3&1&x\\4&0&5\end{pmatrix}$ 可相似对角化，求 x.

16. 已知 $\boldsymbol{p}=(1,1,-1)^{\mathrm{T}}$ 是矩阵 $\boldsymbol{A}=\begin{pmatrix}2&-1&2\\5&a&3\\-1&b&-2\end{pmatrix}$ 的一个特征向量.

（1）求参数 a,b 及特征向量 $\boldsymbol{p}$ 所对应的特征值；

（2）问 $\boldsymbol{A}$ 能不能相似对角化？并说明理由.

17. 试求一个正交的相似变换矩阵，将下列对称矩阵化为对角矩阵：

（1）$\begin{pmatrix}2&-2&0\\-2&1&-2\\0&-2&0\end{pmatrix}$；　（2）$\begin{pmatrix}2&2&-2\\2&5&-4\\-2&-4&5\end{pmatrix}$.

18. 设矩阵

$$\boldsymbol{A}=\begin{pmatrix}1&-2&-4\\-2&x&-2\\-4&-2&1\end{pmatrix} \quad 与 \quad \boldsymbol{\Lambda}=\begin{pmatrix}5&0&0\\0&-4&0\\0&0&y\end{pmatrix}$$

相似，求 x,y；并求一个正交阵 $\boldsymbol{P}$，使 $\boldsymbol{P}^{-1}\boldsymbol{AP}=\boldsymbol{\Lambda}$

19. 设 3 阶方阵 $\boldsymbol{A}$ 的特征值为 $\lambda_1=2,\ \lambda_2=-2,\ \lambda_3=1$；对应的特征向量依次为 $\boldsymbol{p}_1=(0,1,1)^{\mathrm{T}}$，$\boldsymbol{p}_2=(1,1,1)^{\mathrm{T}}$，$\boldsymbol{p}_3=(1,1,0)^{\mathrm{T}}$，求 $\boldsymbol{A}$.

20. 设 3 阶对称阵 $\boldsymbol{A}$ 的特征值为 $\lambda_1=1,\ \lambda_2=-1,\ \lambda_3=0$；对应于 λ_1,λ_2 的特征向量依次为 $\boldsymbol{p}_1=(1,2,2)^{\mathrm{T}}$，$\boldsymbol{p}_2=(2,1,-2)^{\mathrm{T}}$，求 $\boldsymbol{A}$.

21. 设 3 阶对称矩阵 $\boldsymbol{A}$ 的特征值 6,3,3，与特征值 6 对应的特征向量为 $\boldsymbol{p}_1=(1,1,1)^{\mathrm{T}}$，求 $\boldsymbol{A}$.

22. 设 $\boldsymbol{a}=(a_1,a_2\cdots,a_n)^{\mathrm{T}}$，$a_1\neq 0,\ \boldsymbol{A}=aa^{\mathrm{T}}$.

（1）证明 $\lambda=0$ 是 $\boldsymbol{A}$ 的 $n-1$ 重特征值；

（2）求 $\boldsymbol{A}$ 的非零特征值及 n 个线性无关的特征向量.

23. 设 $\boldsymbol{A}=\begin{pmatrix}1&4&2\\0&-3&4\\0&4&3\end{pmatrix}$，求 $\boldsymbol{A}^{100}$.

24. （1）设 $\boldsymbol{A}=\begin{pmatrix}3&-2\\-2&3\end{pmatrix}$，求 $\varphi(\boldsymbol{A})=\boldsymbol{A}^{10}-5\boldsymbol{A}^9$；

（2）设 $\boldsymbol{A}=\begin{pmatrix}2&1&2\\1&2&2\\2&2&1\end{pmatrix}$，求 $\varphi(\boldsymbol{A})=\boldsymbol{A}^{10}-6\boldsymbol{A}^9+5\boldsymbol{A}^8$.

25. 用矩阵记号表示下列二次型：

（1）$f=x^2+4xy+4y^2+2xz+z^2+4yz$；

（2）$f=x^2+y^2-7z^2-2xy-4xz-4yz$；

（3）$f=x_1^2+x_2^2+x_3^2+x_4^2-2x_1x_2+4x_1x_3-2x_1x_4+6x_2x_3-4x_2x_4$.

26. 写出下列二次型的矩阵:

（1）$f(\boldsymbol{x})=\boldsymbol{x}^{\mathrm{T}}\begin{pmatrix}2&1\\3&1\end{pmatrix}\boldsymbol{x}$；　　（2）$f(\boldsymbol{x})=\boldsymbol{x}^{\mathrm{T}}\begin{pmatrix}1&2&3\\4&5&6\\7&8&9\end{pmatrix}\boldsymbol{x}$.

27. 求一个正交变换将下列二次型化成标准形:

（1）$f=2x_1^2+3x_2^2+3x_3^2+4x_2x_3$；

（2）$f=x_1^2+x_2^2+x_3^2+x_4^2+2x_1x_2-2x_1x_4-2x_2x_3+2x_3x_4$.

28. 求一个正交变换把二次曲面的方程

$$3x^2+5y^2+5z^2+4xy-4xz-10yz=1$$

化成标准方程.

29. 证明：二次型 $f=\boldsymbol{x}^{\mathrm{T}}\boldsymbol{A}\boldsymbol{x}$ 在 $\|\boldsymbol{x}\|=1$ 时的最大值为矩阵 $\boldsymbol{A}$ 的最大特征值.

30. 用配方法化下列二次型成规范形，并写出所用变换的矩阵.

（1）$f=2x_1^2+3x_2^2+5x_3^2+2x_1x_2-4x_1x_3$；

（2）$f=x_1^2+2x_3^2+2x_1x_2+2x_1x_3+2x_2x_3$；

（3）$f=2x_1^2+x_2^2+4x_3^2+2x_1x_2-2x_2x_3$.

31. 设

$$f=x_1^2+x_2^2+5x_3^2+2ax_1x_2-2x_1x_3+4x_2x_3$$

为正定二次型，求 a.

32. 判别下列二次型的正定性:

（1）$f=-2x_1^2-6x_2^2-4x_3^2+2x_1x_2+2x_1x_3$；

（2）$f=x_1^2+3x_2^2+9x_3^2+19x_4^2-2x_1x_2+4x_1x_3+2x_1x_4-6x_2x_4-12x_3x_4$.

33. 证明对称阵 $\boldsymbol{A}$ 为正定的充分必要条件是：存在可逆矩阵 $\boldsymbol{U}$，使 $\boldsymbol{A}=\boldsymbol{U}^{\mathrm{T}}\boldsymbol{U}$，即 $\boldsymbol{A}$ 与单位阵 $\boldsymbol{E}$ 合同.

第六章* 线性空间与线性变换

在第四章中，我们把 n 元有序数组叫做 n 维向量，并讨论了向量的许多性质，介绍了向量空间的概念. 在这里，我们把这些概念推广，使向量及向量的概念更具一般性、更加抽象化.

第一节 线性空间的定义与性质

一、线性空间的定义

在解析几何里，我们讨论过三维空间中的向量. 也就是说，向量的基本属性可以按平行四边形法则相加，也可以与实数作数量算法. 其实，几何和力学对象的许多性质是可以通过向量的这两种运算来描述的.

定义 6.1 设 V 是一个非空集合，$\mathbf{R}$ 为实数域. 如果对于任意两个元素 $\boldsymbol{\alpha},\boldsymbol{\beta}\in V$，总有唯一的一个元素 $\boldsymbol{\gamma}\in V$ 与之对应，称为 $\boldsymbol{\alpha}$ 与 $\boldsymbol{\beta}$ 的和，记作

$$\boldsymbol{\gamma}=\boldsymbol{\alpha}+\boldsymbol{\beta}$$

若对于任一数 $\lambda\in\mathbf{R}$ 与任一元素 $\boldsymbol{\alpha}\in V$，总有唯一的一个元素 $\boldsymbol{\delta}\in V$ 与之对应，称为 λ 与 $\boldsymbol{\alpha}$ 的积，记作

$$\boldsymbol{\delta}=\lambda\boldsymbol{\alpha}$$

上述两种运算满足以下八条运算规律（设 $\boldsymbol{\alpha},\boldsymbol{\beta},\boldsymbol{\gamma}\in V;\ \lambda,\mu\in\mathbf{R}$）：

（1）$\boldsymbol{\alpha}+\boldsymbol{\beta}=\boldsymbol{\beta}+\boldsymbol{\alpha}$.

（2）$(\boldsymbol{\alpha}+\boldsymbol{\beta})+\boldsymbol{\gamma}=\boldsymbol{\alpha}+(\boldsymbol{\beta}+\boldsymbol{\gamma})$.

（3）在 V 中存在零元素 $\mathbf{0}$，对任何 $\boldsymbol{\alpha}\in V$，都有 $\boldsymbol{\alpha}+\mathbf{0}=\boldsymbol{\alpha}$.

（4）对任何 $\boldsymbol{\alpha}\in V$，都有 $\boldsymbol{\alpha}$ 的负元素 $\boldsymbol{\beta}\in V$，使得 $\boldsymbol{\alpha}+\boldsymbol{\beta}=\mathbf{0}$.

（5）$1\boldsymbol{\alpha}=\boldsymbol{\alpha}$.

（6）$\lambda(\mu\boldsymbol{\alpha})=(\lambda\mu)\boldsymbol{\alpha}$.

（7）$(\lambda+\mu)\boldsymbol{\alpha}=\lambda\boldsymbol{\alpha}+\mu\boldsymbol{\alpha}$.

（8）$\lambda(\boldsymbol{\alpha}+\boldsymbol{\beta})=\lambda\boldsymbol{\alpha}+\lambda\boldsymbol{\beta}$.

那么，V 就称为（实数域 $\mathbf{R}$ 上的）**向量空间**（或**线性空间**），V 中的元素不论其本来的性质如何，统称为（实）向量.

凡满足以上八条规律的加法及乘数运算，称为**线性运算**；凡是定义了线性运算的集合，就成为向量空间. 在第四章中，我们把有序数组称为向量，并对它定义了加法和乘法运算，

容易验证这些运算满足上述八条规律. 最后，把对于运算为封闭的有序数组的集合称为向量空间. 显然，那些只是现在定义的特殊情况. 与之前相比较，目前的定义有了很大的推广. 也就是说，向量不一定是有序数组，而且向量空间中的运算只要满足上述八条元素规律即可，当然也不一定是有序数组的加法和乘法运算.

下面看几个线性空间的例子：

例 6.1 实数域上的全体 $m\times n$ 矩阵，对矩阵的加法和数乘运算构成实数域上的线性空间，记作 $R^{m\times n}$.

由于通常的矩阵加法和乘法两种运算显然满足线性运算规律，故而只要验证 $R^{m\times n}$ 对运算封闭即可. 因为

$$\boldsymbol{A}_{m\times n}+\boldsymbol{B}_{m\times n}=\boldsymbol{C}_{m\times n}$$
$$\lambda\boldsymbol{A}_{m\times n}=\boldsymbol{D}_{m\times n}$$

易见 $\boldsymbol{C}_{m\times n},\boldsymbol{D}_{m\times n}\in R^{m\times n}$，所以 $R^{m\times n}$ 是一个线性空间.

例 6.2 次数不超过 n 的多项式的全体，记作 $P[x]_n$，即

$$P[x]_n=\{\boldsymbol{p}=a_nx^n+a_{n-1}x^{n-1}+\cdots+a_1x+a_0\mid a_0,a_1,\cdots,a_n\in\mathbf{R}\}$$

对于通常的多项式加法、数乘多项式的乘法构成向量空间.

这是因为，通常的多项式加法、数乘多项式的乘法两种运算显然满足线性运算规律，故只要验证 $P[x]_n$ 对运算封闭即可：

$$\begin{aligned}&(a_nx^n+\cdots+a_1x+a_0)+(b_nx^n+\cdots+b_1x+b_0)\\&=(a_n+b_n)x^n+\cdots+(a_1+b_1)x+(a_0+b_0)\in P[x]_n\\&\lambda(a_nx^n+\cdots+a_1x+a_0)\\&=(\lambda a_n)x^n+\cdots+(\lambda a_1)x+(\lambda a_0)\in P[x]_n\end{aligned}$$

所以 $P[x]_n$ 是一个向量空间.

例 6.3 n 次多项式的全体

$$Q[x]_n=\{\boldsymbol{p}=a_nx^n+a_{n-1}x^{n-1}+\cdots+a_1x+a_0\mid a_0,a_1,\cdots,a_n\in\mathbf{R}，\text{且}a_n\neq 0\}$$

对于通常的多项式加法和数乘运算不构成向量空间.

这是因为

$$0\boldsymbol{p}=0x^n+0x^{n-1}+\cdots+0x+0=\boldsymbol{0}\notin Q[x]_n$$

即 $Q[x]_n$ 对运算不封闭.

看一个集合是否是构成向量空间，需看这个集合上定义的加法和数乘运算是不是通常的实数间的加乘运算，如果不是则需要检验它是否满足上述八条线性运算规律.

例 6.4 设正实数的全体，记作 $\mathbf{R}^+$，在其中定义加法，即数乘运算为

$$\boldsymbol{a}\oplus\boldsymbol{b}=\boldsymbol{ab}$$
$$\lambda\circ\boldsymbol{a}=\boldsymbol{a}^\lambda\quad(\lambda\in\mathbf{R},\boldsymbol{a},\boldsymbol{b}\in\mathbf{R}^+)$$

验证 $\mathbf{R}^+$ 对上述加法与数乘运算构成线性空间.

证明 按照线性空间的定义，实际上我们要验证十条：

$\mathbf{R}^+$对加法运算封闭：对任意的$\boldsymbol{a},\boldsymbol{b}\in\mathbf{R}^+$，有$\boldsymbol{a}\oplus\boldsymbol{b}=\boldsymbol{ab}\in\mathbf{R}^+$.

$\mathbf{R}^+$对数乘运算封闭：对任意的$\lambda\in\mathbf{R},\boldsymbol{a}\in\mathbf{R}^+$，有$\lambda\circ\boldsymbol{a}=\boldsymbol{a}^\lambda\in\mathbf{R}^+$.

（1）$\boldsymbol{a}\oplus\boldsymbol{b}=\boldsymbol{ab}=\boldsymbol{ba}=\boldsymbol{b}\oplus\boldsymbol{a}$.

（2）$(\boldsymbol{a}\oplus\boldsymbol{b})\oplus\boldsymbol{c}=(\boldsymbol{ab})\oplus\boldsymbol{c}=(\boldsymbol{ab})\boldsymbol{c}=\boldsymbol{a}\oplus(\boldsymbol{b}\oplus\boldsymbol{c})$.

（3）$\mathbf{R}^+$中存在零元素$\mathbf{1}$，对任何$a\in\mathbf{R}^+$，有$\boldsymbol{a}\oplus\mathbf{1}=\boldsymbol{a}\cdot\mathbf{1}=\boldsymbol{a}$.

（4）对任意$\boldsymbol{a}\in\mathbf{R}^+$，有负元素$\boldsymbol{a}^{-1}\in\mathbf{R}^+$，使得$\boldsymbol{a}\oplus\boldsymbol{a}^{-1}=\boldsymbol{a}\cdot\boldsymbol{a}^{-1}=\mathbf{1}$.

（5）$1\circ\boldsymbol{a}=\boldsymbol{a}^1=\boldsymbol{a}$.

（6）$\lambda\circ(\mu\circ\boldsymbol{a})=\lambda\circ\boldsymbol{a}^\mu=(\boldsymbol{a}^\mu)^\lambda=\boldsymbol{a}^{\lambda\mu}=(\lambda\mu)\circ\boldsymbol{a}$.

（7）$(\lambda+\mu)\circ\boldsymbol{a}=\boldsymbol{a}^{\lambda+\mu}=\boldsymbol{a}^\lambda\boldsymbol{a}^\mu=\boldsymbol{a}^\lambda\oplus\boldsymbol{a}^\mu=\lambda\circ\boldsymbol{a}\oplus\mu\circ\boldsymbol{a}$.

（8）$\lambda\circ(\boldsymbol{a}\oplus\boldsymbol{b})=\lambda\circ(\boldsymbol{ab})=(\boldsymbol{ab})^\lambda=\boldsymbol{a}^\lambda\boldsymbol{b}^\lambda=\boldsymbol{a}^\lambda\oplus\boldsymbol{b}^\lambda=\lambda\circ\boldsymbol{a}\oplus\lambda\circ\boldsymbol{b}$.

因此，$\mathbf{R}^+$对所定义的运算构成线性空间.

例 6.5 n个有序实数组成的数组的全体

$$S^n=\{\boldsymbol{x}=(x_1,x_2,\cdots,x_n)^{\mathrm{T}}\mid x_1,x_2,\cdots,x_n\in\mathbf{R}\}$$

对于通常的有序数组的加法及如下定义的数乘

$$\lambda\circ(x_1,x_2,\cdots,x_n)^{\mathrm{T}}=(0,0,\cdots,0)^{\mathrm{T}}$$

不构成向量空间.

易见，虽然S^n对运算封闭，但是$1\circ\boldsymbol{x}=\mathbf{0}$不满足运算律（5），即所定义的运算不是线性运算，所以S^n不是向量空间.

二、线性空间的性质

（1）零元素是唯一的.

证明 假设$\mathbf{0}_1,\mathbf{0}_2$是线性空间$V$中的两个零元素，即对任何$\boldsymbol{\alpha}\in V$，有

$$\boldsymbol{\alpha}+\mathbf{0}_1=\boldsymbol{\alpha},\quad \boldsymbol{\alpha}+\mathbf{0}_2=\boldsymbol{\alpha}$$

由于$\mathbf{0}_1,\mathbf{0}_2\in V$，有

$$\mathbf{0}_2+\mathbf{0}_1=\mathbf{0}_2,\quad \mathbf{0}_1+\mathbf{0}_2=\mathbf{0}_1$$

所以

$$\mathbf{0}_1=\mathbf{0}_1+\mathbf{0}_2=\mathbf{0}_2+\mathbf{0}_1=\mathbf{0}_2$$

（2）任一元素的负元素是唯一的.

证明 假设$\boldsymbol{\alpha}$有两个负元素$\boldsymbol{\beta}$和$\boldsymbol{\gamma}$，即

$$\boldsymbol{\alpha}+\boldsymbol{\beta}=\mathbf{0},\quad \boldsymbol{\alpha}+\boldsymbol{\gamma}=\mathbf{0}$$

于是有

$$\boldsymbol{\beta}=\boldsymbol{\beta}+\mathbf{0}=\boldsymbol{\beta}+(\boldsymbol{\alpha}+\boldsymbol{\gamma})=(\boldsymbol{\beta}+\boldsymbol{\alpha})+\boldsymbol{\gamma}=\mathbf{0}+\boldsymbol{\gamma}=\boldsymbol{\gamma}$$

（3） $0\boldsymbol{\alpha}=\mathbf{0}$; $(-1)\boldsymbol{\alpha}=-\boldsymbol{\alpha}$; $\lambda\mathbf{0}=\mathbf{0}$.

证明 因为

$$\boldsymbol{\alpha}+0\boldsymbol{\alpha}=1\boldsymbol{\alpha}+0\boldsymbol{\alpha}=(1+0)\boldsymbol{\alpha}=1\boldsymbol{\alpha}=\boldsymbol{\alpha}$$

所以 $0\boldsymbol{\alpha}=\mathbf{0}$.

因为

$$\boldsymbol{\alpha}+(-1)\boldsymbol{\alpha}=1\boldsymbol{\alpha}+(-1)\boldsymbol{\alpha}=[1+(-1)]\boldsymbol{\alpha}=0\boldsymbol{\alpha}=\mathbf{0}$$

所以 $(-1)\boldsymbol{\alpha}=-\boldsymbol{\alpha}$.

最后，

$$\lambda\mathbf{0}=\lambda[\boldsymbol{\alpha}+(-1)\boldsymbol{\alpha}]=\lambda\boldsymbol{\alpha}+(-\lambda)\boldsymbol{\alpha}=[\lambda+(-\lambda)]\boldsymbol{\alpha}=0\boldsymbol{\alpha}=\mathbf{0}$$

（4） 如果 $\lambda\boldsymbol{\alpha}=\mathbf{0}$，则 $\lambda=0$ 或 $\boldsymbol{\alpha}=\mathbf{0}$.

证明 假设 $\lambda\neq0$，那么

$$\frac{1}{\lambda}(\lambda\boldsymbol{\alpha})=\frac{1}{\lambda}\cdot\mathbf{0}=\mathbf{0}$$

又因为

$$\frac{1}{\lambda}(\lambda\boldsymbol{\alpha})=\frac{1}{\lambda}\cdot\lambda\cdot\boldsymbol{\alpha}=\boldsymbol{\alpha}$$

所以 $\boldsymbol{\alpha}=\mathbf{0}$.

第二节 维数、基与坐标

在第四章中我们用线性运算讨论了 n 维数组向量之间的关系，介绍了一些重要的概念，比如线性组合、线性相关和线性无关等等. 然而这些概念以及有关的性质只涉及线性运算，因此，对于一般的线性空间中的元素仍然使用.以后我们将直接引用这些概念和性质.

一、线性空间的基与维数

定义 6.2 在线性空间 V 中，如果存在 n 个向量 $\boldsymbol{\alpha}_1,\boldsymbol{\alpha}_2,\cdots,\boldsymbol{\alpha}_n$，满足

（1） $\boldsymbol{\alpha}_1,\boldsymbol{\alpha}_2,\cdots,\boldsymbol{\alpha}_n$ 线性无关.

（2） V 中任一向量 $\boldsymbol{\alpha}$ 都可以由 $\boldsymbol{\alpha}_1,\boldsymbol{\alpha}_2,\cdots,\boldsymbol{\alpha}_n$ 线性表示，

那么，$\boldsymbol{\alpha}_1,\boldsymbol{\alpha}_2,\cdots,\boldsymbol{\alpha}_n$ 就称为线性空间 V 的一个**基**，n 称为线性空间 V 的**维数**.

只含一个零元素的线性空间没有基，规定它的维数是 0.

维数为 n 的线性空间称为 ***n* 维线性空间**，记作 V_n.

当一个线性空间 V 中存在任意多个线性无关的向量时，就称线性空间 V 是无限维的.

对于 n 维线性空间 V_n，设 $\boldsymbol{\alpha}_1,\boldsymbol{\alpha}_2,\cdots,\boldsymbol{\alpha}_n$ 为 V_n 的一个基，则 V_n 可以表示为

$$V_n=\{\boldsymbol{\alpha}=x_1\boldsymbol{\alpha}_1+x_2\boldsymbol{\alpha}_2+\cdots+x_n\boldsymbol{\alpha}_n,\big|x_1,x_2,\cdots,x_n\in\mathbf{R}\}$$

即V_n是由基所生成的线性空间，这就很清楚地显示出线性空间V_n的构造.

二、向量在给定基下的坐标

定义 6.3 设$\boldsymbol{\alpha}_1,\boldsymbol{\alpha}_2,\cdots,\boldsymbol{\alpha}_n$为线性空间$V_n$的一个基，则对任意$\boldsymbol{\alpha}\in V_n$，都有唯一的一组有序数$x_1,x_2,\cdots,x_n$，使

$$\boldsymbol{\alpha}=x_1\boldsymbol{\alpha}_1+x_2\boldsymbol{\alpha}_2+\cdots+x_n\boldsymbol{\alpha}_n$$

有序数组$x_1,x_2,\cdots,x_n$称为向量$\boldsymbol{\alpha}$在$\boldsymbol{\alpha}_1,\boldsymbol{\alpha}_2,\cdots,\boldsymbol{\alpha}_n$这个基下的**坐标**，记作

$$\boldsymbol{\alpha}=(x_1,x_2,\cdots,x_n)^{\mathrm{T}}$$

例 6.6 在线性空间$P[x]_4$中，$\boldsymbol{p}_1=1,\boldsymbol{p}_2=x,\boldsymbol{p}_3=x^2,\boldsymbol{p}_4=x^3,\boldsymbol{p}_5=x^4$就是它的一个基. 也就是说，任一不超过 4 次的多项式

$$\boldsymbol{p}=a_4x^4+a_3x^3+a_2x^2+a_1x+a_0$$

都可以表示为

$$\boldsymbol{p}=a_4\boldsymbol{p}_5+a_3\boldsymbol{p}_4+a_2\boldsymbol{p}_3+a_1\boldsymbol{p}_2+a_0\boldsymbol{p}_1$$

因此 $\boldsymbol{p}$ 在这个基下的坐标为$(a_0,a_1,a_2,a_3,a_4)^{\mathrm{T}}$.

若取另一个基$\boldsymbol{q}_1=1,\boldsymbol{q}_2=1+x,\boldsymbol{q}_3=2x^2,\boldsymbol{q}_4=x^3,\boldsymbol{q}_5=x^4$，则

$$\boldsymbol{p}=(a_0-a_1)\boldsymbol{q}_1+a_1\boldsymbol{q}_2+\frac{1}{2}a_2\boldsymbol{q}_3+a_3\boldsymbol{q}_4+a_4\boldsymbol{q}_5$$

因此 $\boldsymbol{p}$ 在这个基下的坐标为$\left(a_0-a_1,a_1,\frac{1}{2}a_2,a_3,a_4\right)^{\mathrm{T}}$

由此可知，线性空间V的任一向量在不同基下所对应的坐标一般不同，一个元素在一个基下对应的坐标是唯一的.

三、线性空间的同构

建立坐标以后，就把抽象的向量$\boldsymbol{\alpha}$与具体的数组向量$(x_1,x_2,\cdots,x_n)^{\mathrm{T}}$之间建立了联系，并且还可以把$V_n$中抽象的代数运算与数组向量的线性运算联系起来.

设$\boldsymbol{\alpha}_1,\boldsymbol{\alpha}_2,\cdots,\boldsymbol{\alpha}_n$为线性空间$V_n$的一个基，对任意的$\boldsymbol{\alpha},\boldsymbol{\beta}\in V_n$，有

$$\boldsymbol{\alpha}=x_1\boldsymbol{\alpha}_1+x_2\boldsymbol{\alpha}_2+\cdots+x_n\boldsymbol{\alpha}_n,\quad \boldsymbol{\beta}=y_1\boldsymbol{\alpha}_1+y_2\boldsymbol{\alpha}_2+\cdots+y_n\boldsymbol{\alpha}_n$$

于是

$$\boldsymbol{\alpha}+\boldsymbol{\beta}=(x_1+y_1)\boldsymbol{\alpha}_1+(x_2+y_2)\boldsymbol{\alpha}_2+\cdots+(x_n+y_n)\boldsymbol{\alpha}_n$$
$$\lambda\boldsymbol{\alpha}=(\lambda x_1)\boldsymbol{\alpha}_1+(\lambda x_2)\boldsymbol{\alpha}_2+\cdots+(\lambda x_n)\boldsymbol{\alpha}_n$$

即 $\boldsymbol{\alpha}+\boldsymbol{\beta}$ 和 $\lambda\boldsymbol{\alpha}$ 的坐标分别为

$$(x_1+y_1,x_2+y_2,\cdots,x_n+y_n)^{\mathrm{T}}=(x_1,x_2,\cdots,x_n)^{\mathrm{T}}+(y_1,y_2,\cdots,y_n)^{\mathrm{T}}$$
$$(\lambda x_1,\lambda x_2,\cdots,\lambda x_n)^{\mathrm{T}}=\lambda(x_1,x_2,\cdots,x_n)^{\mathrm{T}}$$

由上面的讨论可知，若在 n 维线性空间 V_n 中取定一个基 $\boldsymbol{\alpha}_1,\boldsymbol{\alpha}_2,\cdots,\boldsymbol{\alpha}_n$，则 V_n 中的向量 $\boldsymbol{\alpha}$ 与 n 维数组向量空间 $\mathbf{R}^n$ 中的向量 $(x_1,x_2,\cdots,x_n)^{\mathrm{T}}$ 之间有一个一一对应的关系，且这个对应关系具有下列性质：

设 $\boldsymbol{\alpha}\leftrightarrow(x_1,x_2,\cdots,x_n)^{\mathrm{T}},\boldsymbol{\beta}\leftrightarrow(y_1,y_2,\cdots,y_n)^{\mathrm{T}}$，则

（1） $\boldsymbol{\alpha}+\boldsymbol{\beta}\leftrightarrow(x_1,x_2,\cdots,x_n)^{\mathrm{T}}+(y_1,y_2,\cdots,y_n)^{\mathrm{T}}$.

（2） $\lambda\boldsymbol{\alpha}\leftrightarrow\lambda(x_1,x_2,\cdots,x_n)^{\mathrm{T}}$.

也就是说，这个对应关系保持线性组合的对应. 因此，我们可以说 V_n 与 $\mathbf{R}^n$ 有相同的结构，我们称 V_n 与 $\mathbf{R}^n$ 同构.

定义 6.4 设 V 与 U 是两个线性空间，如果在它们的元素之间有一一对应关系，且这个对应关系保持线性组合的对应，则称线性空间 V 与 U **同构**.

显然，数域 P 上任意两个 n 维线性空间都同构，也就是说，任何 n 维线性空间都可与 $\mathbf{R}^n$ 同构. 同构的线性空间之间还具有反身性、对称性与传递性.

在线性空间的抽象讨论中，无论构成线性空间的元素是什么，其中的运算是如何定义的，我们所关心的只是这些运算的代数性质. 从这个意义上可以说，同构的线性空间是可以不加区别的，而有限维线性空间唯一本质的特征就是它的维数，同维数的线性空间必同构.

第三节 基变换与坐标变换

在 n 维线性空间 V 中，任意 n 个线性无关的向量都可以作为 V 的一个基. 对于不同的基，同一个向量的坐标是不同的. 那么，同一个向量在不同的基下的坐标有什么关系呢？换句话说，随着基的改变，向量的坐标如何改变呢？

一、基变换公式与过渡矩阵

设 $\boldsymbol{\alpha}_1,\boldsymbol{\alpha}_2,\cdots,\boldsymbol{\alpha}_n$ 与 $\boldsymbol{\beta}_1,\boldsymbol{\beta}_2,\cdots,\boldsymbol{\beta}_n$ 是线性空间 V_n 中的两个基，则

$$\begin{cases}\boldsymbol{\beta}_1=p_{11}\boldsymbol{\alpha}_1+p_{21}\boldsymbol{\alpha}_2+\cdots+p_{n1}\boldsymbol{\alpha}_n\\ \boldsymbol{\beta}_2=p_{12}\boldsymbol{\alpha}_1+p_{22}\boldsymbol{\alpha}_2+\cdots+p_{n2}\boldsymbol{\alpha}_n\\ \cdots\cdots\cdots\cdots\\ \boldsymbol{\beta}_n=p_{1n}\boldsymbol{\alpha}_1+p_{2n}\boldsymbol{\alpha}_2+\cdots+p_{nn}\boldsymbol{\alpha}_n\end{cases}\tag{6.1}$$

把 $\boldsymbol{\alpha}_1,\boldsymbol{\alpha}_2,\cdots,\boldsymbol{\alpha}_n$ 这 n 个有序向量记作 $(\boldsymbol{\alpha}_1,\boldsymbol{\alpha}_2,\cdots,\boldsymbol{\alpha}_n)$，利用向量和矩阵的形式，（6.1）式可以表示为

$$\begin{pmatrix}\boldsymbol{\beta}_1\\\boldsymbol{\beta}_2\\\vdots\\\boldsymbol{\beta}_n\end{pmatrix}=\begin{pmatrix}p_{11}&p_{21}&\cdots&p_{n1}\\p_{12}&p_{22}&\cdots&p_{n2}\\\vdots&\vdots&&\vdots\\p_{1n}&p_{2n}&\cdots&p_{nn}\end{pmatrix}\begin{pmatrix}\boldsymbol{\alpha}_1\\\boldsymbol{\alpha}_2\\\vdots\\\boldsymbol{\alpha}_n\end{pmatrix}=\boldsymbol{P}^{\mathrm{T}}\begin{pmatrix}\boldsymbol{\alpha}_1\\\boldsymbol{\alpha}_2\\\vdots\\\boldsymbol{\alpha}_n\end{pmatrix}$$

或表示为

$$(\boldsymbol{\beta}_1,\boldsymbol{\beta}_2,\cdots,\boldsymbol{\beta}_n)=(\boldsymbol{\alpha}_1,\boldsymbol{\alpha}_2,\cdots,\boldsymbol{\alpha}_n)\boldsymbol{P} \tag{6.2}$$

其中 $\boldsymbol{P}=\begin{pmatrix}p_{11}&p_{12}&\cdots&p_{1n}\\p_{21}&p_{22}&\cdots&p_{2n}\\\vdots&\vdots&&\vdots\\p_{n1}&p_{n2}&\cdots&p_{nn}\end{pmatrix}$.

（6.1）式或（6.2）式称为**基变换公式**，矩阵 $\boldsymbol{P}$ 称为由基 $\boldsymbol{\alpha}_1,\boldsymbol{\alpha}_2,\cdots,\boldsymbol{\alpha}_n$ 到基 $\boldsymbol{\beta}_1,\boldsymbol{\beta}_2,\cdots,\boldsymbol{\beta}_n$ 的**过渡矩阵**. 由于 $\boldsymbol{\beta}_1,\boldsymbol{\beta}_2,\cdots,\boldsymbol{\beta}_n$ 线性无关，故过渡矩阵 $\boldsymbol{P}$ 可逆.

二、坐标变换公式

定理 6.1　设 V_n 中的向量 $\boldsymbol{\alpha}$ 在基 $\boldsymbol{\alpha}_1,\boldsymbol{\alpha}_2,\cdots,\boldsymbol{\alpha}_n$ 下的坐标为 $(x_1,x_2,\cdots,x_n)^{\mathrm{T}}$，在基 $\boldsymbol{\beta}_1,\boldsymbol{\beta}_2,\cdots,\boldsymbol{\beta}_n$ 下的坐标为 $(x_1',x_2',\cdots,x_n')^{\mathrm{T}}$. 若两个基满足关系式（6.2），则有**坐标变换公式**

$$\begin{pmatrix}x_1\\x_2\\\vdots\\x_n\end{pmatrix}=\boldsymbol{P}\begin{pmatrix}x_1'\\x_2'\\\vdots\\x_n'\end{pmatrix}\quad 或\quad \begin{pmatrix}x_1'\\x_2'\\\vdots\\x_n'\end{pmatrix}=\boldsymbol{P}^{-1}\begin{pmatrix}x_1\\x_2\\\vdots\\x_n\end{pmatrix} \tag{6.3}$$

证明　易见

$$\boldsymbol{\alpha}=(\boldsymbol{\alpha}_1,\boldsymbol{\alpha}_2,\cdots,\boldsymbol{\alpha}_n)\begin{pmatrix}x_1\\x_2\\\vdots\\x_n\end{pmatrix}=(\boldsymbol{\beta}_1,\boldsymbol{\beta}_2,\cdots,\boldsymbol{\beta}_n)\begin{pmatrix}x_1'\\x_2'\\\vdots\\x_n'\end{pmatrix}$$

又因为 $(\boldsymbol{\beta}_1,\boldsymbol{\beta}_2,\cdots,\boldsymbol{\beta}_n)=(\boldsymbol{\alpha}_1,\boldsymbol{\alpha}_2,\cdots,\boldsymbol{\alpha}_n)\boldsymbol{P}$，所以

$$\boldsymbol{\alpha}=(\boldsymbol{\alpha}_1,\boldsymbol{\alpha}_2,\cdots,\boldsymbol{\alpha}_n)\boldsymbol{P}\begin{pmatrix}x_1'\\x_2'\\\vdots\\x_n'\end{pmatrix}$$

由于 $\boldsymbol{\alpha}_1,\boldsymbol{\alpha}_2,\cdots,\boldsymbol{\alpha}_n$ 线性无关，故有关系式（6.3）成立.

这个定理的逆命题也是成立的. 即若任一向量的两种坐标满足坐标变换公式（6.3），则两个基满足基变换公式（6.2）.

例 6.7　在 $P[x]_3$ 中取两个基

$$\begin{cases}\boldsymbol{\alpha}_1 = x^3+2x^2-x\\ \boldsymbol{\alpha}_2 = x^3-x^2+x+1\\ \boldsymbol{\alpha}_3 = -x^3+2x^2+x+1\\ \boldsymbol{\alpha}_4 = -x^3-x^2+1\end{cases} \quad 及 \quad \begin{cases}\boldsymbol{\beta}_1 = 2x^3+x^2+1\\ \boldsymbol{\beta}_2 = x^2+2x+2\\ \boldsymbol{\beta}_3 = -2x^3+x^2+x+2\\ \boldsymbol{\beta}_4 = x^3+3x^2+x+1\end{cases}$$

求坐标变换公式.

解 将 $\boldsymbol{\beta}_1,\boldsymbol{\beta}_2,\boldsymbol{\beta}_3,\boldsymbol{\beta}_4$ 用 $\boldsymbol{\alpha}_1,\boldsymbol{\alpha}_2,\boldsymbol{\alpha}_3,\boldsymbol{\alpha}_4$ 表示，有

$$(\boldsymbol{\alpha}_1,\boldsymbol{\alpha}_2,\boldsymbol{\alpha}_3,\boldsymbol{\alpha}_4)=(x^3,x^2,x,1)\boldsymbol{A},\quad (\boldsymbol{\beta}_1,\boldsymbol{\beta}_2,\boldsymbol{\beta}_3,\boldsymbol{\beta}_4)=(x^3,x^2,x,1)\boldsymbol{B}$$

其中

$$\boldsymbol{A}=\begin{pmatrix}1 & 1 & -1 & -1\\ 2 & -1 & 2 & -1\\ -1 & 1 & 1 & 0\\ 0 & 1 & 1 & 1\end{pmatrix},\quad \boldsymbol{B}=\begin{pmatrix}2 & 0 & -2 & 1\\ 1 & 1 & 1 & 3\\ 0 & 2 & 1 & 1\\ 1 & 2 & 2 & 2\end{pmatrix}$$

则有

$$(\boldsymbol{\beta}_1,\boldsymbol{\beta}_2,\boldsymbol{\beta}_3,\boldsymbol{\beta}_4)=(\boldsymbol{\alpha}_1,\boldsymbol{\alpha}_2,\boldsymbol{\alpha}_3,\boldsymbol{\alpha}_4)\boldsymbol{A}^{-1}\boldsymbol{B}$$

故坐标变换公式为

$$\begin{pmatrix}x_1'\\ x_2'\\ \vdots\\ x_n'\end{pmatrix}=\boldsymbol{B}^{-1}\boldsymbol{A}\begin{pmatrix}x_1\\ x_2\\ \vdots\\ x_n\end{pmatrix}$$

下面用矩阵的初等变换求 $\boldsymbol{B}^{-1}\boldsymbol{A}$：把矩阵 $(\boldsymbol{B},\boldsymbol{A})$ 中的 $\boldsymbol{B}$ 变成 $\boldsymbol{E}$，则 $\boldsymbol{A}$ 即变成 $\boldsymbol{B}^{-1}\boldsymbol{A}$. 计算如下：

$$(\boldsymbol{B},\boldsymbol{A})=\left(\begin{array}{cccc|cccc}2 & 0 & -2 & 1 & 1 & 1 & -1 & -1\\ 1 & 1 & 1 & 3 & 2 & -1 & 2 & -1\\ 0 & 2 & 1 & 1 & -1 & 1 & 1 & 0\\ 1 & 2 & 2 & 2 & 0 & 1 & 1 & 1\end{array}\right)$$

$$\xrightarrow[r_4-r_2]{r_1-2r_2}\left(\begin{array}{cccc|cccc}0 & -2 & -4 & -5 & -3 & 3 & -5 & 1\\ 1 & 1 & 1 & 3 & 2 & -1 & 2 & -1\\ 0 & 2 & 1 & 1 & -1 & 1 & 1 & 0\\ 0 & 1 & 1 & -1 & -2 & 2 & -1 & 2\end{array}\right)$$

$$\xrightarrow[\substack{r_2-r_4\\ r_3-2r_4}]{r_1+2r_4}\left(\begin{array}{cccc|cccc}0 & 0 & -2 & -7 & -7 & 7 & -7 & 5\\ 1 & 0 & 0 & 4 & 4 & -3 & 3 & -3\\ 0 & 0 & -1 & 3 & 3 & -3 & 3 & -4\\ 0 & 1 & 1 & -1 & -2 & 2 & -1 & 2\end{array}\right)$$

$$\xrightarrow[r_4+r_3]{r_1-2r_3}\left(\begin{array}{cccc|cccc}0 & 0 & 0 & -13 & -13 & 13 & -13 & 13\\ 1 & 0 & 0 & 4 & 4 & -3 & 3 & -3\\ 0 & 0 & -1 & 3 & 3 & -3 & 3 & -4\\ 0 & 1 & 0 & 2 & 1 & -1 & 2 & -2\end{array}\right)$$

$$\xrightarrow[\substack{r_2-4r_1\\ r_3-3r_1\\ r_4-2r_1}]{r_1\div(-13)}\left(\begin{array}{cccc|cccc}0&0&0&1&1&-1&1&-1\\1&0&0&0&0&1&-1&1\\0&0&-1&0&0&0&0&-1\\0&1&0&0&-1&1&0&0\end{array}\right)$$

$$\xrightarrow[\substack{r_3\div(-1)\\ r_2\leftrightarrow r_4}]{r_1\leftrightarrow r_2}\left(\begin{array}{cccc|cccc}1&0&0&0&0&1&-1&1\\0&1&0&0&-1&1&0&0\\0&0&1&0&0&0&0&1\\0&0&0&1&1&-1&1&-1\end{array}\right)$$

即得

$$\begin{pmatrix}x_1'\\x_2'\\\vdots\\x_n'\end{pmatrix}=\begin{pmatrix}0&1&-1&1\\-1&1&0&0\\0&0&0&1\\1&-1&1&-1\end{pmatrix}\begin{pmatrix}x_1\\x_2\\\vdots\\x_n\end{pmatrix}$$

第四节　线性变换

线性空间中向量之间的联系，是通过线性空间到线性空间的映射来实现的

定义 6.5　设有两个非空集合 A,B，如果对于 A 中的任一元素 $\boldsymbol{\alpha}$，按照一定的规则，总有 B 中一个确定的元素 $\boldsymbol{\beta}$ 和它相对应，那么，这个对应规则称为从集合 A 到集合 B 的**映射**. 我们通常用字母表示一个映射，譬如把上述映射记作 T，并记

$$\boldsymbol{\beta}=T(\boldsymbol{\alpha})\quad 或\quad \boldsymbol{\beta}=T\boldsymbol{\alpha}\ (\boldsymbol{\alpha}\in A)$$

设 $\boldsymbol{\alpha}\in A,T(\boldsymbol{\alpha})=\boldsymbol{\beta}$，就说映射 T 把元素 $\boldsymbol{\alpha}$ 变为 $\boldsymbol{\beta}$，$\boldsymbol{\beta}$ 称为 $\boldsymbol{\alpha}$ 在映射 T 下的**像**，$\boldsymbol{\alpha}$ 称为 $\boldsymbol{\beta}$ 在映射 T 下的**源**. A 称为映射 T 的**源集**；像的全体所构成的集合称为**像集**，记作 $T(A)$，即

$$T(A)=\{\boldsymbol{\beta}=T(\boldsymbol{\alpha})\,|\,\boldsymbol{\alpha}\in A\}$$

显然 $T(A)\subset B$.

映射概念是函数概念的推广. 例如，设二元函数 $z=f(x,y)$ 的定义域为平面区域 G，函数值域为 Z，那么，函数关系 f 就是一个从定义域 G 到实数域 $\mathbf{R}$ 的映射；函数值 $f(x_0,y_0)=z_0$ 就是元素 (x_0,y_0) 的像，(x_0,y_0) 就是 z_0 的源；G 就是源集，Z 就是像集.

定义 6.6　设 V_n,U_m 分别是 n 维和 m 维线性空间，T 是一个从 V_n 到 U_m 的映射，如果映射 T 满足：

（1）任意 $\boldsymbol{\alpha}_1,\boldsymbol{\alpha}_2\in V_n$（从而 $\boldsymbol{\alpha}_1+\boldsymbol{\alpha}_2\in V_n$），有

$$T(\boldsymbol{\alpha}_1+\boldsymbol{\alpha}_2)=T(\boldsymbol{\alpha}_1)+T(\boldsymbol{\alpha}_2)$$

（2）任意 $\boldsymbol{\alpha}\in V_n$，$k\in\mathbf{R}$（从而 $k\boldsymbol{\alpha}\in V_n$），有

$$T(k\boldsymbol{\alpha})=kT(\boldsymbol{\alpha})$$

那么 T 就称为从 V_n 到 U_m 的**线性映射**，或称为**线性变换**.

线性变换就是保持线性组合的对应的映射.

例如，关系式

$$\begin{pmatrix} y_1 \\ y_2 \\ \vdots \\ y_n \end{pmatrix} = \begin{pmatrix} a_{11} & a_{12} & \cdots & a_{1n} \\ a_{21} & a_{22} & \cdots & a_{2n} \\ \vdots & \vdots & & \vdots \\ a_{n1} & a_{n2} & \cdots & a_{nn} \end{pmatrix} \begin{pmatrix} x_1 \\ x_2 \\ \vdots \\ x_n \end{pmatrix}$$

就确定了一个从 $\mathbf{R}^n$ 到 $\mathbf{R}^n$ 的映射，并且是线性映射.

特别地，在定义 6.6 中，如果 $V_n = U_m$，那么 T 是一个从线性空间 V_n 到其自身的线性映射，称为线性空间 V_n 中的线性变换.

下面我们只讨论线性空间 V_n 中的线性变换.

例 6.8 在线性空间 $P[x]_3$ 中，微分运算 D 是一个线性变换.

解 因为

$$D[f(x)+g(x)] = [f(x)+g(x)]' = f'(x)+g'(x) = Df(x)+Dg(x)$$
$$D[kf(x)] = [kf(x)]' = kf'(x) = kDf(x)$$

故 D 是一个线性变换.

例 6.9 由关系式

$$T\begin{pmatrix} x \\ y \end{pmatrix} = \begin{pmatrix} \cos\alpha & -\sin\alpha \\ \sin\alpha & \cos\alpha \end{pmatrix}\begin{pmatrix} x \\ y \end{pmatrix}$$

确定 xOy 平面上的一个线性变换，T 把任一向量按逆时针方向旋转 α 角.

例 6.10 线性空间 R^3 中，变换

$$T(\boldsymbol{\alpha}) = \boldsymbol{\alpha} + (1,0,0)^{\mathrm{T}}, \quad \boldsymbol{\alpha} \in R^3$$

不是 R^3 的线性变换. 因为

$$T(0\boldsymbol{\alpha}) = T(\mathbf{0}) = (0,0,0)^{\mathrm{T}} + (1,0,0)^{\mathrm{T}} \neq \mathbf{0} = 0 \cdot T(\boldsymbol{\alpha})$$

线性变换具有下述性质：

（1） $T\mathbf{0} = \mathbf{0}$, $T(-\boldsymbol{\alpha}) = -T(\boldsymbol{\alpha})$；

（2）若 $\boldsymbol{\beta} = k_1\boldsymbol{\alpha}_1 + k_2\boldsymbol{\alpha}_2 + \cdots + k_m\boldsymbol{\alpha}_m$，则 $T\boldsymbol{\beta} = k_1T\boldsymbol{\alpha}_1 + k_2T\boldsymbol{\alpha}_2 + \cdots + k_mT\boldsymbol{\alpha}_m$.

（3）若 $\boldsymbol{\alpha}_1,\boldsymbol{\alpha}_2,\cdots,\boldsymbol{\alpha}_m$ 线性相关，则 $T\boldsymbol{\alpha}_1,T\boldsymbol{\alpha}_2,\cdots,T\boldsymbol{\alpha}_m$ 也线性相关.

（4）线性变换 T 的像集是 V_n 的子空间，称为 T 的像空间.

证明 设 $\boldsymbol{\beta}_1,\boldsymbol{\beta}_2 \in T(V_n)$，那么，存在 $\boldsymbol{\alpha}_1,\boldsymbol{\alpha}_2 \in V_n$，使

$$\boldsymbol{\beta}_1 = T\boldsymbol{\alpha}_1, \quad \boldsymbol{\beta}_2 = T\boldsymbol{\alpha}_2$$

从而

$$\boldsymbol{\beta}_1 + \boldsymbol{\beta}_2 = T\boldsymbol{\alpha}_1 + T\boldsymbol{\alpha}_2 = T(\boldsymbol{\alpha}_1 + \boldsymbol{\alpha}_2) \in T(V_n) \quad (\text{因 } \boldsymbol{\alpha}_1,\boldsymbol{\alpha}_2 \in V_n)$$
$$k\boldsymbol{\beta}_1 = kT\boldsymbol{\alpha}_1 = T(k\boldsymbol{\alpha}_1) \in T(V_n) \quad (\text{因 } k\boldsymbol{\alpha}_1 \in V_n)$$

因此，$T(V_n)$ 是 V_n 的子空间.

（5）使 $T(\boldsymbol{\alpha})=\boldsymbol{0}$ 的 $\boldsymbol{\alpha}$ 的全体

$$\{\boldsymbol{\alpha} \mid \boldsymbol{\alpha}\in V_n, T\boldsymbol{\alpha}=\boldsymbol{0}\}$$

也是 V_n 的子空间，称为线性变换 T 的**核**，记为 $T^{-1}(\boldsymbol{0})$.

证明　设 $\boldsymbol{\alpha}_1,\boldsymbol{\alpha}_2\in T^{-1}(\boldsymbol{0})$，那么 $T\boldsymbol{\alpha}_1=T\boldsymbol{\alpha}_2=\boldsymbol{0}$，从而

$$T(\boldsymbol{\alpha}_1+\boldsymbol{\alpha}_2)=T\boldsymbol{\alpha}_1+T\boldsymbol{\alpha}_2=\boldsymbol{0}+\boldsymbol{0}=\boldsymbol{0}$$
$$T(k\boldsymbol{\alpha}_1)=kT(\boldsymbol{\alpha}_1)=k\cdot\boldsymbol{0}=\boldsymbol{0}$$

即 $\boldsymbol{\alpha}_1+\boldsymbol{\alpha}_2\in T^{-1}(\boldsymbol{0})$，$k\boldsymbol{\alpha}_1\in T^{-1}(\boldsymbol{0})$，因此，$T^{-1}(\boldsymbol{0})$ 是 V_n 的子空间.

例 6.11　设有 n 阶方阵

$$\boldsymbol{A}=(\boldsymbol{\alpha}_1,\boldsymbol{\alpha}_1,\cdots,\boldsymbol{\alpha}_m)=\begin{pmatrix} a_{11} & a_{12} & \cdots & a_{1n} \\ a_{21} & a_{22} & \cdots & a_{2n} \\ \vdots & \vdots & & \vdots \\ a_{n1} & a_{n2} & \cdots & a_{nn} \end{pmatrix}$$

其中 $\boldsymbol{\alpha}_i=\begin{pmatrix} a_{1i} \\ a_{2i} \\ \vdots \\ a_{ni} \end{pmatrix}, (i=1,2,\cdots,n)$. 定义 $\mathbf{R}^n$ 中的变换 T 为

$$T(\boldsymbol{x})=\boldsymbol{A}\boldsymbol{x} \quad (\boldsymbol{x}\in\mathbf{R}^n)$$

则 T 为 $\mathbf{R}^n$ 中的线性变换.

证明　设 $\boldsymbol{\alpha},\boldsymbol{\beta}\in\mathbf{R}^n$，$k\in\mathbf{R}$，有

$$T(\boldsymbol{\alpha}+\boldsymbol{\beta})=A(\boldsymbol{\alpha}+\boldsymbol{\beta})=A(\boldsymbol{\alpha})+A(\boldsymbol{\beta})=T(\boldsymbol{\alpha})+T(\boldsymbol{\beta})$$
$$T(k\boldsymbol{\alpha})=A(k\boldsymbol{\alpha})=kA(\boldsymbol{\alpha})=kT(\boldsymbol{\alpha})$$

故 T 为 $\mathbf{R}^n$ 中的线性变换.

设 $\boldsymbol{x}=\begin{pmatrix} x_1 \\ x_2 \\ \vdots \\ x_n \end{pmatrix}\in\mathbf{R}^n$，因

$$T\boldsymbol{x}=\boldsymbol{A}\boldsymbol{x}=(\boldsymbol{\alpha}_1,\boldsymbol{\alpha}_2,\cdots,\boldsymbol{\alpha}_n)\begin{pmatrix} x_1 \\ x_2 \\ \vdots \\ x_n \end{pmatrix}=x_1\boldsymbol{\alpha}_1+x_2\boldsymbol{\alpha}_2+\cdots+x_n\boldsymbol{\alpha}_n$$

可见（1）T 的像空间是由 $\boldsymbol{\alpha}_1,\boldsymbol{\alpha}_2,\cdots,\boldsymbol{\alpha}_n$ 生成的向量空间.

（2）T 的核 $T^{-1}(\boldsymbol{0})$ 是齐次线性方程组 $A\boldsymbol{x}=\boldsymbol{0}$ 的解空间.

第五节 线性变换的矩阵

从上节例 6.11 看到，关系式

$$T(\boldsymbol{x})=\boldsymbol{A}\boldsymbol{x} \quad (\boldsymbol{x}\in \mathbf{R}^n)$$

简单明了地表示了 $\mathbf{R}^n$ 中的一个线性变换，我们当然希望 $R^n(V_n)$ 中的任何一个线性变换都能用这样的关系式来表示．为此，我们先证明下述两个结论：

（1）设 $\boldsymbol{\varepsilon}_1,\boldsymbol{\varepsilon}_2,\cdots,\boldsymbol{\varepsilon}_n$ 是线性空间 V_n 的一个基，如果 V_n 的线性变换 T 与 T' 在这组基上的作用相同，即

$$T\boldsymbol{\varepsilon}_i=T'\boldsymbol{\varepsilon}_i \quad (i=1,2,\cdots,n)$$

那么，$T=T'$.

证明 T 与 T' 相等的意义就是它们对 V_n 的每个向量的作用相同，即

$$T\boldsymbol{\alpha}=T'\boldsymbol{\alpha} \ (\forall\boldsymbol{\alpha}\in V_n)$$

设 $\boldsymbol{\alpha}=x_1\boldsymbol{\varepsilon}_1+x_2\boldsymbol{\varepsilon}_2+\cdots+x_n\boldsymbol{\varepsilon}_n$，由 $T\boldsymbol{\varepsilon}_i=T'\boldsymbol{\varepsilon}_i$，有

$$T\boldsymbol{\alpha}=x_1T\boldsymbol{\varepsilon}_1+x_2T\boldsymbol{\varepsilon}_2+\cdots+x_nT\boldsymbol{\varepsilon}_n=x_1T'\boldsymbol{\varepsilon}_1+x_2T'\boldsymbol{\varepsilon}_2+\cdots+x_nT'\boldsymbol{\varepsilon}_n=T'\boldsymbol{\alpha}$$

（2）设 $\boldsymbol{\varepsilon}_1,\boldsymbol{\varepsilon}_2,\cdots,\boldsymbol{\varepsilon}_n$ 是线性空间 V_n 的一个基，对于 V_n 任意一组向量 $\boldsymbol{\alpha}_1,\boldsymbol{\alpha}_2,\cdots,\boldsymbol{\alpha}_n$，一定有一个线性变换 T 使

$$T\boldsymbol{\varepsilon}_i=\boldsymbol{\alpha}_i \quad (i=1,2,\cdots n)$$

证明 设 $\boldsymbol{\alpha}=x_1\boldsymbol{\varepsilon}_1+x_2\boldsymbol{\varepsilon}_2+\cdots+x_n\boldsymbol{\varepsilon}_n\in V_n$，作变换 T，使

$$T\boldsymbol{\alpha}=x_1\boldsymbol{\alpha}_1+x_2\boldsymbol{\alpha}_2+\cdots+x_n\boldsymbol{\alpha}_n$$

容易验证 T 是 V_n 的线性变换，且

$$T\boldsymbol{\varepsilon}_i=0\boldsymbol{\alpha}_1+\cdots+1\boldsymbol{\alpha}_i+\cdots+0\boldsymbol{\alpha}_n=\boldsymbol{\alpha}_i$$

综合以上两点有：

定理 6.2 设 $\boldsymbol{\varepsilon}_1,\boldsymbol{\varepsilon}_2,\cdots,\boldsymbol{\varepsilon}_n$ 是线性空间 V_n 的一个基，$\boldsymbol{\alpha}_1,\boldsymbol{\alpha}_2,\cdots,\boldsymbol{\alpha}_n$ 是 V_n 中任意 n 个向量，则存在唯一的线性变换 T 使

$$T\boldsymbol{\varepsilon}_i=\boldsymbol{\alpha}_i \quad (i=1,2,\cdots,n)$$

以后，记 $T(\boldsymbol{\varepsilon}_1,\boldsymbol{\varepsilon}_2,\cdots,\boldsymbol{\varepsilon}_n)=(T\boldsymbol{\varepsilon}_1,T\boldsymbol{\varepsilon}_2,\cdots,T\boldsymbol{\varepsilon}_n)$.

定义 6.7 设 $\boldsymbol{\varepsilon}_1,\boldsymbol{\varepsilon}_2,\cdots,\boldsymbol{\varepsilon}_n$ 是线性空间 V_n 的一个基，T 是 V_n 的一个线性变换，基向量的像可以被基线性表出：

$$\begin{cases}T\boldsymbol{\varepsilon}_1=a_{11}\boldsymbol{\varepsilon}_1+a_{21}\boldsymbol{\varepsilon}_2+\cdots+a_{n1}\boldsymbol{\varepsilon}_n\\ T\boldsymbol{\varepsilon}_2=a_{12}\boldsymbol{\varepsilon}_1+a_{22}\boldsymbol{\varepsilon}_2+\cdots+a_{n2}\boldsymbol{\varepsilon}_n\\ \cdots\cdots\cdots\cdots\\ T\boldsymbol{\varepsilon}_n=a_{1n}\boldsymbol{\varepsilon}_1+a_{2n}\boldsymbol{\varepsilon}_2+\cdots+a_{nn}\boldsymbol{\varepsilon}_n\end{cases} \tag{6.4}$$

用矩阵表示就是:

$$T(\boldsymbol{\varepsilon}_1,\boldsymbol{\varepsilon}_2,\cdots,\boldsymbol{\varepsilon}_n)=(T\boldsymbol{\varepsilon}_1,T\boldsymbol{\varepsilon}_2,\cdots,T\boldsymbol{\varepsilon}_n)=(\boldsymbol{\varepsilon}_1,\boldsymbol{\varepsilon}_2,\cdots,\boldsymbol{\varepsilon}_n)\boldsymbol{A} \tag{6.5}$$

其中

$$\boldsymbol{A}=\begin{pmatrix} a_{11} & a_{12} & \cdots & a_{1n} \\ a_{21} & a_{22} & \cdots & a_{2n} \\ \vdots & \vdots & & \vdots \\ a_{n1} & a_{n2} & \cdots & a_{nn} \end{pmatrix}$$

矩阵 $\boldsymbol{A}$ 称为 T 在基 $\boldsymbol{\varepsilon}_1,\boldsymbol{\varepsilon}_2,\cdots,\boldsymbol{\varepsilon}_n$ 下的矩阵.

因 $\boldsymbol{\varepsilon}_1,\boldsymbol{\varepsilon}_2,\cdots,\boldsymbol{\varepsilon}_n$ 线性无关，(6.4) 式中的 a_{ij} 是由 T 唯一确定的. 可见 $\boldsymbol{A}$ 由 T 唯一确定.

给定一个方阵 $\boldsymbol{A}$，定义变换 T:

$$T\boldsymbol{\alpha}=T\left((\boldsymbol{\varepsilon}_1,\boldsymbol{\varepsilon}_2,\cdots,\boldsymbol{\varepsilon}_n)\begin{pmatrix} x_1 \\ x_2 \\ \vdots \\ x_n \end{pmatrix}\right)=(\boldsymbol{\varepsilon}_1,\boldsymbol{\varepsilon}_2,\cdots,\boldsymbol{\varepsilon}_n)\boldsymbol{A}\begin{pmatrix} x_1 \\ x_2 \\ \vdots \\ x_n \end{pmatrix} \tag{6.6}$$

这里 $\boldsymbol{\alpha}=x_1\boldsymbol{\varepsilon}_1+x_2\boldsymbol{\varepsilon}_2+\cdots+x_n\boldsymbol{\varepsilon}_n$. 易见 T 是由 n 阶矩阵 $\boldsymbol{A}$ 确定的线性变换，且 T 在基 $\boldsymbol{\varepsilon}_1,\boldsymbol{\varepsilon}_2,\cdots,\boldsymbol{\varepsilon}_n$ 下的矩阵是 $\boldsymbol{A}$.

这样，在 V_n 中取定一个基后，V_n 的线性变换与 n 阶矩阵之间，有一一对应的关系（根据定理 6.2）. 由关系式（6.6），$\boldsymbol{\alpha}$ 与 $T\boldsymbol{\alpha}$ 在基下的坐标分别为

$$\begin{pmatrix} x_1 \\ x_2 \\ \vdots \\ x_n \end{pmatrix}, \quad \boldsymbol{A}\begin{pmatrix} x_1 \\ x_2 \\ \vdots \\ x_n \end{pmatrix}$$

例 6.12 在 $\mathbf{R}^n$ 中，取基 $\boldsymbol{e}_1=(1,0,0)$，$\boldsymbol{e}_2=(0,1,0)$，$\boldsymbol{e}_3=(0,0,1)$，T 表示将向量投影到 yOz 平面的线性变换，即

$$T(x\boldsymbol{e}_1+y\boldsymbol{e}_2+z\boldsymbol{e}_3)=y\boldsymbol{e}_2+z\boldsymbol{e}_3$$

（1）求 T 在基 $\boldsymbol{e}_1,\boldsymbol{e}_2,\boldsymbol{e}_3$ 下的矩阵；

（2）取基为 $\boldsymbol{\varepsilon}_1=2\boldsymbol{e}_1,\boldsymbol{\varepsilon}_2=\boldsymbol{e}_1-2\boldsymbol{e}_2,\boldsymbol{\varepsilon}_3=\boldsymbol{e}_3$，求 T 在该基下的矩阵.

解 （1）

$$T(\boldsymbol{e}_1)=T(0\boldsymbol{e}_1+0\boldsymbol{e}_2+0\boldsymbol{e}_3)=\boldsymbol{0}$$
$$T(\boldsymbol{e}_2)=T(0\boldsymbol{e}_1+\boldsymbol{e}_2+0\boldsymbol{e}_3)=\boldsymbol{e}_2$$
$$T(\boldsymbol{e}_3)=T(0\boldsymbol{e}_1+0\boldsymbol{e}_2+\boldsymbol{e}_3)=\boldsymbol{e}_3$$

即

$$T(\boldsymbol{e}_1,\boldsymbol{e}_2,\boldsymbol{e}_3)=(\boldsymbol{e}_1,\boldsymbol{e}_2,\boldsymbol{e}_3)\begin{pmatrix} 0 & 0 & 0 \\ 0 & 1 & 0 \\ 0 & 0 & 1 \end{pmatrix}$$

所以 T 在基 $\boldsymbol{e}_1,\boldsymbol{e}_2,\boldsymbol{e}_3$ 下的矩阵为

$$\begin{pmatrix} 0 & 0 & 0 \\ 0 & 1 & 0 \\ 0 & 0 & 1 \end{pmatrix}$$

（2）由

$$T\boldsymbol{\varepsilon}_1 = T(2\boldsymbol{e}_1) = 2T\boldsymbol{e}_1 = \boldsymbol{0}$$

$$T\boldsymbol{\varepsilon}_2 = T(\boldsymbol{e}_1 - 2\boldsymbol{e}_2) = T\boldsymbol{e}_1 - 2T\boldsymbol{e}_2 = -2\boldsymbol{e}_2 = -\boldsymbol{e}_1 + \boldsymbol{e}_1 - 2\boldsymbol{e}_2 = -\frac{1}{2}\boldsymbol{\varepsilon}_1 + \boldsymbol{\varepsilon}_2$$

$$T\boldsymbol{\varepsilon}_3 = T\boldsymbol{e}_3 = \boldsymbol{e}_3 = \boldsymbol{\varepsilon}_3$$

即

$$T(\boldsymbol{\varepsilon}_1, \boldsymbol{\varepsilon}_2, \boldsymbol{\varepsilon}_3) = (\boldsymbol{\varepsilon}_1, \boldsymbol{\varepsilon}_2, \boldsymbol{\varepsilon}_3)\begin{pmatrix} 0 & -\frac{1}{2} & 0 \\ 0 & 1 & 0 \\ 0 & 0 & 1 \end{pmatrix}$$

由上例可见，同一个线性变换在不同基下的矩阵一般是不同的. 一般地，我们有:

定理 6.3 设线性空间 V_n 的线性变换 T 在两组基

$$\boldsymbol{\varepsilon}_1, \quad \boldsymbol{\varepsilon}_2, \quad \cdots, \quad \boldsymbol{\varepsilon}_n \tag{6.7}$$

$$\boldsymbol{\eta}_1, \quad \boldsymbol{\eta}_2, \quad \cdots, \quad \boldsymbol{\eta}_n \tag{6.8}$$

下的矩阵分别为 $\boldsymbol{A}$ 和 $\boldsymbol{B}$，从基（6.7）到基（6.8）的过渡矩阵为 $\boldsymbol{P}$，则 $\boldsymbol{B} = \boldsymbol{P}^{-1}\boldsymbol{A}\boldsymbol{P}$.

证明 由假设，有

$$(\boldsymbol{\eta}_1, \boldsymbol{\eta}_2, \cdots, \boldsymbol{\eta}_n) = (\boldsymbol{\varepsilon}_1, \boldsymbol{\varepsilon}_2, \cdots, \boldsymbol{\varepsilon}_n)\boldsymbol{P}$$

其中 $\boldsymbol{P}$ 可逆，以及

$$T(\boldsymbol{\varepsilon}_1, \boldsymbol{\varepsilon}_2, \cdots, \boldsymbol{\varepsilon}_n) = (\boldsymbol{\varepsilon}_1, \boldsymbol{\varepsilon}_2, \cdots, \boldsymbol{\varepsilon}_n)\boldsymbol{A}$$

$$T(\boldsymbol{\eta}_1, \boldsymbol{\eta}_2, \cdots, \boldsymbol{\eta}_n) = (\boldsymbol{\eta}_1, \boldsymbol{\eta}_2, \cdots, \boldsymbol{\eta}_n)\boldsymbol{B}$$

于是

$$\begin{aligned}(\boldsymbol{\eta}_1, \boldsymbol{\eta}_2, \cdots, \boldsymbol{\eta}_n)\boldsymbol{B} &= T(\boldsymbol{\eta}_1, \boldsymbol{\eta}_2, \cdots, \boldsymbol{\eta}_n) = T[(\boldsymbol{\varepsilon}_1, \boldsymbol{\varepsilon}_2, \cdots, \boldsymbol{\varepsilon}_n)\boldsymbol{P}] \\ &= [T(\boldsymbol{\varepsilon}_1, \boldsymbol{\varepsilon}_2, \cdots, \boldsymbol{\varepsilon}_n)]\boldsymbol{P} = (\boldsymbol{\varepsilon}_1, \boldsymbol{\varepsilon}_2, \cdots, \boldsymbol{\varepsilon}_n)\boldsymbol{A}\boldsymbol{P} \\ &= (\boldsymbol{\eta}_1, \boldsymbol{\eta}_2, \cdots, \boldsymbol{\eta}_n)\boldsymbol{P}^{-1}\boldsymbol{A}\boldsymbol{P}\end{aligned}$$

因 $\boldsymbol{\eta}_1, \boldsymbol{\eta}_2, \cdots, \boldsymbol{\eta}_n$ 线性无关，所以

$$\boldsymbol{B} = \boldsymbol{P}^{-1}\boldsymbol{A}\boldsymbol{P}$$

习题六

1. 验证所给矩阵集合对于矩阵的加法和数乘运算构成线性空间，并写出各个空间的一个基.

（1）2 阶矩阵的全体 S_1；

（2）主对角线上的元素之和等于 0 的 2 阶矩阵的全体 S_2；

（3）2 阶对称矩阵的全体 S_3.

2. 验证：与向量 $(0,0,1)^{\mathrm{T}}$ 不平行的全体 3 维数组向量，对于数组向量的加法和乘数运算不构成线性空间.

3. 设 U 是线性空间 V 的一个子空间，试证：若 U 与 V 的维数相等，则 $U=V$.

4. 设 V_n 是 n 维线性空间 V_n 的一个子空间，$\boldsymbol{\alpha}_1,\boldsymbol{\alpha}_2,\cdots,\boldsymbol{\alpha}_r$ 是 V_n 的一个基. 试证：V_n 中存在元素 $\boldsymbol{\alpha}_{r+1},\cdots,\boldsymbol{\alpha}_n$，使 $\boldsymbol{\alpha}_1,\boldsymbol{\alpha}_2,\cdots,\boldsymbol{\alpha}_r,\boldsymbol{\alpha}_{r+1},\cdots,\boldsymbol{\alpha}_n$ 成为 V_n 的一个基.

5. 在 R^3 中求向量 $\boldsymbol{\alpha}=(3,7,1)^{\mathrm{T}}$ 在基 $\boldsymbol{\alpha}_1=(1,3,5)^{\mathrm{T}}$，$\boldsymbol{\alpha}_2=(6,3,2)^{\mathrm{T}}$，$\boldsymbol{\alpha}_3=(3,1,0)^{\mathrm{T}}$ 下的坐标.

6. 在 R^3 取两个基

$$\boldsymbol{\alpha}_1=(1,2,1)^{\mathrm{T}},\quad \boldsymbol{\alpha}_2=(2,3,3)^{\mathrm{T}},\quad \boldsymbol{\alpha}_3=(3,7,1)^{\mathrm{T}}$$
$$\boldsymbol{\beta}_1=(3,1,4)^{\mathrm{T}},\quad \boldsymbol{\beta}_2=(5,2,1)^{\mathrm{T}},\quad \boldsymbol{\beta}_3=(1,1,-6)^{\mathrm{T}}$$

试求坐标变换公式.

7. 在 R^4 中取两个基

$$\boldsymbol{e}_1=(1,0,0,0)^{\mathrm{T}},\quad \boldsymbol{e}_2=(0,1,0,0)^{\mathrm{T}},\quad \boldsymbol{e}_3=(0,0,1,0)^{\mathrm{T}},\quad \boldsymbol{e}_4=(0,0,0,1)^{\mathrm{T}}$$
$$\boldsymbol{\alpha}_1=(2,1,-1,1)^{\mathrm{T}},\quad \boldsymbol{\alpha}_2=(0,3,1,0)^{\mathrm{T}},\quad \boldsymbol{\alpha}_3=(5,3,2,1)^{\mathrm{T}},\quad \boldsymbol{\alpha}_4=(6,6,1,3)^{\mathrm{T}}$$

（1）求由前一个基到后一个基的过渡矩阵；

（2）求向量 $(x_1,x_2,x_3,x_4)^{\mathrm{T}}$ 在后一个基下的坐标；

（3）求在两个基下有相同坐标的向量.

8. 2 阶对称矩阵的全体

$$V_3=\left\{\boldsymbol{A}=\begin{pmatrix} x_1 & x_2 \\ x_2 & x_3 \end{pmatrix} \middle| x_1,x_2,x_3\in\mathbf{R}\right\}$$

对于矩阵的线性运算构成 3 维线性空间. 在 V_3 中取一个基

$$\boldsymbol{A}_1=\begin{pmatrix} 1 & 0 \\ 0 & 0 \end{pmatrix},\quad \boldsymbol{A}_2=\begin{pmatrix} 0 & 1 \\ 1 & 0 \end{pmatrix},\quad \boldsymbol{A}_3=\begin{pmatrix} 0 & 0 \\ 0 & 1 \end{pmatrix}$$

在 V_3 中定义合同变换

$$T(\boldsymbol{A})=\begin{pmatrix} 1 & 0 \\ 1 & 1 \end{pmatrix}\boldsymbol{A}\begin{pmatrix} 1 & 1 \\ 0 & 1 \end{pmatrix}$$

求 T 在基 $\boldsymbol{A}_1,\boldsymbol{A}_2,\boldsymbol{A}_3$ 下的矩阵.

习题答案

习题一

1.（1）-36；（2）$3abc-a^3-b^3-c^3$；（3）$-2(x^3+y^3)$.

2.（1）14，偶排列；（2）11，奇排列；

（3）$\frac{n(n-1)}{2}$，当 $n=4k,4k+1$ 时，是偶排列；当 $n=4k+2,4k+3$ 时，是奇排列；

（4）k^2，当 k 为偶数时，是偶排列；当 k 为奇数时，是奇排列.

3. 两者的符号均为“+”.

5.（1）$(-1)^{\frac{n(n-1)}{2}}n!$；（2）$(-1)^{n-1}n!$；（3）$(-1)^{\frac{n(n-1)}{2}}n!$；（4）0.

6. 2；-1.

7.（1）a,b,c；（2）0,1,2.

8.（1）160；（2）-483；（3）x^2y^2；（4）0；（5）$x^n+(-1)^{n+1}y^n$；

（6）0；（7）6；（8）a^4；（9）$(-2)(n-2)!$.

9.（1）$\left(a_0-\sum_{i=1}^{n}\frac{1}{a_i}\right)a_1a_2\cdots a_n$；

（2）$x^n+a_{n-1}x^{n-1}+\cdots+a_3x^3+a_2x^2+a_1x+a_0$；

（3）若 $a\neq b$，$D_n=\frac{a^{n+1}-b^{n+1}}{a-b}$；若 $a=b$，$D_n=(n+1)a^n$；

（4）$\cos n\alpha$；（5）$a_1a_2a_3\cdots a_n\left(1+\sum_{i=1}^{n}\frac{1}{a_i}\right)$.

10. 0.

11.（1）-10；（2）0；（3）144.

12. 0.

13. 1，2.

14. $x_1=1,x_2=1,x_3=2$.

15. $\lambda=0,2,3$.

习题二

1.（1）2；（2）$\begin{pmatrix} 2 & 3 & 1 \\ -2 & -3 & -1 \\ -2 & -3 & -1 \end{pmatrix}$.（3）$\begin{pmatrix} 6 & -7 & 9 \\ 20 & -5 & -7 \end{pmatrix}$；

（4）$a_{11}x_1^2 + a_{22}x_2^2 + a_{33}x_3^2 + 2a_{12}x_1x_2 + 2a_{13}x_1x_3 + 2a_{23}x_2x_3$.（5）$\boldsymbol{A}^n = \begin{pmatrix} 1 & n \\ 0 & 1 \end{pmatrix}$

2. $\begin{pmatrix} 12 & 10 & 8 & 6 \\ 4 & 0 & 7 & 2 \\ 2 & 0 & 3 & 5 \end{pmatrix}$, $\begin{pmatrix} 32 & 27 & 22 & 17 \\ 12 & 1 & 16 & 4 \\ 4 & -3 & 8 & 15 \end{pmatrix}$.

3. $\begin{cases} x_1 = -6z_1 + 3z_3 \\ x_2 = 12z_1 - 6z_2 + 9z_3 \\ x_3 = -10z_1 - 6z_2 + 16z_3 \end{cases}$.

4.（1）$\boldsymbol{AB} \neq \boldsymbol{BA}$；（2）$(\boldsymbol{A}+\boldsymbol{B})^2 \neq \boldsymbol{A}^2 + 2\boldsymbol{AB} + \boldsymbol{B}^2$；（3）$(\boldsymbol{A}+\boldsymbol{B})(\boldsymbol{A}-\boldsymbol{B}) \neq \boldsymbol{A}^2 - \boldsymbol{B}^2$.

6.（1）$\boldsymbol{A}^n = \begin{pmatrix} \lambda^n & n\lambda^{n-1} & \frac{n(n-1)}{2}\lambda^{n-2} \\ 0 & \lambda^n & n\lambda^{n-1} \\ 0 & 0 & \lambda^n \end{pmatrix}$.

（2）当 n 为偶数时，$\boldsymbol{A}^n = 2^n\boldsymbol{E}$；当 n 为奇数时，$\boldsymbol{A}^n = 2^{n-1}\boldsymbol{A}$.

10. 0

11. $\boldsymbol{A} = \frac{\boldsymbol{A}+\boldsymbol{A}^{\mathrm{T}}}{2} + \frac{\boldsymbol{A}-\boldsymbol{A}^{\mathrm{T}}}{2}$.

13. （1）$\begin{pmatrix} \frac{1}{7} & \frac{3}{14} \\ -\frac{2}{7} & \frac{1}{14} \end{pmatrix}$；（2）$\begin{pmatrix} \cos\theta & \sin\theta \\ -\sin\theta & \cos\theta \end{pmatrix}$；（3）$\begin{pmatrix} -2 & 1 & 0 \\ -\frac{13}{2} & 3 & -\frac{1}{2} \\ -16 & 7 & -1 \end{pmatrix}$；（4）$\begin{pmatrix} 1 & 0 & -1 \\ 0 & 1 & -1 \\ 0 & 0 & 1 \end{pmatrix}$.

15. （1）$\begin{pmatrix} 2 & -23 \\ 0 & 8 \end{pmatrix}$；（2）$\begin{pmatrix} -1 & -4 & 0 \\ -7 & -23 & -1 \\ 4 & 9 & 1 \end{pmatrix}$；（3）$\begin{pmatrix} 1 & 1 \\ \frac{1}{4} & 0 \end{pmatrix}$；（4）$\begin{pmatrix} 2 & -1 & 0 \\ 1 & 3 & -4 \\ 1 & 0 & -2 \end{pmatrix}$.

16. $\begin{pmatrix} 1 & 0 & 0 & 0 \\ -1 & 2 & 0 & 0 \\ 0 & -2 & 3 & 0 \\ 0 & 0 & -3 & 4 \end{pmatrix}$.

17.（1）$\begin{cases} x_1 = 1 \\ x_2 = 0 \\ x_3 = 0 \end{cases}$；（2）$\begin{cases} x_1 = 5 \\ x_2 = 0 \\ x_3 = 3 \end{cases}$.

18.（1）$(\boldsymbol{A}+2\boldsymbol{E})^{-1} = \frac{1}{3}\boldsymbol{A}$，$(\boldsymbol{A}+4\boldsymbol{E})^{-1} = -\frac{1}{5}(\boldsymbol{A}-2\boldsymbol{E})$；

（2）当 $n\neq 3$ 且 $n\neq -1$ 时，$\boldsymbol{A}+n\boldsymbol{E}$ 可逆，且 $(\boldsymbol{A}+n\boldsymbol{E})^{-1}=\dfrac{1}{(3-n)(1+n)}(\boldsymbol{A}+(2-n)\boldsymbol{E})$．

19. $\boldsymbol{A}^{-1}=\begin{pmatrix}1&-2&0&0\\-2&5&0&0\\0&0&\frac{1}{3}&-\frac{2}{3}\\0&0&\frac{1}{3}&\frac{1}{3}\end{pmatrix}$．

20. $\begin{pmatrix}-1&-1\\-1&0\\-2&0\end{pmatrix}$．

22. -16．

23. 10^{16}，$\begin{pmatrix}5^4&0&0&0\\0&5^4&0&0\\0&0&2^4&0\\0&0&2^6&2^4\end{pmatrix}$．

27. $\begin{pmatrix}\boldsymbol{A}^{-1}&-\boldsymbol{A}^{-1}\boldsymbol{B}\boldsymbol{C}^{-1}\\\boldsymbol{O}&\boldsymbol{C}^{-1}\end{pmatrix}$．

习题三

1. $\boldsymbol{A}=\begin{pmatrix}1&-1&2&1&0\\2&-2&4&2&0\\3&0&6&-1&1\\0&3&0&0&1\end{pmatrix}\to\begin{pmatrix}1&-1&2&1&0\\0&0&0&0&0\\0&3&0&-4&1\\0&3&0&0&1\end{pmatrix}\to\begin{pmatrix}1&-1&2&1&0\\0&3&0&-4&1\\0&0&0&4&0\\0&0&0&0&0\end{pmatrix}$

$\to\begin{pmatrix}1&-1&2&1&0\\0&1&0&-\frac{4}{3}&\frac{1}{3}\\0&0&0&1&0\\0&0&0&0&0\end{pmatrix}\to\begin{pmatrix}1&0&2&-\frac{1}{3}&\frac{1}{3}\\0&1&0&-\frac{4}{3}&\frac{1}{3}\\0&0&0&1&0\\0&0&0&0&0\end{pmatrix}\to\begin{pmatrix}1&0&2&0&\frac{1}{3}\\0&1&0&0&\frac{1}{3}\\0&0&0&1&0\\0&0&0&0&0\end{pmatrix}$

$\boldsymbol{r}(\boldsymbol{A})=3$．

2. $\boldsymbol{A}\xrightarrow{r}\begin{pmatrix}1&2&3\\0&3&5\\0&0&0\end{pmatrix}$，故 $r(\boldsymbol{A})=2$．

3. $\boldsymbol{A}^{-1}=\begin{pmatrix}\frac{5}{2}&-1&-\frac{1}{2}\\-1&1&0\\-\frac{1}{2}&0&\frac{1}{2}\end{pmatrix}$．

4. $A^{-1}=\begin{pmatrix}1 & -4 & -3\\ 1 & -5 & -3\\ -1 & 6 & 4\end{pmatrix}$.

5. $A^{-1}=\begin{pmatrix}-2 & 0 & 1\\ 0 & -3 & 4\\ 1 & 2 & -3\end{pmatrix}$.

6. $$B\xrightarrow{r}\begin{pmatrix}1 & 0 & -\frac{1}{7} & -\frac{1}{7} & \frac{6}{7}\\ 0 & 1 & -\frac{5}{7} & \frac{9}{7} & -\frac{5}{7}\\ 0 & 0 & 0 & 0 & 0\end{pmatrix}$$

故原方程通解为

$$\begin{pmatrix}x_1\\x_2\\x_3\\x_4\end{pmatrix}=c_1\begin{pmatrix}\frac{1}{7}\\ \frac{5}{7}\\ 1\\ 0\end{pmatrix}+c_2\begin{pmatrix}\frac{1}{7}\\ -\frac{9}{7}\\ 0\\ 1\end{pmatrix}+\begin{pmatrix}\frac{6}{7}\\ -\frac{5}{7}\\ 0\\ 0\end{pmatrix}\quad (c_1,c_2\in \boldsymbol{R})$$

注：还有其他解的形式，不一一赘述.

7. $$\tilde{A}=\begin{pmatrix}1 & 1 & 0 & -2 & -6\\ 4 & -1 & -1 & -1 & 1\\ 3 & -1 & -1 & 0 & 3\end{pmatrix}\to\begin{pmatrix}1 & 0 & 0 & -1 & -2\\ 0 & 1 & 0 & -1 & -4\\ 0 & 0 & 1 & -2 & -5\end{pmatrix}$$

$r(A)=r(\tilde{A})=3<4$，所以方程组有无穷多解.

$$\begin{cases}x_1=-2+x_4\\ x_2=-4+x_4\\ x_3=-5+2x_4\end{cases}$$

通解为

$$\begin{pmatrix}x_1\\x_2\\x_3\\x_4\end{pmatrix}=\begin{pmatrix}-2\\-4\\-5\\0\end{pmatrix}+t\begin{pmatrix}1\\1\\2\\1\end{pmatrix},\quad (t\in \boldsymbol{R})$$

8. $$B\xrightarrow{r}\begin{pmatrix}1 & 1 & 1 & 1 & 1 & a\\ 0 & 1 & 2 & 2 & 6 & 3a\\ 0 & 0 & 0 & 0 & 0 & b-3a\\ 0 & 0 & 0 & 0 & 0 & 2-2a\end{pmatrix}$$

(1) 因为要方程组有解，即 $r(A)=r(B)$，故 $\begin{cases}b-3a=0\\ 2-2a=0\end{cases}$，得 $a=1,b=3$.

（2）$\begin{pmatrix}x_1\\x_2\\x_3\\x_4\\x_5\end{pmatrix}=c_1\begin{pmatrix}1\\-2\\1\\0\\0\end{pmatrix}+c_2\begin{pmatrix}1\\-2\\0\\1\\0\end{pmatrix}+c_3\begin{pmatrix}5\\-6\\0\\0\\1\end{pmatrix}+\begin{pmatrix}-2\\3\\0\\0\\0\end{pmatrix}\quad(c_1,c_2,c_3\in \boldsymbol{R})$

9. $$\boldsymbol{A}=\begin{pmatrix}k&1&1&1\\1&k&1&1\\1&1&k&1\\1&1&1&k\end{pmatrix}\to\begin{pmatrix}1&1&1&k\\0&k-1&0&1-k\\0&0&k-1&1-k\\0&0&0&-k^2-2k+3\end{pmatrix}$$

因为 $r(\boldsymbol{A})=3$，所以 $-k^2-2k+3=0, k-1\neq 0$，所以 $k=-3$

10. 由

$$\boldsymbol{A}\xrightarrow{r}\begin{pmatrix}1&1&1&1&1\\0&1&2&6&3-x\\0&0&0&0&x\\0&0&0&0&y-x-2\end{pmatrix}\quad 及\quad r(\boldsymbol{A})=2$$

故 $x=0, y=2$.

11. 方程组可写为 $\boldsymbol{AX}=\boldsymbol{b}$，故

$$\boldsymbol{x}=\boldsymbol{A}^{-1}\boldsymbol{b}=\frac{1}{15}\begin{pmatrix}-23&13&4\\13&-8&1\\4&1&-2\end{pmatrix}\begin{pmatrix}1\\2\\3\end{pmatrix}=\begin{pmatrix}1\\0\\0\end{pmatrix}$$

12. $$\boldsymbol{A}\xrightarrow{r}\begin{pmatrix}1&0&-10&0\\0&1&-2&0\\0&0&3&1\\0&0&0&0\end{pmatrix}$$

故通解为

$$\begin{pmatrix}x_1\\x_2\\x_3\\x_4\end{pmatrix}=c\begin{pmatrix}10\\2\\1\\-3\end{pmatrix}\quad(c\in \boldsymbol{R})$$

13.（1）

$$|\boldsymbol{A}|=\begin{vmatrix}\lambda&1&1\\1&\lambda&1\\1&1&\lambda\end{vmatrix}=(\lambda+2)(\lambda-1)^2$$

当 $|\boldsymbol{A}|\neq 0$，即 $\lambda\neq -2, \lambda\neq 1$ 时，方程组有唯一解。

（2）当 $\lambda=-2$ 时，

$$\tilde{\boldsymbol{A}}=\begin{pmatrix}-2&1&1&1\\1&-2&1&-2\\1&1&-2&4\end{pmatrix}\to\begin{pmatrix}1&1&-2&4\\0&-3&3&-6\\0&0&0&3\end{pmatrix}$$

$r(\boldsymbol{A})=2\neq r(\tilde{\boldsymbol{A}})=3$，方程组无解.

（3）当 $\lambda=1$ 时，

$$\tilde{\boldsymbol{A}}=\begin{pmatrix}1&1&1&1\\1&1&1&1\\1&1&1&1\end{pmatrix}\to\begin{pmatrix}1&1&1&1\\0&0&0&0\\0&0&0&0\end{pmatrix}$$

$r(\boldsymbol{A})=r(\tilde{\boldsymbol{A}})=1<3$，方程组有无穷多解.

$$x_1=1-x_2-x_3\,.$$

通解为

$$\begin{pmatrix}x_1\\x_2\\x_3\end{pmatrix}=\begin{pmatrix}1\\0\\0\end{pmatrix}+t_1\begin{pmatrix}-1\\1\\0\end{pmatrix}+t_2\begin{pmatrix}-1\\0\\1\end{pmatrix}\quad(t_1,t_2\in\boldsymbol{R})$$

14.

$$|\boldsymbol{A}|=\begin{vmatrix}k&0&1\\2&k&1\\k&-2&1\end{vmatrix}=2k-4=0,k=2$$

$$\boldsymbol{A}=\begin{pmatrix}2&0&1\\2&2&1\\2&-2&1\end{pmatrix}\to\begin{pmatrix}2&0&1\\0&1&0\\0&0&0\end{pmatrix}$$

$$\begin{cases}x_3=-2x_1\\x_2=0\end{cases}$$

通解为

$$\begin{pmatrix}x_1\\x_2\\x_3\end{pmatrix}=t\begin{pmatrix}1\\0\\-2\end{pmatrix}\quad(t\in\boldsymbol{R})$$

15.

$$\tilde{\boldsymbol{A}}=\begin{pmatrix}1&1&1\\a&b&c\\a^2&b^2&c^2\end{pmatrix}\to\begin{pmatrix}1&1&1\\0&b-a&c-a\\0&0&(c-a)(c-b)\end{pmatrix}$$

因为 a,b,c 各不相同，所以 $r(\boldsymbol{A})=2\neq r(\tilde{\boldsymbol{A}})=3$，所以方程组无解.

16.

$$\tilde{\boldsymbol{A}}=\begin{pmatrix}1&0&2&4&a+2c\\2&2&4&8&2a+b\\-1&-2&1&2&-a-b+c\\2&0&7&14&3a+b+2c-d\end{pmatrix}\to\begin{pmatrix}1&0&2&4&a+2c\\0&2&0&0&b-4c\\0&0&3&6&-c\\0&0&0&0&a+b-c-d\end{pmatrix}$$

方程组有解的充要条件是 $r(\boldsymbol{A})=r(\tilde{\boldsymbol{A}})$，即 $a+b-c-d=0$

17.

$$\begin{pmatrix}3&1&1&4\\\lambda&4&10&1\\1&7&17&3\\2&2&4&3\end{pmatrix}\to\begin{pmatrix}1&7&17&3\\0&4-7\lambda&10-17\lambda&1-3\lambda\\0&-20&-50&-5\\0&0&0&0\end{pmatrix}$$

使矩阵的秩最小，也就是

$$\frac{4-7\lambda}{-20}=\frac{10-17\lambda}{-50}=\frac{1-3\lambda}{-5}$$

所以 $\lambda=0$.

习题四

1.

$$\boldsymbol{A}=\begin{pmatrix}2&1&-1&-1\\0&3&-2&0\\2&4&-3&-1\end{pmatrix}\to\begin{pmatrix}2&1&-1&-1\\0&3&-2&0\\0&3&-2&0\end{pmatrix}\to\begin{pmatrix}2&1&-1&-1\\0&3&-2&0\\0&0&0&0\end{pmatrix}$$

所以向量组的秩为 2，向量组线性相关

2.

$$\boldsymbol{A}=\begin{pmatrix}1&1&3&1&3\\1&1&3&0&2\\1&0&2&0&1\\0&0&0&0&0\end{pmatrix}\to\begin{pmatrix}1&1&3&1&3\\0&0&0&-1&-1\\0&-1&-1&-1&-2\\0&0&0&0&0\end{pmatrix}\to\begin{pmatrix}1&1&3&1&3\\0&-1&-1&-1&-2\\0&0&0&-1&-1\\0&0&0&0&0\end{pmatrix}$$

所以向量组的秩为 3，向量组线性相关.

3. 因为向量组的秩 $\leqslant 3<4$（向量个数），所以向量组线性相关.

4.

$$\begin{pmatrix} 2 & 1 & 2 & 3 & -2 \\ 6 & 3 & 1 & 5 & 1 \\ 12 & 6 & 2 & 10 & 2 \\ 4 & 2 & -1 & 2 & 10 \end{pmatrix} \to \begin{pmatrix} 2 & 1 & 2 & 3 & -2 \\ 0 & 0 & -5 & -4 & 7 \\ 0 & 0 & -10 & -8 & 14 \\ 0 & 0 & -5 & -4 & 14 \end{pmatrix} \to \begin{pmatrix} 2 & 1 & 2 & 3 & -2 \\ 0 & 0 & -5 & -4 & 7 \\ 0 & 0 & 0 & 0 & 7 \\ 0 & 0 & 0 & 0 & 0 \end{pmatrix}$$

所以向量组的秩为 3.

5. 设存在 $k_1, k_2, \cdots, k_n$，使

$$k_1\boldsymbol{\beta}_1 + k_2\boldsymbol{\beta}_2 + \cdots + k_n\boldsymbol{\beta}_n = \mathbf{0}$$

即

$$k_1(\boldsymbol{\alpha}_2 + \boldsymbol{\alpha}_3 + \cdots + \boldsymbol{\alpha}_n) + k_2(\boldsymbol{\alpha}_1 + \boldsymbol{\alpha}_3 + \cdots + \boldsymbol{\alpha}_n) + \cdots + k_n(\boldsymbol{\alpha}_1 + \boldsymbol{\alpha}_2 + \cdots + \boldsymbol{\alpha}_{n-1}) = \mathbf{0}$$
$$(k_2 + k_3 + \cdots + k_n)\boldsymbol{\alpha}_1 + (k_1 + k_3 + \cdots + k_n)\boldsymbol{\alpha}_2 + \cdots + (k_1 + k_2 + \cdots + k_{n-1})\boldsymbol{\alpha}_n = \mathbf{0}$$

因为 $\boldsymbol{\alpha}_1, \boldsymbol{\alpha}_2, \cdots, \boldsymbol{\alpha}_n$ 线性无关，所以

$$\begin{cases} k_2 + k_3 + \cdots + k_n = 0 \\ k_1 + k_3 + \cdots + k_n = 0 \\ \cdots\cdots\cdots\cdots \\ k_1 + k_2 + \cdots + k_{n-1} = 0 \end{cases}$$

所以

$$|\boldsymbol{A}| = \begin{vmatrix} 0 & 1 & 1 & \cdots & 1 \\ 1 & 0 & 1 & \cdots & 1 \\ 1 & 1 & 0 & \cdots & 1 \\ \vdots & \vdots & \vdots & & \vdots \\ 1 & 1 & 1 & \cdots & 0 \end{vmatrix} = (n-1)(-1)^{n-1} \neq 0$$

所以方程组有唯一解——零解，所以 $\boldsymbol{\beta}_1, \boldsymbol{\beta}_2, \cdots, \boldsymbol{\beta}_n$ 线性无关.

6.

$$\begin{pmatrix} 3 & -1 & 3 & 2 \\ -5 & 7 & 11 & -30 \\ 2 & -3 & -5 & 13 \\ -4 & 6 & 10 & 26 \end{pmatrix} \to \begin{pmatrix} 0 & \frac{7}{2} & \frac{21}{2} & -\frac{35}{2} \\ 0 & -\frac{1}{2} & -\frac{3}{2} & \frac{5}{2} \\ 2 & -3 & -5 & 13 \\ 0 & 0 & 0 & 52 \end{pmatrix} \to \begin{pmatrix} 2 & -3 & -5 & 13 \\ 0 & -\frac{1}{2} & -\frac{3}{2} & \frac{5}{2} \\ 0 & 0 & 0 & 52 \\ 0 & 0 & 0 & 0 \end{pmatrix}$$

因为 $r(\boldsymbol{\alpha}_1, \boldsymbol{\alpha}_2, \boldsymbol{\alpha}_3) \neq r(\boldsymbol{\alpha}_1, \boldsymbol{\alpha}_2, \boldsymbol{\alpha}_3, \boldsymbol{\beta})$，所以 $\boldsymbol{\beta}$ 不能由 $\boldsymbol{\alpha}_1, \boldsymbol{\alpha}_2, \boldsymbol{\alpha}_3$ 线性表出.

7.

$$\begin{vmatrix} 0 & a & b \\ 1 & 2 & 1 \\ -1 & 1 & 0 \end{vmatrix} = 3b - a = 0$$

所以 $a=3b$.

8.

$$\begin{pmatrix}1&0&3&1\\-1&3&0&-1\\2&1&7&2\\4&2&14&0\end{pmatrix}\to\begin{pmatrix}1&0&3&1\\0&3&3&0\\0&1&1&0\\0&2&2&-4\end{pmatrix}\to\begin{pmatrix}1&0&3&1\\0&0&0&0\\0&1&1&0\\0&0&0&-4\end{pmatrix}\to\begin{pmatrix}1&0&3&1\\0&1&1&0\\0&0&0&-4\\0&0&0&0\end{pmatrix}$$

所以向量组的秩为 3，线性相关.

9. 设存在 k_1,k_2,k_3 ，使

$$k_1\boldsymbol{\beta}_1+k_2\boldsymbol{\beta}_2+k_3\boldsymbol{\beta}_3=\mathbf{0}$$

即

$$k_1(\boldsymbol{\alpha}_1+\boldsymbol{\alpha}_2+2\boldsymbol{\alpha}_3)+k_2(\boldsymbol{\alpha}_2+\boldsymbol{\alpha}_3+2\boldsymbol{\alpha}_1)+k_3(\boldsymbol{\alpha}_3+\boldsymbol{\alpha}_1+2\boldsymbol{\alpha}_2)=\mathbf{0}$$
$$(k_1+2k_2+k_3)\boldsymbol{\alpha}_1+(k_1+k_2+2k_3)\boldsymbol{\alpha}_2+(2k_1+k_2+k_3)\boldsymbol{\alpha}_n=\mathbf{0}$$

因为 $\boldsymbol{\alpha}_1,\boldsymbol{\alpha}_2,\boldsymbol{\alpha}_3$ 线性无关，所以

$$\begin{cases}k_1+2k_2+k_3=0\\k_1+k_2+2k_3=0\\2k_1+k_2+k_3=0\end{cases}$$

所以，$|\boldsymbol{A}|=4\neq0$，方程组有唯一解——零解，所以 $\boldsymbol{\beta}_1,\boldsymbol{\beta}_2,\boldsymbol{\beta}_3$ 线性无关.

习题五

1. $\lambda=-2$ ， $\boldsymbol{\gamma}=(-2,2,-1)^{\mathrm{T}}$.

2.（1） $(b_1,b_2,b_3)=\begin{pmatrix}1&-1&\frac{1}{3}\\1&0&-\frac{2}{3}\\1&1&\frac{1}{3}\end{pmatrix}$ ；　　（2） $(b_1,b_2,b_3)=\begin{pmatrix}1&\frac{1}{3}&-\frac{1}{5}\\0&-1&\frac{3}{5}\\-1&\frac{2}{3}&\frac{3}{5}\\1&\frac{1}{3}&\frac{4}{5}\end{pmatrix}$.

3.（1）第一个行向量为非单位向量，故不是正交阵.

（2）该方阵的每一个行向量均是单位向量，且两两正交，故为正交阵.

4. 因为

$$\boldsymbol{H}^{\mathrm{T}}=(\boldsymbol{E}-2\boldsymbol{x}\boldsymbol{x}^{\mathrm{T}})^{\mathrm{T}}=\boldsymbol{E}-2(\boldsymbol{x}\boldsymbol{x}^{\mathrm{T}})=\boldsymbol{E}-2(\boldsymbol{x}\boldsymbol{x}^{\mathrm{T}})^{\mathrm{T}}=\boldsymbol{E}-2(\boldsymbol{x}^{\mathrm{T}})^{\mathrm{T}}\boldsymbol{x}^{\mathrm{T}}=\boldsymbol{E}-2\boldsymbol{x}\boldsymbol{x}^{\mathrm{T}}$$

所以 $\boldsymbol{H}$ 是对称矩阵.

因为

$$H^{\mathrm{T}}H = HH = (E-2xx^{\mathrm{T}})(E-2xx^{\mathrm{T}}) = E-2xx^{\mathrm{T}}-2xx^{\mathrm{T}}+(2xx^{\mathrm{T}})(2xx^{\mathrm{T}})$$
$$= E-4xx^{\mathrm{T}}+4x(x^{\mathrm{T}}x)x^{\mathrm{T}} = E-4xx^{\mathrm{T}}+4xx^{\mathrm{T}} = E$$

所以 H 是正交矩阵.

5. $(AB)^{\mathrm{T}}(AB)=B^{\mathrm{T}}A^{\mathrm{T}}AB=B^{-1}A^{-1}AB=E$，故 AB 也是正交阵.

6.（1）$\lambda_1=2,\lambda_2=3$，不正交；

（2）$\lambda_1=0,\lambda_2=-1,\lambda_3=9$，两两正交；

（3）$\lambda_1=a_1^2+a_2^2+\cdots+a_n^2=\sum_{i=1}^{n}a_i^2$,$\lambda_2=\lambda_3=\cdots=\lambda_n=0$.

12. 18.

13. 25.

15. 3.

16.（1）$\lambda=-1$，$a=-3$，$b=0$；（2）不能相似对角化.

17.（1）$(p_1,p_2,p_3)=P=\frac{1}{3}\begin{pmatrix}1&2&2\\2&1&-2\\2&-2&1\end{pmatrix}$，$P^{-1}AP=\begin{pmatrix}-2&0&0\\0&1&0\\0&0&4\end{pmatrix}$；

（2）$(p_1,p_2,p_3)=\begin{pmatrix}-\frac{2}{\sqrt{5}}&\frac{2\sqrt{5}}{15}&-\frac{1}{3}\\\frac{1}{\sqrt{5}}&\frac{4\sqrt{5}}{15}&-\frac{2}{3}\\0&\frac{\sqrt{5}}{3}&\frac{2}{3}\end{pmatrix}$，$P^{-1}AP=\begin{pmatrix}1&0&0\\0&1&0\\0&0&1\end{pmatrix}$.

18. $x=4$，$y=5$.

19. $A=\begin{pmatrix}-1&3&-3\\-4&5&-3\\-4&4&-2\end{pmatrix}$.

20. $A=\frac{1}{3}\begin{pmatrix}-1&0&2\\0&1&2\\2&2&0\end{pmatrix}$.

21. $A=\begin{pmatrix}4&1&1\\1&4&1\\1&1&4\end{pmatrix}$.

23. $A^{100}=\begin{pmatrix}1&0&5^{100}-1\\0&5^{100}&0\\0&0&5^{100}\end{pmatrix}$.

24. (1) $\phi(\boldsymbol{A})=-2\begin{pmatrix}1&1\\1&1\end{pmatrix}$； (2) $\phi(\boldsymbol{A})=2\begin{pmatrix}1&1&-2\\1&1&-2\\-2&-2&4\end{pmatrix}$.

25. (1) $f=(x,y,z)\begin{pmatrix}1&2&1\\2&4&2\\1&2&1\end{pmatrix}\begin{pmatrix}x\\y\\z\end{pmatrix}$； (2) $f=(x,y,z)\begin{pmatrix}1&-1&-2\\-1&1&-2\\-2&-2&-7\end{pmatrix}\begin{pmatrix}x\\y\\z\end{pmatrix}$.

(3) $f=(x_1,x_2,x_3,x_4)\begin{pmatrix}1&-1&2&-1\\-1&1&3&-2\\2&3&1&0\\-1&-2&0&1\end{pmatrix}\begin{pmatrix}x_1\\x_2\\x_3\\x_4\end{pmatrix}$.

26. (1) $\boldsymbol{A}=\begin{pmatrix}2&1\\3&1\end{pmatrix}$； (2) $\boldsymbol{A}=\begin{pmatrix}1&2&3\\4&5&6\\7&8&9\end{pmatrix}$

27. (1) $\begin{pmatrix}x_1\\x_2\\x_3\end{pmatrix}=\begin{pmatrix}1&0&0\\0&\frac{1}{\sqrt{2}}&-\frac{1}{\sqrt{2}}\\0&\frac{1}{\sqrt{2}}&\frac{1}{\sqrt{2}}\end{pmatrix}\begin{pmatrix}y_1\\y_2\\y_3\end{pmatrix}$， $f=2y_1^2+5y_2^2+y_3^2$；

(2) $\begin{pmatrix}x_1\\x_2\\x_3\\x_4\end{pmatrix}=\begin{pmatrix}\frac{1}{2}&\frac{1}{2}&\frac{1}{\sqrt{2}}&0\\-\frac{1}{2}&\frac{1}{2}&0&\frac{1}{\sqrt{2}}\\-\frac{1}{2}&-\frac{1}{2}&\frac{1}{\sqrt{2}}&0\\\frac{1}{2}&-\frac{1}{2}&0&\frac{1}{\sqrt{2}}\end{pmatrix}\begin{pmatrix}y_1\\y_2\\y_3\\y_4\end{pmatrix}$， $f=-y_1^2+3y_2^2+y_3^2+y_4^2$.

28. $\begin{pmatrix}x\\y\\z\end{pmatrix}=\begin{pmatrix}\frac{4}{3\sqrt{2}}&\frac{1}{3}&0\\-\frac{1}{3\sqrt{2}}&\frac{2}{3}&\frac{1}{\sqrt{2}}\\\frac{1}{3\sqrt{2}}&-\frac{2}{3}&\frac{1}{\sqrt{2}}\end{pmatrix}\begin{pmatrix}u\\v\\w\end{pmatrix}$， $2u^2+11v^2=1$.

30. (1) $f=y_1^2-y_2^2+y_3^2$， $\boldsymbol{C}=\begin{pmatrix}1&-\frac{5}{\sqrt{2}}&2\\0&\frac{1}{\sqrt{2}}&0\\0&-\sqrt{2}&1\end{pmatrix}$；

(2) $f=y_1^2-y_2^2+y_3^2$， $\boldsymbol{C}=\begin{pmatrix}1&1&-1\\0&1&0\\0&-1&1\end{pmatrix}$；

(3) $f = y_1^2 + y_2^2 + y_3^2$，$\boldsymbol{C} = \frac{1}{\sqrt{2}}\begin{pmatrix} 1 & -1 & -1 \\ 0 & 2 & 2 \\ 0 & 0 & 1 \end{pmatrix}$.

31. $-\frac{4}{5} < a < 0$.

32. (1) 负定；　(2) 正定.

习题六

1. 各线性空间的基可取:

(1) $\boldsymbol{\varepsilon}_1 = \begin{pmatrix} 1 & 0 \\ 0 & 0 \end{pmatrix}$，$\boldsymbol{\varepsilon}_2 = \begin{pmatrix} 0 & 1 \\ 0 & 0 \end{pmatrix}$，$\boldsymbol{\varepsilon}_3 = \begin{pmatrix} 0 & 0 \\ 1 & 0 \end{pmatrix}$，$\boldsymbol{\varepsilon}_4 = \begin{pmatrix} 0 & 0 \\ 0 & 1 \end{pmatrix}$；

(2) $\boldsymbol{\varepsilon}_1 = \begin{pmatrix} 1 & 0 \\ 0 & -1 \end{pmatrix}$，$\boldsymbol{\varepsilon}_2 = \begin{pmatrix} 0 & 1 \\ 0 & 0 \end{pmatrix}$，$\boldsymbol{\varepsilon}_3 = \begin{pmatrix} 0 & 0 \\ 1 & 0 \end{pmatrix}$；

(3) $\boldsymbol{\varepsilon}_1 = \begin{pmatrix} 1 & 0 \\ 0 & 0 \end{pmatrix}$，$\boldsymbol{\varepsilon}_2 = \begin{pmatrix} 0 & 1 \\ 1 & 0 \end{pmatrix}$，$\boldsymbol{\varepsilon}_3 = \begin{pmatrix} 0 & 0 \\ 0 & 1 \end{pmatrix}$.

5. $(33,-82,154)^{\mathrm{T}}$.

6. $\begin{pmatrix} x_1' \\ x_2' \\ x_3' \end{pmatrix} = \begin{pmatrix} 13 & 19 & \frac{181}{4} \\ -9 & -13 & -\frac{63}{2} \\ 7 & 10 & \frac{99}{4} \end{pmatrix}\begin{pmatrix} x_1 \\ x_2 \\ x_3 \end{pmatrix}$.

7. (1) $A = \begin{pmatrix} 2 & 0 & 5 & 6 \\ 1 & 3 & 3 & 6 \\ -1 & 1 & 2 & 1 \\ 1 & 0 & 1 & 3 \end{pmatrix}$；(2) $\frac{1}{27}\begin{pmatrix} 12 & 9 & -27 & -33 \\ 1 & 12 & -9 & -23 \\ 9 & 0 & 0 & -18 \\ -7 & -3 & 9 & 26 \end{pmatrix}\begin{pmatrix} x_1 \\ x_2 \\ x_3 \\ x_4 \end{pmatrix}$；(3) $\begin{pmatrix} x_1 \\ x_2 \\ x_3 \\ x_4 \end{pmatrix} = k\begin{pmatrix} 1 \\ 1 \\ 1 \\ 1 \end{pmatrix}$.

8. $\boldsymbol{A} = \begin{pmatrix} 1 & 0 & 0 \\ 1 & 1 & 0 \\ 1 & 2 & 1 \end{pmatrix}$.